Neuromarketing

Neuromarketing

Erkenntnisse der Hirnforschung für Markenführung, Werbung und Verkauf

Hans-Georg Häusel

2. Auflage 2012

Haufe Gruppe
Freiburg · München

Bibliografische Information der Deutschen Nationalbibliothek
Die Deutsche Nationalbibliothek verzeichnet diese Publikation in der Deutschen
Nationalbibliografie; detaillierte bibliografische Daten sind im Internet über
http://dnb.d-nb.de abrufbar.

Print: ISBN: 978-3-648-02941-1   Bestell-Nr. 00068-0003
EPUB: ISBN: 978-3-648-02942-8   Bestell-Nr. 00068-0101
EPDF: ISBN: 978-3-648-02943-5   Bestell-Nr. 00068-0151

Hans-Georg Häusel
Neuromarketing
2. Auflage 2012
© 2012, Haufe-Lexware GmbH & Co. KG, Munzinger Straße 9, 79111 Freiburg

Redaktionsanschrift: Fraunhoferstraße 5, 82152 Planegg/München
Telefon: (089) 895 17-0
Telefax: (089) 895 17-290
Internet: www.haufe.de
E-Mail: online@haufe.de
Produktmanagement: Steffen Kurth

Anschrift des Verfassers: Dr. Hans-Georg Häusel
Gruppe Nymphenburg Consult AG
Arnulfstraße 56
80335 München
E-Mail: hg.haeusel@nymphenburg.de
Telefon: (089) 54 90 21-30

Lektorat: Ulrike Wachter-Eberle
Satz: kühn & weyh Software GmbH, 79110 Freiburg
Umschlag: RED GmbH, 82152 Krailing
Druck: fgb, freiburger graphische betriebe, 79108 Freiburg

Inhaltsverzeichnis

Einführung

Neuromarketing — Der direkte Weg ins Konsumentenhirn?

Im Jahr 2002 sorgte eine wissenschaftliche Untersuchung für Schlagzeilen in der amerikanischen Publikumspresse. Mit Hilfe eines Hirnscanners (wissenschaftlich korrekt: fMRI = functional Magnetic Resonance Imaging) hatte das Team um die Hirnforscher McClure und Montague festgestellt, dass Coca-Cola und Pepsi völlig unterschiedliche Hirnbereiche bei Konsumenten aktivierten. Zunächst wurden den Versuchspersonen beide Getränke ohne Nennung der Marke verabreicht. Hier zeigten sich keine Unterschiede im Gehirn — beide Getränke aktivierten das vordere Großhirn, genauer den Bereich der für die Speicherung von belohnenden Erfahrungen zuständig ist (für das Gehirn stellen süße Nahrungsmittel eine Belohnung dar). Völlig andere Hirnbilder erhielt man aber, wenn die Marken während des Konsums gezeigt wurden. Bei der Marke Coca-Cola wurden zusätzlich weitere Hirnbereiche wie der Hippocampus und der dorsolaterale präfrontale Kortex aktiviert, während bei Pepsi das Hirn stumm und still blieb. Die Freude in Atlanta, dem Hauptsitz des Coca-Cola Konzerns, war zunächst groß. Scheinbar war doch durch diese Untersuchung der wissenschaftliche Beweis für die Überlegenheit von Coca-Cola gegenüber Pepsi erbracht. Zeigten die Bilder doch, dass die Marke Coca-Cola eine wesentlich größere Bedeutung für das Konsumentenhirn hat.

Die Angst vor der Manipulation

Diese Freude hielt allerdings nicht lange an. Kurz nach den Berichten in der Publikumspresse kam es zu heftigen öffentlichen Protesten von Bürgerrechtlern und Verbraucherschützern. Sie schürten die Angst vor skrupellosen Wissenschaftlern und perfiden Hirnforschungsapparaten, denen der Konsument willenlos ausgeliefert sei. Es sei, so die Protestbewegung, nun das Zeitalter des gläsernen Konsumenten angebrochen, der von geldgierigen Konzernen mit Methoden der Hirnforschung nach Belieben durchschaut und manipuliert werden könne. Auch das Emory-Universitätskrankenhaus, dessen Hirntomograph für die Untersuchung benutzt wurde, sah sich massiven Protesten ausgesetzt. Der Vorwurf: Eine medizinische Einrichtung mit einem entsprechenden ethischen Kodex, dürfe seine Geräte nicht den bösen und geldgierigen Konzernen mit ihren finsteren Absichten zur Verfügung stellen. Abbildung 1 zeigt die Internet-Reaktionen.

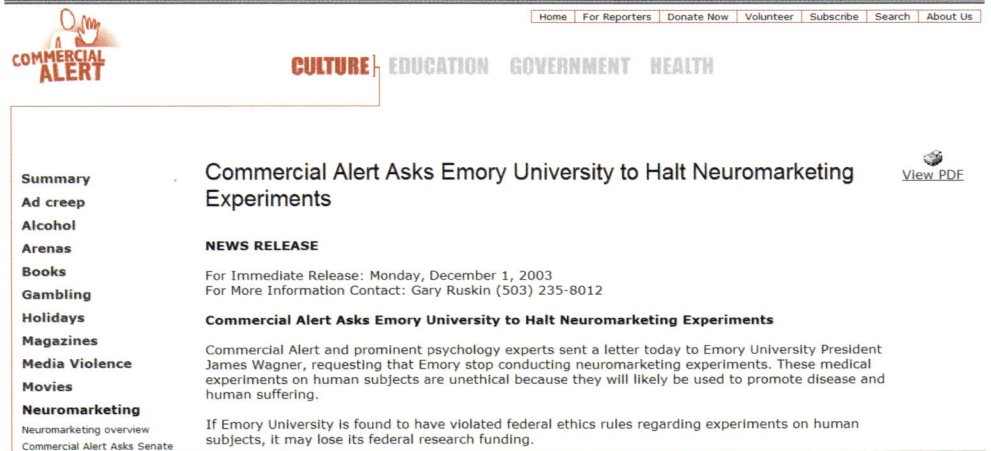

Abbildung 1: Herbe Kritik schlug dem Emory-Universitätskrankenhaus entgegen, dessen Hirntomograph für das Coca-Cola/Pepsi-Experiment benutzt wurde

Gleichzeitig warnten in den USA auch wichtige öffentliche Meinungsbildner wie der Chefredakteur der renommierten Wissenschaftszeitung „Science", Donald Kennedy, vor der scheinbar drohenden Gefahr: „Bildgebende Verfahren der Hirnforschung verletzen hier in einer völlig unakzeptablen Art und Weise die Privatsphäre von Menschen."

Trotz, aber wahrscheinlich sogar wegen dieses enormen öffentlichen Wirbels, erregte die Botschaft von geheimnisvollen Hirnapparaten mit denen man möglicherweise den ultimativen „Buy Button" im Konsumentenhirn finden könne, oder mit deren Hilfe man unwiderstehliche Produkte und Werbekampagnen kreieren könne, das Interesse in einigen Konzerazentralen. Innovative Marketing- und Marktforschungsabteilungen begannen sich für Hirnforschung zu interessieren. Und weil das Neue nicht lange ohne Namen leben kann, wurde alsbald auch ein Begriff für diese junge Disziplin geboren: „Neuromarketing".

Neuromarketing betritt die Marketing-Bühne

Einige Monate später wurden auch in Deutschland die ersten Hirnscanner-Untersuchungen in Auftrag gegeben. DaimlerChrysler ließ von Prof. Spitzer und Susanne Erk untersuchen, ob es Unterschiede im Hirn bei der Darbietung von Limousinen, Vans, Sport- und Kleinwagen gäbe. Auch hier zeigten sich je nach Fahrzeugtyp jeweils andere Aktivierungsmuster: Insbesondere Sportwagen aktivierten das Zentrum des Belohnungssystems im Gehirn, den Nucleus Accumbens. Bei der Darbietung von Kleinwagen blieb dagegen dieser Lustkern still (siehe hierzu auch das Interview mit Prof. Spitzer im dritten Teil dieses Buches, S. 205). An der Universität Münster zeigten Peter Kenning und Michael Deppe, dass starke Marken zu anderen Erregungsmustern im Gehirn als schwache Marken führen. Sowohl die Spitzer- als auch die Kenning-Untersuchung sorgte in der deutschen Publikumspresse für starke Resonanz.

Doch nicht nur durch diese Presseberichte wuchs das Interesse der Marketingfachleute an der Hirnforschung. Meine eigenen Bücher zum Thema Hirnforschung und Marketing, „Think Limbic — Die Macht des Unbewussten verstehen", erschienen im Jahr 2000, und „Brain Script — Warum Kunden kaufen", erschienen 2004, wurden schnell zu Wirtschaftsbestsellern. Das lag auch daran, dass Hirnforschung insgesamt starker ins öffentliche Rampenlicht rückte. Namhafte Hirnforscher wie Antonio Damasio, Wolf Singer, Manfred Spitzer oder Gerhard Roth öffneten durch ihre verständlich geschriebenen Bücher die Hirnforschung einem breiteren Publikum. Alle diese Entwicklungen führten dazu, dass Hirnforschung das Marketing in den letzten Jahren zunehmend infizierte.

Das enorm gewachsene Interesse an „Neuromarketing" wird nirgends deutlicher als in Google. Eine Eingabe im Jahr 2001 führte noch zu einem Null-Ergebnis. Heute meldet die Suchmaschine über 400.000 Treffer. Wie bei allem Neuen stehen aber die Erwartung an das Neue und das Wissen über das Neue in einem umgekehrt proportionalen Verhältnis. Der Begriff „Neuromarketing" mutierte inzwischen zu einer geheimnisvollen Zauberformel. Und genau das ist das Ziel dieses Buches — die Chancen, aber auch die Grenzen des Neuromarketings aufzuzeigen. Ich freue mich sehr, dass es gelungen ist, führende Neuromarketing-Spezialisten für dieses Werk zu gewinnen.

Bevor wir uns aber gemeinsam mit namhaften Autoren auf diesen spannenden Weg machen, ist eine Begriffsklärung notwendig. Was genau versteht man unter „Neuromarketing"? Ganz pragmatisch formuliert, beschäftigt sich Neuromarketing damit, wie Kauf- und Wahlentscheidungen im menschlichen Gehirn ablaufen (das Interesse der akademischen Forschung), vor allem aber, wie man sie beeinflussen kann (das Interesse der Praxis). Für die Beantwortung dieser Kernfragen des Marketings bietet die Hirnforschung nun zwei unterschiedliche Zugänge, die auch gleichzeitig für eine engere oder erweiterte Definition von Neuromarketing stehen.

Die engere Definition von Neuromarketing

In der engeren Definition wird Neuromarketing mit dem Einsatz von apparativen Verfahren der Hirnforschung zu Marktforschungszwecken gleich gesetzt. Von besonderer Bedeutung für die Praxis ist dabei der so genannte „Hirnscanner" oder wissenschaftlich exakt „functional Magnet Resonance Imaging" (fMRI). Ebenfalls im Marketing-Einsatz: die Magnetoresonanzencephalographie (MEG), aber auch ältere Verfahren wie das EEG (Elektro-Encephalographie). Neuere bildgebende Verfahren der Hirnforschung wie z.B. Near-Infra-Red-Spectroscopy (NIRS) sind in der Marketingpraxis kaum anzutreffen. Sie brauchen angesichts der medizinischen Fachbegriffe übrigens nicht erschrecken; die Funktion dieser Maschinen und ihr Nutzen wird im Laufe des Buches noch gut verständlich erklärt.

Die erweiterte Definition von Neuromarketing

In der erweiterten Definition wird Neuromarketing umfassender gesehen. Hier wird Neuromarketing als die Nutzung der vielfältigen Erkenntnisse der Hirnforschung für das Marketing verstanden. Zwar spielt der Einsatz der oben beschriebenen Hirnforschungs-Apparate zu Marktforschungszwecken auch hier eine Rolle. Von wesentlich größerer Bedeutung für diesen Blickwinkel ist jedoch, dass er die gesamten Erkenntnisse der aktuellen Hirnforschung in die Marketingtheorie und Marketingpraxis zu integrieren versucht. Die Hirnforschung hat in den letzten Jahren nämlich viele spannende Geheimnisse unseres Oberstübchens enthüllt, die für das Marketing von großer Bedeutung sind und sein können. Beispiele dafür sind:

Neurowissenschaftliche Bewusstseinsforschung: Die Vormacht der unbewussten Entscheidungsprozesse

Während man lange Zeit auch im Marketing vom bewussten und vernünftig handelnden Konsumenten ausging, zeigt die aktuelle Hirnforschung, dass der unbewusste Anteil an einer Entscheidung um ein Vielfaches größer ist als der bewusste. Dabei hängt es von der Bewusstseinsdefinition ab, ob man den unbewussten Anteil auf 95% oder 80% beziffert. Tatsache ist, dass Entscheidungen überwiegend auf unbewussten Prozessen basieren. Die Kenntnis dieser den Entscheidungen zugrunde liegenden neuronalen Mechanismen ist für das Marketing von großer Bedeutung.

Neurowissenschaftliche Emotionsforschung: Die Vormacht der Emotionen und die Struktur der Emotionssysteme

Eng verbunden mit dem Mythos des bewussten Konsumenten ist das Bild des rational handelnden Konsumenten. Auch hier zwingt die aktuelle Hirnforschung zum Umdenken. Es gibt keine Entscheidungen, die nicht emotional sind. Und Emotion und Ratio sind nicht das Gegenteil. Gleichzeitig zeigt die Hirnforschung welche Emotionssysteme im menschlichen Hirn vorhanden sind und wie sie im Detail wirken. Gerade diese Erkenntnisse sind für Marketing- und Werbekonzepte erfolgsentscheidend.

Multisensorische Verarbeitungsprozesse im Gehirn

Produkte wirken auf das Gehirn über verschiedenste Wahrnehmungskanäle und Signale (meist unbewusst) ein. Dabei sind „Sehen, Hören, Riechen, Schmecken und Tasten" nur ein Teil des Inputs, der im Gehirn verarbeitet wird. Inzwischen spielt die Multisensorik-Forschung eine wichtige Rolle in der Hirnforschung. Zunehmend wird nämlich deutlich, wie sich die verschiedenen Wahrnehmungskanäle gegenseitig beeinflussen — und besonders wichtig -, dass Botschaften, die zeitgleich über verschiedene Wahrnehmungskanäle eingespielt werden, vom Gehirn um ein Mehrfaches verstärkt werden („Multisensory Enhancement"). Insbesondere für die Produkt- und Packungsgestaltung gibt diese Disziplin Hirnforschung wichtige Hilfestellungen.

Emotional-kognitive Verarbeitungsprozesse von Anzeigen und TV-Spots im Gehirn

Die Hirnforschung zeigt: Die klassische AIDA-Formel hat ausgedient, weil Aufmerksamkeits- und kognitive Verarbeitungsprozesse im Hirn anders ablaufen als bisher angenommen. Daraus leiten sich wichtige Erkenntnisse für die Gestaltung von TV-Spots ab. Auch für das „Storytelling" und für das Script von guten Storys liefert die Hirnforschung wichtige Einblicke.

Neurolinguistik: Sprachverarbeitung im Gehirn

Auch wenn die Sprache für uns Menschen wichtig ist, sind entsprechende Verarbeitungszentren im Vergleich zur gesamten Entwicklungszeit des Gehirns quasi erst vor einer Sekunde entstanden. Die Neurolinguistik und die neurowissenschaftliche Forschung über Sprachverarbeitung liefern viele wichtige Anregungen zur Optimierung von Text und Sprache im Marketing.

Neurowissenschaftliche Persönlichkeitsforschung

Dass sich Menschen und Konsumenten in ihrer Persönlichkeit und damit auch in ihren Produkt- und Markenpräferenzen unterscheiden, ist längst bekannt. Viel wichtiger ist aber die Frage, wie die Persönlichkeitsunterschiede aus Sicht der Hirnforschung aussehen und wie sich diese Unterschiede in emotional-kognitiven Kaufentscheidungen auswirken. Bei der Formulierung effektiver Zielgruppenstrategien lohnt deshalb ein Blick in die Hirnforschung.

Neurowissenschaftliche Geschlechtsforschung

Was man im Alltag aufgrund von „Political Correctness" schon immer wusste, aber über viele Jahre in Deutschland nicht offen aussprechen konnte: Weibliche Gehirne ticken oft anders als männliche. Inzwischen wurden mehr als 200 Unterschiede im Gehirn und in der Neurochemie festgestellt — Unterschiede die einen erheblichen Einfluss auf Denkstil, Emotionsstruktur und Verhalten haben. Wenn man bedenkt, dass 70% des freien Einkommens von Frauen entschieden wird, 80% der Marketing-Kampagnen dagegen von Männern, liefert die Hirnforschung viele Einblicke in Denk- und Emotionsstrukturen des jeweils anderen Geschlechts.

Neurowissenschaftliche Altersforschung

Insbesondere in Europa ist der alternde Konsument eine zentrale Herausforderung für das Marketing, denn das Gehirn inklusive Emotions- und Kognitionssysteme verändert sich erheblich im Laufe des Lebens. Inzwischen gibt es in der Hirnforschung viele wichtige Erkenntnisse über das alternde Gehirn — Erkenntnisse deren Nutzung für das Alters- aber auch das Jugendmarketing von unschätzbarer Bedeutung ist.

Was erwartet Sie in diesem Buch?

Man sieht an diesen Beispielen, wie umfassend die Hirnforschung in den letzten Jahren geworden ist und welche Bedeutung dieses Wissen für das Marketing haben kann. Was erwartet Sie nun im vorliegenden Buch? Sie werden Neuromarketing sowohl in seiner engeren wie auch weiteren Definition kennen lernen. Und zwar von den führenden Experten dieses Gebietes.

Im ersten Teil „Neuromarketing — Einblicke" wenden wir uns spannenden Beispielen aus der engeren Definition des Neuromarketings zu und beschäftigen uns mit Forschungsarbeiten, die mit Hirnscannern (fMRI) oder Magnetoencephalographie (MEG) gemacht wurden.

- Prof. Dr. Peter Kenning von der Zeppelin University Friedrichshafen gibt einen Überblick über Chancen und Grenzen der heutigen fMRI-Forschung. Mit ihm werfen wir einen Blick in die Forschungswerkstatt der Universität Münster.

- Prof. Dr. Bernd Weber und Carolin Neuhaus vom Life&Brain-Institut in Bonn, einem führenden Hirnforschungszentrum, geben uns einen Einblick wie Preise und Rabatte im Gehirn verarbeitet werden.
- Mag. Arndt Traindl führt uns in das Geheimnis und die Wirkung von emotionalen Bildern in der Ladengestaltung ein.

Im zweiten Teil „Neuromarketing — Innovationen" befassen wir uns mit der erweiterten Definition des Neuromarketings. In diesem Teil werden neue Forschungs- und Erklärungsansätze vorgestellt, die auf Basis der Hirnforschung gewonnen und erfolgreich auf den Praxis-Einsatz übertragen wurden.

- Dr. Hans-Georg Häusel stellt mit Limbic® ein Instrument vor, das, ausgehend von den Emotionssystemen im Gehirn, vielfältige Möglichkeiten von der Markenpositionierung über die Produktoptimierung bis zur Zielgruppen-Segmentierung bietet.
- Dr. Christian Scheier und Dirk Held beschäftigen sich mit der Messung der unbewussten Verarbeitung von Werbungen und Markenkommunikation und stellen Instrumente vor, die diese Messungen ermöglichen.

Im dritten Teil „Neuromarketing — Inspirationen" erleben wir, wie Erkenntnisse der Hirnforschung in die heutige Marketingpraxis einfließen, ihr wertvolle Impulse geben und zu einer Optimierung bestehender Instrumente beitragen.

- Dr. Werner Fuchs macht uns deutlich, warum das Gehirn Geschichten liebt und warum Storytelling ein immer wichtigeres Marketinginstrument wird.
- Martin Lindstrom verdeutlicht uns die Wichtigkeit der Multisensorik in der Markenführung und Produktentwicklung.
- Michael Pusler und Dr. Marc Mangold geben einen Einblick, wie Erkenntnisse der Hirnforschung im heutigen Medienmarketing genutzt werden können.
- Mit Dr. Hanne Seelmann lernen wir interkulturelles Marketing kennen und erfahren warum und wo asiatische Konsumentengehirne anders ticken.

Im vierten Teil „Neuromarketing — Ausblicke" gehen wir mit führenden Neuromarketing-Anwendern und Hirnforschern der Frage nach, wo Neuromarketing heute steht, vor allem aber, wohin es sich Morgen entwickeln wird.

- Uli Veigel, CEO der deutschen Grey-Gruppe, erläutert uns, warum sich Grey in der Neuromarketing-Forschung langfristig engagiert, und was man sich davon erwartet.

- Prof. Dr. Hans-Willi Schroiff, ehem. Chef der Henkel-Marktforschung, Chef der Henkel-Marktforschung, berichtet uns zunächst über seine bisherigen Erfahrungen mit Neuromarketing. Er skizziert dann die zukünftige Henkel-Neuromarketingstrategie.
- Prof. Christian Elger, Neurologe und Physiologe, skizziert die fMRI-Entwicklung in den kommenden Jahren und welche Konsequenzen sich für das Neuromarketing ergeben.
- Mit Prof. Manfred Spitzer werfen wir einen Blick in die Zukunft der Hirnforschung und erfahren, wo die „Honigtöpfe" für das Neuromarketing stehen.

Im fünften Teil des Buches finden interessierte Leser ein wissenschaftliches Glossar rund um das Neuromarketing; Techniken wie fMRI oder MEG werden vertieft.

Den Abschluss bildet der sechste Teil, in dem wir die für das Neuromarketing wichtigsten Gehirnbereiche kennen lernen. In diesem Zusammenhang noch eine kleine Begriffsklärung: Im Laufe dieses Buches werden wir häufig auf die fMRI-Technik (functional Magnetic Resonance Imaging) oder synonym fMRT (funktionelle Magnetresonanztomographie) treffen. Im wissenschaftlichen Jargon wird dieses Wortungetüm meist durch „Hirnscanner" ersetzt. Wo immer es möglich ist, verwende auch ich diesen einfachen Begriff.

Noch einige Worte zum Schluss

Ich freue mich sehr, dass es gelungen ist, führende Neuromarketing-Spezialisten in diesem Buch zusammenzuführen. Wenn auch nicht alle Fragen beantwortet werden können, so hoffe ich doch, dass der Leser erkennt, warum es lohnt, sich mit dieser neuen und spannenden Disziplin intensiver zu beschäftigen. Der Einzug der Hirnforschung ins Marketing hat langst begonnen. Fundierte „Consumer Insights" werden ohne Nutzung der Hirnforschung nicht möglich sein. Trotzdem kann für Bürgerrechtsorganisationen und Ethik-Kommissionen Entwarnung gegeben werden. Auch wenn wir den Konsumenten immer besser verstehen — vom gläsernen Konsumenten sind wir noch meilenweit entfernt. Auch den „Buy Button" gibt es nicht, denn dazu sind Konsumenten viel zu unterschiedlich in ihren Erfahrungen, Präferenzen und Wünschen. Was es aber gibt, sind viele kleine „Kauf-Knöpfchen", nämlich tausend kleine Hebel und Druckpunkte, die dazu beitragen, einen Logenplatz im Kopf, genauer im Gehirn des Konsumenten zu erobern. Die heutigen und morgigen Sieger im Kampf um die Verbrauchergunst nutzen die Hirnforschung. Dieses Buch soll Überblick, Anregung und Anleitung dafür geben.

Dr. Hans-Georg Häusel

I. Neuromarketing – Einblicke

Zusammenfassung

Neuromarketing in seiner engeren Definition basiert auf der Nutzung der bildgebenden Verfahren der Hirnforschung, um Kaufentscheidungen im Gehirn auf die Spur zu kommen. Die heute eingesetzten Verfahren sind vor allem das fMRI (functional Magnetic Resonance Imaging; auf Deutsch: fMRT = funktionelle Magnetresonanztomgraphie), aber auch das MEG (Magnetoencephalographie) Im ersten Teil beschäftigen wir uns mit drei klassischen Neuromarketing-Untersuchungen, um ein besseres Gespür für den heutigen Forschungsstand und Erklärungsbeitrag zu bekommen.

Dr. Peter Kenning steckt zunächst den Rahmen der heutigen fMRI-Neuromarketing-Grundlagenforschung ab und zeigt anhand einiger Beispiele was man heute weiß, aber auch wo man noch im Dunkeln tappt. Dr. Bernd Weber und Carolin Neuhaus verknüpfen Marketingpraxis mit Grundlagenforschung — sie untersuchen mittels fMRI die Wirkung des Euros und von Rabatten im Gehirn. Einen hohen Praxisbezug hat auch die Untersuchung, die Mag. Arndt Traindl gemeinsam mit dem Boltzman-Institut in Wien durchgeführt hat. Diese Forschungsgruppe interessierte, wie man Warenpräsentationen im Handel emotionalisieren kann und wie sich diese Emotionalisierungsstrategien im Gehirn bemerkbar machen.

1 Neuromarketing: Vom Hype zur Realität
Eine Standortbestimmung aus der Perspektive der Marketingwissenschaft

von Prof. Dr. Peter Kenning

EINFÜHRUNG DES HERAUSGEBERS

Auf der Titelseite der „Bild"-Zeitung zu erscheinen, mag vielleicht das Ziel eines jeden Politikers sein. Für einen seriösen Wissenschaftler dagegen löst eine solche „Ehrung" erhebliche Schmerzreize aus, weil in der Regel die Berichterstattung über seine Forschungsergebnisse so verkürzt gerät, dass die Aussage schlicht falsch wird. Diese leidvolle Erfahrung musste auch Prof. Dr. Peter Kenning im Jahr 2003 machen. Er und sein Team an der Universität Münster waren nämlich mit die Ersten in Deutschland, die Hirnscanner in der Marketingforschung einsetzten. Sie fanden in der damaligen Untersuchung, dass starke Marke zu einer verminderten Aktivität des vorderen Großhirns führten — nicht mehr, aber auch nicht weniger. Die „Bild"-Zeitung titelte „Bewiesen: Beim Shoppen setzt der Verstand aus" und „Das ist ein Gehirn im Kaufrausch". Dieser „Bild"-Zeitungsbericht wurde von anderen Publikumsmedien gierig aufgenommen — das „Neuromarketing" betrat damit die Bühne der Öffentlichkeit. Die Konsequenzen für Peter Kenning und sein Team waren zweierlei: Erstens, den Begriff „Neuromarketing" durch den breiteren Begriff „Neuroökonomie" zu ersetzen, zweitens den Kontakt zur Publikumspresse eher etwas zu vermeiden. Ohne Zweifel ist Prof. Dr. Peter Kenning heute weltweit einer der kompetentesten und gleichzeitig seriösesten Wissenschaftler in der neurowissenschaftlichen Marketingforschung. In seinem Beitrag zeigt er auf, was Neuromarketing (engere Definition) kann —, aber auch, was nicht.

DER AUTOR

Prof. Dr. Peter Kenning ist einer der Begründer der neuroökonomischen Forschung in Deutschland. Er studierte von 1993 bis 1997 Betriebswirtschaftslehre an der Universität Münster. 2001 schloss er seine Promotion „summa cum laude" ab. Im Juli 2006 habilitierte er sich. Prof. Dr. Kenning hat als erster deutscher Wirtschaftswissenschaftler sowohl in wirtschafts- als auch in neurowissenschaftlichen Zeitschriften publiziert. Seine Forschungsarbeiten wurden mit verschiedenen Preisen ausgezeichnet. Heute ist Prof. Dr. Peter Kenning Inhaber des Lehrstuhls für Marketing an der Zeppelin University in Friedrichshafen.

Kontakt: **peter.kenning@wiwi.uni-muenster.de**

1.1 Neuroökonomie und Neuromarketing: Begriff und Hintergrund

In den letzten Jahren konnte man eine zunehmende Integration neurowissenschaftlicher Erkenntnisse und Methoden in diverse sozialwissenschaftliche Disziplinen beobachten. Dass diese Entwicklung auch an den Wirtschaftswissenschaften nicht vorbei gegangen ist, verdeutlichen einige neue Begriffe wie Neuroökonomie und Neuromarketing (Häusel, 2004). Inhaltlich beschreiben diese Begriffe den Versuch, neurowissenschaftliche Erkenntnisse und Methoden zur weiteren Durchdringung (absatz-)wirtschaftlicher Fragestellungen zu nutzen. Fraglich ist jedoch, ob es sich bei diesem Versuch um eine bloße Mode handelt, oder ob tatsächlich substanziell neue Erkenntnisse gewonnen werden können, die zur Weiterentwicklung des Faches beitragen können (vgl. Bauer/Exler/Höhner, 2006; Lehmann-Waffenschmidt/Hain/Kenning, 2007). Dieser Frage soll im Rahmen des vorliegenden Beitrags nachgegangen werden.

Für die Einordnung des neuroökonomischen Ansatzes in die Kategorie Mode spricht, dass die wenigen primärwissenschaftlichen Ergebnisse auf diesen Gebieten oft rasch und unreflektiert übernommen werden. Um ein Beispiel zu nennen: Bis dato verwenden etwa zehn wissenschaftliche Publikationen explizit das Thema Neuromarketing (vgl. Lee/Broderick/Chamberlain, 2007). Im Bereich Neuroökonomie sind es unwesentlich mehr (vgl. Kenning/Plassmann, 2005; Kenning/Plassmann/Ahlert, 2007a). Angesichts der umfangreichen wissenschaftlichen Literatur in beiden Forschungsbereichen ist diese Anzahl verschwindend gering. Gleichwohl findet man zahlreiche Unternehmen, die neurowissenschaftlich fundierte Methoden und Erkenntnisse anbieten und nutzen (wollen). Parallel hierzu gewinnen die genannten Themen öffentliche Relevanz. Diese manifestiert sich beispielsweise im Internet. Entsprechend findet man bei Google derzeit mehr als 450.000 Inhaltsverweise zu den Begriffen Neuroeconomics und Neuromarketing, die zumeist in den letzten drei Jahren erstellt wurden (s. Abb. 2).

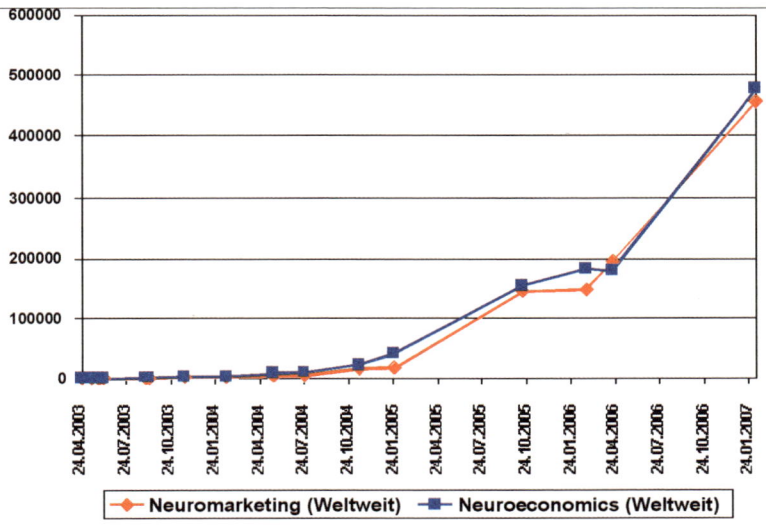

Quelle: Eigene Recherche bei Google

Abbildung 2: Die Entwicklung der Begriffe „Neuromarketing" und „Neuroeconomics" wie sie die Suchmaschine Google wiedergibt

Grafikquelle: Eigene Recherche bei Google

Neuromarketing: Vom Hype zur Realität
Eine Standortbestimmung aus der Perspektive der Marketingwissenschaft

Reflektiert man diese Entwicklungen aus der wissenschaftlichen Perspektive, so ist der Gedanke an einen engen Zusammenhang zwischen der Bedeutungszunahme der Neurowissenschaften und der noch neuen Entwicklung so genannter bildgebender Verfahren nicht weit. Das wohl bekannteste dieser Verfahren ist die funktionelle Magnetresonanztomographie (fMRT = fMRI), die seit etwa zehn Jahren Anwendung findet. Das allgemeine Merkmal der bildgebenden Verfahren ist, dass sie bestimmte physikalische Eigenschaften des (neuralen) Gewebes nutzen, um dessen Struktur und/oder die in ihm ablaufenden Prozesse zu erfassen und bildlich wiederzugeben. Die so gewonnenen Bilder haben gegenüber den oft formalisierten ökonomischen Theorien einen wesentlichen Vorteil, der ihre Popularität erklären könnte: Sie sind intuitiv zugänglich. Eine grafisch dargestellte Hirnaktivität gibt dem Betrachter das spontane, für einige Menschen auch beängstigende Gefühl, dem lebenden Gehirn beim Denken zusehen zu können. Ein besonders plakatives Beispiel hierfür zeigt der in der folgenden Abbildung dargestellte Artikel aus der „Bild"-Zeitung vom 6. November 2003.

Abbildung 3: Die „Bild"-Zeitung vom 6.11.2003 zeigt plakativ ein „Gehirn beim Shoppen"

Tatsächlich bestehen die mit den bildgebenden Verfahren gewonnenen Bilder aber aus zwei Elementen: Einem strukturellen, das die anatomische Struktur des Gewebes, zumeist des Gehirns darstellt, und einem statistischen, das die signifikanten Aktivierungen im Gehirn abbildet (Kenning/Plassmann/Ahlert, 2007b). Beide

Elemente zusammen bildlich dargestellt wirken freilich auf den ersten Blick wie ein Fenster in den menschlichen Kopf. Das sind sie aber nicht! Dieses verkürzte Verständnis der produzierten Bilder vermag gleichwohl einen Teil der rasanten Entwicklung der Neurowissenschaften zu erklären. Auf die noch weitgehend unreflektierten Annahmen, auf denen diese Entwicklung basiert, wurde an anderer Stelle ausführlich hingewiesen (vgl. Kenning/Plassmann, 2005).

Was bleibt an (wirklich) gehaltvollen Elementen der neuroökonomischen Forschung, wenn man diesen darstellungstechnischen Effekt beiseite schiebt? Diese Frage ist nicht einfach zu beantworten und sollte entsprechend der eingangs erwähnten Begriffsfassung in zwei Teilfragen differenziert werden.

Die erste Frage bezieht sich darauf, welche Erkenntnisse der Neurowissenschaften nützlich für die Erklärung ökonomischer Fragestellungen sein könnten. Um es vorweg zunehmen: Eine Antwort auf diese Frage ist derzeit aus mindestens zwei Gründen nicht möglich. Zum einen umfasst das neurowissenschaftliche Schrifttum bereits heute so unglaublich viele Publikationen, dass die Behauptung, diese (jemals) vollständig überblicken und würdigen zu können, vermessen erscheinen muss. Zum anderen ist kaum absehbar, welche methodischen und inhaltlichen Fortschritte in den nächsten Jahren erzielt werden können. Es bleibt somit offen, welchen abschließenden sekundärwissenschaftlichen Nutzen die Neuroökonomie aus der Integration neurowissenschaftlicher Erkenntnisse ziehen wird.

Die zweite Frage, die nach dem Nutzen primärwissenschaftlicher Studien, lässt sich hingegen beantworten und wird im Folgenden aus der Perspektive des Marketing konkretisiert. Dem soll voraus geschickt werden, dass der primärwissenschaftliche Nutzen im Wesentlichen aus zwei methodischen Besonderheiten der Hirnbildgebung resultiert. Zum einen bietet ihre Anwendung die Möglichkeit, die physiologischen, emotionalen Zustände von (Wirtschafts-)Subjekten zeitgleich zu bestimmten Ereignissen (z. B. Entscheidungen) zu erfassen. Zum anderen erlaubt die Hirnbildgebung die Visualisierung von unbewusst verlaufenden Prozessen (vgl. Esch/Möll, 2004; Ahlert/Kenning, 2004). Aus diesen beiden methodischen Vorteilen ergeben sich einige primärwissenschaftliche Befunde, die im Folgenden dargestellt werden sollen. Konkret werden dazu drei, nicht ganz überschneidungsfreie, absatzwirtschaftliche Problembereiche gewählt. Mit dieser Auswahl soll dem interessierten Leser — der Positionierung des Beitrags im vorliegenden Buch entsprechend — ein erster Einstieg in das noch neue Themengebiet ermöglicht werden.

1.2   Ein erstes Gebiet – Die **Markenforschung**

Was wir wissen …

Eine breite Anwendung findet die Hirnbildgebung derzeit in der Markenforschung. Die hier durchgeführten Studien folgten zunächst keiner expliziten Strategie. Vielmehr wurden isolierte Teilprobleme von verschiedenen Wissenschaftlern weltweit unabhängig voneinander erforscht. Dementsprechend unterschiedlich waren die einzelnen Versuchsanordnungen. So konnte in einfachen Experimenten demonstriert werden, dass es kein spezifisches Markenareal im Gehirn gibt. Darüber hinaus bestätigen die Befunde einige im Markenschrifttum seit Jahren bekannte Ergebnisse. So zeigten die innovativen Studien von Deppe et al. (2005a), Deppe et al. (2005b), Erk et al. (2002), McClure et al. (2004) sowie Plassmann et al. (2007) die hohe Bedeutung der Emotionalisierung für den Markenerfolg. Sie ließen aber die Frage unbeantwortet, wie diese Emotionalisierung erreicht werden kann. Überraschend war sicher der Befund, dass pro Warengruppe und Proband offensichtlich nur eine Marke in der Lage ist, den Entscheidungsprozess zu emotionalisieren (sog. „First-Choice-Brand-Effect", vgl. Deppe et al. 2005a). Ebenfalls überraschend war das Ergebnis der Studie von Yoon et al. (2006), die zeigte, dass das in der Markenforschung populäre Konstrukt der „Brand Personality" oder auch „Markenpersönlichkeit" einer Revision bedarf. Die hohe Anzahl von Fehlantworten bei der empirischen Konstruktmessung erscheint damit erklärbar. Zudem konnte am Beispiel des Einflusses einer Medienmarke auf die Glaubwürdigkeitsbeurteilung (fiktiver) Schlagzeilen gezeigt werden, dass Marken das Ergebnis eines kognitiven Entscheidungsprozesses vorentscheiden können. Diese, einem Vorurteil ähnliche Wirkung, entfalten sie bereits, bevor die zu beurteilenden Informationen vollständig verarbeitet werden konnten (Deppe et al., 2005b).

… und was nicht

Ungeachtet dieser Ergebnisse ist nach wie vor unklar, wie eine Marke konkret entstehen kann. Neben der damit angesprochenen Effektivität ist kaum etwas darüber bekannt, wie effizient die einzelnen, denkbaren Instrumente zum Markenaufbau beitragen. Zwar gibt es einige von der Markenforschung entfernte Bildgebungsstudien zum Thema „Emotionalisierung visueller Stimuli", die belegen, dass die Emotionalisierung das Ergebnis eines klassischen Konditionierungsprozesses ist (z. B. Cox/Andrade/Johnsrude, 2005). Es ist aber nicht erforscht, ob diese Ergebnisse auf die Markenbildung transferiert werden können. Ein erstes Indiz hierfür liefert eine aktuelle Studie von Plassmann/Kenning/Ahlert (2007), die Hinweise auf die Bedeutung des (ventralen) Striatums für die Entstehung von Markenloyalität liefern konnte. Demnach erlaubt die Existenz von Aktivierungsunterschieden in diesem Areal die Vorhersage der Markenloyalität eines bestimmten Kunden. Um diesen Zusammenhang zu identifizieren, wurden die neuronalen Prozesse um satzstarker A-Kunden mit denjenigen umsatzschwacher C-Kunden bei spezifischen Markenwahlentscheidungen untersucht. Abbildung 4 vermittelt einen Eindruck über die (farblich markierten) Aktivierungsunterschiede (zu den Details der Studie vgl. Plassmann/Kenning/Ahlert, 2007).

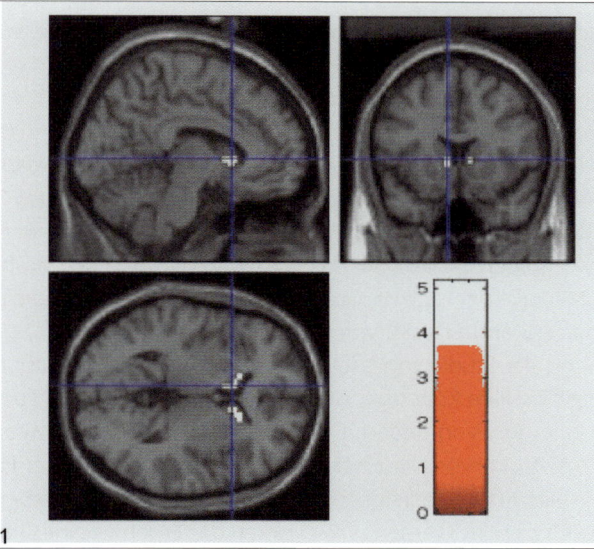

p< 0,001

Abbildung 4: Hirnareale, deren Aktivierung mit der beobachtbaren Markenloyalität korrespondieren (Quelle: Plassmann/Kenning/Ahlert, 2007)

Wie kann man aber die Entstehung solcher Aktivierungsunterschiede, die zu einem vorteilhaften (Markenwahl-)Verhalten führen, neurophysiologisch erklären? Oder mit anderen Worten: Wie lernt unser Gehirn loyal zu sein? Aus neuroökonomischer Perspektive kann man derzeit darüber nur spekulieren. Einen Ausgangspunkt zur Beantwortung dieser Fragen könnte die lerntheoretische Basishypothese bilden. Demnach wird das menschliche Verhalten grundsätzlich bestimmt durch das Anstreben von Belohnung bzw. die Vermeidung von Bestrafung. Bekannt ist, dass bereits der Konsum einer Leistung (z. B. das Fahren eines Sportwagens) Belohnungsaktivierungen induzieren kann (vgl. hierzu Schäfer et al. 2006). Neuere Studien zeigen zudem, dass die Perzeption bestimmter Produkt- und Werbestimuli mit der Aktivierung von Belohnungszentren einhergeht (vgl. Erk et al., 2002; Plassmann et al., 2007). Damit lässt sich nun auch neurophysiologisch erahnen, wie Marken durch Werbung emotional aufgeladen werden können.

1.3   Ein zweites Gebiet – Die Werbewirkungsforschung

Was wir wissen …

In den Studien, die sich dem Thema Werbewirkung widmen, konnte die hohe Bedeutung von Emotionen für die Werbewirkung bestätigt werden (z.B. Ambler et al., 1999; Klucharev et al., 2005, Plassmann et al., 2007). Da Emotionen aber nicht einer bestimmten Hemisphäre zugeordnet werden können, erscheint die lange Zeit in der Werbeforschung propagierte und bisweilen stark vereinfacht dargestellte Hemisphärentheorie obsolet (vgl. Rossiter et al., 2001). Wenn es überhaupt möglich ist, ein so facettenreiches Konstrukt wie das der Emotion neural zu verorten, dann scheinen hierbei eher subkortikale Strukturen (z. B. Amygdala oder Striatum) maßgeblich zu sein. Besonders sinnvoll ist diese undifferenzierte Zuordnung von Emotionen (z. B. Angst) zu bestimmten Arealen (z. B. Amygdala) angesichts der Komplexität von Emotionen (vgl. Ochsner/Gross 2005, S. 242) aber nicht.

… und was nicht

Zu wenig ist bisher darüber bekannt, welche Merkmale einer Werbung grundsätzlich in der Lage sind, Emotionen zu transportieren. So konnte in einer unlängst präsentierten Studie von Plassmann et al. (2007) gezeigt werden, dass als attraktiv beurteilte Anzeigen eine belohnende Wirkung im Gehirn entfalten (vgl. Abb. 5). Hierzu wurde die neurale Wirkung von 30 realen Anzeigen unterschiedlicher Attraktivität miteinander verglichen (zu den Details der Studie vgl. Plassmann et al., 2007). Das Zentrum der durch die Attraktivität modulierten Hirnaktivierung bildete der Nucleus Accumbens, eine Struktur im bereits erwähnten Striatum. Die belohnende Wirkung attraktiver Anzeigen könnte erklären, warum diese mehr visuelle Aufmerksamkeit auf sich ziehen und damit verbunden besser erinnert werden (vgl. Shimojo et al., 2003). Damit ist aber nicht gesagt, dass Werbung nur dann funktioniert, wenn sie mit einer Belohnungswirkung einhergeht. Im Gegenteil, auch besonders abstoßende Werbung wird gut erinnert, wie das oftmals bemühte Beispiel der Benetton-Werbung aus den 90er Jahren belegt. Der dieser Erinnerungsleistung zugrunde liegende Mechanismus ist jedoch noch nicht bekannt und bildet einen Gegenstand der aktuellen Forschung. Ein weiteres Problem der neuroökonomischen Werbewirkungsforschung ist derzeit noch der methodische Trade-off zwischen zeitlicher und räumlicher Auflösung, der eine Messung der Vorgänge auf der Ebene einzelner Neuronen oft nicht ermöglicht (vgl. Kenning/Plassmann/Ahlert, 2007a).

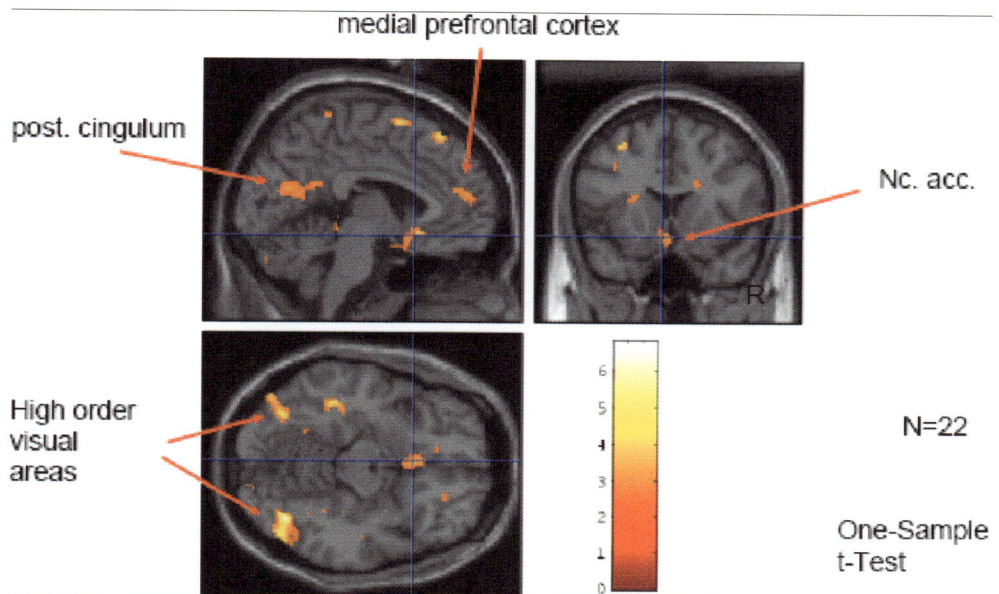

Abbildung 5: Aktivierungsunterschiede zwischen attraktiven und unattraktiven Anzeigen
Grafikquelle: Plassmann et al., 2007

1.4 Ein drittes Gebiet – Die Kaufentscheidungen

Was wir wissen ...

Entgegen erster naiver Vorstellungen verfügt das Gehirn über keinen spezifischen Kaufentscheidungsmechanismus (z. B. Weber et al., 2007). Die Hypothese des neuralen „Buy Buttons", die besagt, dass es einen lokalen Hirnbereich gibt, der fürs Kaufen zuständig ist, wurde so rasch widerlegt. Vielmehr verwendet das Gehirn zur Lösung marketingrelevanter Probleme mehr oder weniger generelle und zum Teil sehr alte Entscheidungsstrukturen, die allerdings überaus komplex sein können. Die wenigen Studien, die Kaufentscheidungsprozesse fokussieren (z.B. Ambler et al., 2004; Bräutigam et al., 2001; Plassmann/Kenning/Ahlert, 2007), belegen, dass diese nicht nur sequentiell, sondern parallel und iterativ ablaufen. Die Informationsverarbeitung im Gehirn wird heute demzufolge als ein gleichzeitig seriell und parallel ablaufender Prozess der Aktivierung multifokaler, eng miteinander verschalteter neuronaler Netzwerke verstanden. Eine zentrale Rolle in diesem Entscheidungsnetzwerk spielen offensichtlich kleinere Bereiche des präfrontalen Kortex, die auch für die Exekutionskontrolle und Emotionsregulation bedeutsam sind (Ambler et al., 2004, Bräutigam et al., 2001; sowie ergänzend Ochsner/Gross 2005; Paulus/Frank, 2003; Ridderinkhof et al. 2004). Die Rolle des präfrontalen Kortex für Entscheidungsprozesse ist zwar noch nicht ganz verstanden, besondere Aufmerksamkeit hat in den Neurowissenschaften aber diesbezüglich die Hypothese der „somatischen Marker" erregt (vgl. Bechara/Damasio, 2005). Demnach haben, vereinfacht dargestellt, Emotionen als verkörperlichte Erfahrungen einen (bewussten oder unbewussten) Einfluss auf die (Kauf-)Entscheidungen eines Individuums. Aufbauend auf dieser Hypothese entwickelten Deppe et al. (2005a) das in der folgenden Abbildung 6 dargestellte Kaufentscheidungsmodell.

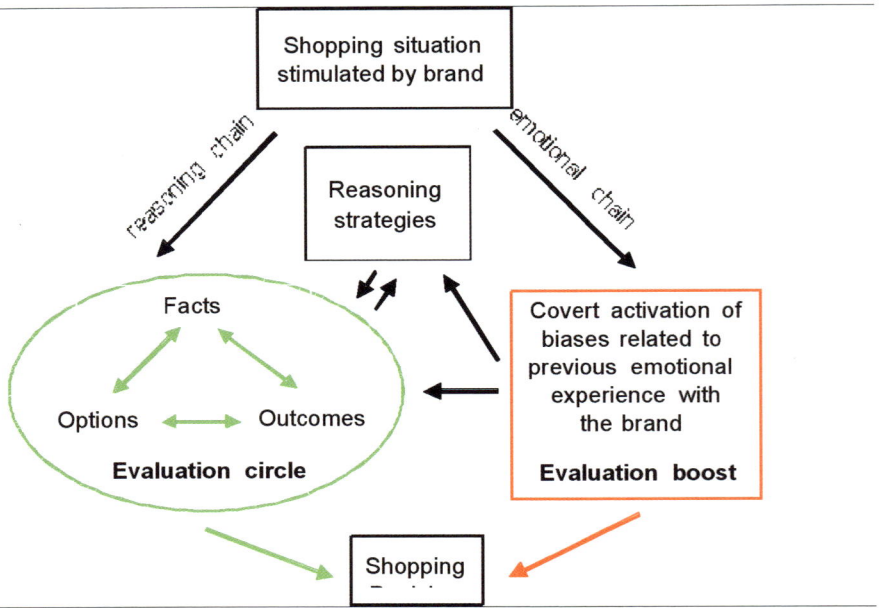

Abbildung 6: Neurale (Kauf-)Entscheidungspfade
Grafikquelle: Deppe et al. 2005b, S. 180

Die Erläuterung dieses Modells im Originaltext lautet wie folgt:

Thus, the (...) increase in cortical activation within the VMPFC (ventromedial, prefrontal cortex, d. Verf) can be interpreted as the (...) correlate of brain activations involved in this emotional chain, that is, the integration of previous emotional experience with a brand into the ongoing decision process. In combination with the reduced activations in regions associated with reasoning strategies (reasoning chain), this supports the hypothesis that in the competitive Situation of buying decisions, only an FCB (first-

choice-brand, d. Verf.) has the specific power to switch between the 2 cortical proces-sing chains whereas a second-rated brand already has not. (Deppe et al., 2005, S. 180).

Dieses erste Modell stellt einen interessanten Ansatz dar. Auch wenn es sich ver-mutlich bald als zu grob erweisen wird, so lässt sich doch mit der Existenz dieser neural separierbaren, markenspezifischen Entscheidungspfade erklären, warum Marken einen so großen Einfluss auf Kaufentscheidungen haben.

... und was nicht

Unklar ist bisher, ob die mit der Hirnbildgebung gewonnenen Daten das beobacht-bare Kaufverhalten besser erklären und vorhersagen können als klassische Metho-den wie z.B. die Befragung. Um diese Frage zu beantworten, wird es nötig sein, die simultane neurale Wirkung verschiedener Marketinginstrumente zu erforschen. Aktuelle Studien an der Stanford University und am MIT widmen sich derzeit dieser Frage und lassen erahnen, wie methodisch anspruchsvoll die entsprechenden Stu-dien sein werden (vgl. Knutson et al. 2006). Daneben gibt es bis dato keine Studie darüber, ob es neural differenzierbare Entscheidungstypen gibt, deren Differen-zierung z. B. die Grundlage einer innovativen Marktsegmentierung bilden könnte. Ein dritter wichtiger Aspekt betrifft die Kaufentscheidungen im Investitionsgü-terbereich. So ist völlig unklar, welche neuralen Prozesse mit der Wirkung einer Markeninformation z.B. in Buying Centern oder ähnlichen Entscheidungsgremien verbunden ist.

Fazit

Da die mit Hilfe der Hirnbildgebung gewonnenen Bilder intuitiv zugänglich sind, verwundert es nicht, dass in populärwissenschaftlichen Publikationen das Kon-zept der Consumer Neuroscience, bisweilen auch tituliert als „Neuromarketing", begeistert aufgegriffen wird. Vor diesem Hintergrund war es das Ziel des vorliegen-den Beitrags den aktuellen Wissensstand aus einer akademischen Perspektive zu würdigen. Hierzu wurde zunächst gezeigt, dass der Nutzen, den die Wirtschafts-wissenschaften aus dem sekundärwissenschaftlichen Transfer neurowissen-schaftlicher Erkenntnisse ziehen könnten, kaum seriös abgeschätzt werden kann. Daran anschließend wurden die bis dato vorliegenden primärwissenschaftlichen Forschungsergebnisse und -grenzen genannt und diskutiert. Inwiefern diese Er-gebnisse unmittelbar praktisch nutzbar sind, soll hier nicht diskutiert werden. Aus akademischer Sicht lässt sich jedoch ein ermutigender Erkenntnisfortschritt festhalten. Gleichwohl sind die künftigen Möglichkeiten der primärwissenschaftlichen Forschung auf diesem Gebiet mindestens aus zwei Gründen limitiert.

Zum einen sind die entsprechenden Forschungsprojekte sehr personal-, kosten- und zeitintensiv. So kostet ein für die Durchführung von fMRT-Studien notwendiger 1.5-Tesla-MRI-Scanner zwischen einer und zwei Millionen Euro (vgl. Huesing/Jäncke/Tag, 2006). Für spezifische Materialien (z.B. Helium für den Scanner) betragen die jährlichen Kosten etwa 100.000 bis 200.000 Euro. Das bedeutet, dass die Kosten einer Messung auf etwa mehrere hundert Euro pro Proband veranschlagt werden müssen (vgl. Häusel, 2006). Nur wenige Forschungsinstitute und Unternehmen werden diese Ressourcen aufwenden können. Zum anderen ist der Einsatz neurowissenschaftlicher Methoden im medizinischen Umfeld an diverse rechtliche Bedingungen (z.B. ethische Unbedenklichkeit, Einverständnis der Probanden) und moralische Vorüberlegungen gebunden. Auch wenn viele Argumente auf Unkenntnis der jeweiligen Methoden schließen lassen, ist ein Ende dieser gerade erst begonnenen ethisch-rechtlichen und oft marketingskeptischen Diskussion derzeit nicht absehbar (vgl. Blakeslee, 2004).

Vergegenwärtigt man sich unabhängig davon die in kurzer Zeit gewonnenen, hier diskutierten Ergebnisse, so scheint die Forschungsrichtung der Neuroökonomie bzw. des Neuromarketing zunächst eher geeignet zu sein, die Wirtschaftswissenschaften theoretisch weiterzuentwickeln. Es wird spannend sein, diesen Prozess zu beobachten und zu gestalten!

1.5 Danksagung

Der Autor dankt Dieter Ahlert, Michael Deppe, Harald Kugel, Wolfram Schwindt (Universität Münster), Tim Ambler (London Business School), Sven Bräutigam (University of Oxford), Baba Shiv (Stanford University), Flemming Hansen (Copenhagen Business School), Ale Smidts (Erasmus

University Rotterdam) und insbesondere Hilke Plassmann (CalTech) für konstruktive Kritik und wertvolle Anregungen.

1.6 Literaturhinweise

Ahlert, D./Kenning, P. (2004): Marke und Hirnforschung: Status-Quo, in: Marketing-Journal, Nr. 7—8, S. 44—46.

Ambler, T./Burne, T. (1999): The Impact of Affect on Memory of Advertising, in: Journal of Advertising Research, March/April, S. 25—34.

Ambler, T./Ioannides, A./Rose, S. (2000): Brands on the Brain: Neuro-Images of Advertising, Business Strategy Review, Vol. 11, No. 3, S. 17—30.

Ambler, T./Bräutigam, S./Stins, J./Rose, S./Swithenby, S. (2004): Salience and Choice: Neural Correlates of Shopping Decisions, in: Psychology and Marketing, 21, 4, S. 247—261.

Bauer, H. H./Exler, S./Höhner, A. (2006): Neuromarketing. Revolution oder Hype im Marketing?, Arbeitspapier des Instituts für Marktorientierte Unternehmensführung, Nr. 105, Mannheim (ISBN 3-89333-344-4).

Blakeslee, S. (2004): If You Have a ‚Buy Button' in Your Brain, What Pushes It?, in: The New York Times, October 19, Quelle: http://www.nytimes.com/2004/10/19/science/19neuro.html.

Bechara, A./Damasio, A. R. (2005): The somatic marker hypothesis: a neural theory of economic decision making, Games and Economic Behavior, Vol. 25, S. 336—372.

Bräutigam, S./Stins, J.F./Rose, S./Swithenby S./Ambler, T. (2001): Magnetoence-phalographich Signals Identify Stages in Real-Life-Decision Processes, in: Neural Plasticity, Vol. 8, No. 4, S. 241—253.

Cox, S. M. L./Andrade, A./Johnsrude, I. S. (2005): Learning to Like: A Role for Human Orbitofrontal Cortex in Conditioned Reward, in: The Journal of Neuroscience, March 9, 2005, Vol. 25, No. 10, S. 2733—2740.

Deppe, M./Schwindt, W./Kugel H./Plassmann, H./Kenning, P. (2005a): Non-linear Responses within the Medial Prefrontal Cortex Reveal when Specific Implicit Information Influences Economic Decision-Making, in: Journal of Neuroimaging, 15, 2, S. 171—183.

Deppe, M./Schwindt, W./Krämer, J./Kugel, H./Plassmann, H./Kenning, P./Ringelstein, E. B. (2005b): Evidence for a Neural Correlate of the Framing Effect: Bias-Specific

Activity in the Ventromedial Prefrontal Cortex during Credibility Judgements, in: Brain Research Bulletin, Special Issue on NeuroEconomics, 67, 5, S. 413—421.

Erk, S./Spitzer, M./Wunderlich, A./Galley, L./Walter, H. (2002): Cultural Objects modulate Reward Circuitry, in: Neuroreport, 13, 18, S. 2499—2503.

Esch, F.R./Möll T. (2004): Mensch und Marke — Neuromarketing als Zugang zur Erfassung der Wirkung von Marken, in: Gröppel-Klein, A. (Hrsg.): Konsumentenverhaltensforschung im 21. Jahrhundert, Wiesbaden, S. 67—98.

Häusel, H.G. (2004): Brain Script, München.

Häusel, H.G. (2006): Direkt ins Gehirn? in: Absatzwirtschaft, Nr. 19/2006, S. 36—40.

Huesing, B./Jäncke, L./Tag, B. (2006): Impact Assesment of Neuroimaging, vdf Hochschulverlag, Zürich.

Kenning, P./Plassmann, H. (2006): NeuroEconomics: An overview from an economic perspective in: Brain Research Bulletin, Vol. 67, Issue 5, S. 343—354.

Kenning, P./Plassmann, H./Ahlert, D. (2007a): Consumer Neuroscience — Implikationen neurowissenschaftlicher Forschung für das Marketing, in: MarketingZfP, 29. Jg., 1/2007, S. 57—68.

Kenning, P./Plassmann, H./Ahlert, D. (2007b): Application of Neuroimaging Techniques to Marketing Research, in: Qualitative Market Research, Special Issue on Ubiquitous Human Observation Methodologie, in press.

Kenning, P./Plassmann, H./Deppe, M./Kugel, H./Schwindt, W. (2005): Wie eine starke Marke wirkt, in: Harvard Business Manager, März, S. 53—57.

Klucharev, V./Fernandez, G./Smidts, A. (2005): Why Celebrities are Effective: Brain Mechanisms of Effective Advertising, Proceedings of the 3rd Annual Meeting of the Society for Neuroeconomics.

Knutson, B./Rick, S./Wimmer, G.E./Prelec, D./Loewenstein. G. (2006): Neural Predictors of Purchases, Paper presented on the 4th Annual Meeting of the Society for Neuroeconomics, Park City, 7.—10.9.2006.

Lee, N./Broderick A.J./Chamberlain, L. (2007): What is Neuromarketing? A discussion and agenda for Future Research, in: International Journal of Psychophysiology.

Lehmann-Waffenschmidt, M./Hain, C./Kenning, P. (2007): Neuroökonomie und Neuromarketing: Neurale Korrelate strategischer Entscheidungen, Dresden Discussion Paper in Economics, No. 04/07.

McClure, S./Jian L.J./Tomlin, D./Cypert, K.S./Montague, L.M./Montague, P.R. (2004): Neural Correlates of Behavioral Preference for Culturally Familiar Drinks, in: Neuron, 44, S. 379—387.

Ochsner, K.N./Gross, J.J. (2005): The Cognitive Control of Emotion, in: Trends in Cognitive Sciences, 9, 5, S. 242—249.

Paulus, M.P./Frank, L.R. (2003): Ventromedial Prefrontal Cortex Activation is Critical for Preference Judgments, in: NeuroReport, Vol. 14, No. 10, S. 1311—1315.

Plassmann, H./Kenning, P./Ahlert, D. (2007): Why Companies Should Make their Customers Happy: The Neural Correlates of Customer Loyalty, in: Advances in Consumer Research, XXXIV.

Plassmann, H./Kenning, P./Pieper, A./Schwindt, W./Kugel, H./Deppe, M. (2007): Neural Correlates of Ad Liking, Proceedings of the Society for Consumer Psychology Conference, Las Vegas, 2007.

Plassmann, H./Ambler, T./Bräutigam, S./Kenning, P. (2007): What Can Advertisers Learn From Neuroscience?, in: International Journal of Advertising.

Rossiter, J.R./Silberstein, R.B./Harris, P.G./Nield, G. (2001): Brain-imaging Detection of Visual Scene Encoding in Long-term Memory for TV-Commercials, in: Journal of Advertising Research, March/April, 41, S. 13—22.

Schäfer, M./Berens, H./Heinze, H.-J./Rotte, M. (2006): Neural correlates of culturally familiar brands of car manufacturers, in: Neuroimage, 2006, Vol. 31, S. 861—865.

Shimojo, S./Simion, C./Shimojo E./Scheier, C. (2003): Gaze bias both reflects and influences preference, in: Nature Neuroscience 6, S. 1317—1322.

Weber B./Aholt A./Neuhaus C./Trautner P./Elger C.E./Teichert T. (2007): Neural Evidence for Reference-Dependence in Real-Market-Transactions, in: NeuroImage, 2007 Mar; Vol. 35, Nr. 1, S. 441—447.

Yoon, C./Gutchess, A. H./Feinberg, F./Polk, T. H. (2006): Comparing Brand and Human Personality via Functional Magnetic Resonance Imaging, in: Journal of Consumer Research, Vol. 33 (2006), S. 31—40.

2 Preise im Kopf: Vom Teuro zur Schnäppchenjagd

von Bernd Weber & Carolin Neuhaus

EINFÜHRUNG DES HERAUSGEBERS

Der Einsatz von Hirnscannern für Marketingfragen erfordert zwei wichtige Voraussetzungen; zum einen ein Verständnis des Hirnforschers für die spezifischen Fragen und Wünsche des Praktikers, zum anderen aber ganz lapidar: einen Hirnscanner. Beide Voraussetzungen zusammen machen es für ein Unternehmen heute fast unmöglich, Neuromarketing-Untersuchungen mit Hirnscannern durchzuführen. Der Grund für diese Barriere liegt darin, dass Hirnscanner meist in Universitätskliniken und medizinischen Forschungseinrichtungen stehen und damit für „schnöde" Marketingfragen nicht zur Verfügung stehen. Gleichzeitig sind die Hirnforscher in diesen Einrichtungen soweit von der Marketingpraxis entfernt, dass sie kaum in der Lage sind, konkrete Marketingfragen in adäquate Untersuchungsdesigns umzusetzen. Für die Marketingpraxis ist deshalb das Bonner Life&Brain-Forschungsinstitut die erste Anlaufstelle für Neuromarketing-Untersuchungen. Dort stehen modernste Hirnscanner für privatwirtschaftliche Untersuchungen zur Verfügung. Gleichzeitig hat der Mediziner und Forschungsleiter Prof. Dr. Bernd Weber viele Marketing-Untersuchungen durchgeführt und ein interdisziplinäres Forschungsteam aufgebaut. Einen kleinen Einblick in die Forschungspraxis erhalten wir im nächsten Artikel — Prof. Dr. Weber und Caroline Neuhaus führen uns ins Gehirn der Schnäppchenjäger.

DIE AUTOREN

Prof. Dr. Bernd Weber

Prof. Dr. Bernd Weber, Center for Economics and Neuroscience an der Universität Bonn. Seine Forschungsschwerpunkte sind: Einflüsse kortikaler Pathologien auf kognitive Funktionen, Plastizität kortikaler Funktionen. Computerbasierte Analyse struktureller Kernspintomographie-Daten zur Detektion von Läsionen. Neuroökonomie — Menschliches Entscheidungsverhalten im sozialen und ökonomischen Kontext. Prof. Dr. Weber hat in den letzten Jahren eine Vielzahl von fMRI-Neuromarketing-Untersuchungen durchgeführt.

Carolin Neuhaus

Diplom-Kauffrau. Wissenschaftliche Mitarbeiterin bei der Life&Brain GmbH, Neurocognition; Forschungsgruppe Neuroimaging. Carolin Neuhaus promoviert derzeit bei Prof. Dr. Franz-Josef Esch, Gießen, und Prof. Dr. Elger, Bonn, über ein Neuromarketing-Thema.

Kontakt: **bernd.weber@ukb.uni-bonn.de**

2.1   Phänomen Schnäppchenjagd

Die deutsche Konsumlandschaft hat sich in den letzten Jahren gewandelt. Vertrauten die Konsumenten früher „ihrer" Marke und empfanden es eher als unangenehm, bei Aldi gesehen zu werden, so wird heute von schwindender Markentreue und „geilem Geiz" gesprochen. Nicht nur der Erfolg von Ebay („Drei, zwei, eins… meins!") vermittelt den Eindruck, dass die Schnäppchenjagd in den letzten Jahren fast wie einen Sport betrieben wurde. In einer Umfrage gaben 91% der Bevölkerung an: „Auf Schnäppchen achten ist in" (Köcher, 2004). Im Handel herrscht ein Preiskampf, in vielen Produktbereichen scheint die Preispolitik zu dominieren. So locken die Anbieter mit Niedrig- und Niedrigstpreisen — alles ist „billig", von Lebensmitteln, Kleidung und Elektrogeräten bis hin zu Autos mit stark reduzierten Preisen und Extrazugaben bei Vertragsabschluss. Sogar Fliegen kostet heute kaum mehr als die Taxifahrt zum Flughafen. Sonst eher hochpreisige Markenprodukte werden immer wieder im Rahmen von Promotions mit deutlichen Rabatten angeboten. Discounter wie Aldi und Lidl verkaufen längst auch Kleidung, technische Geräte, Wohnaccessoires und vieles mehr. Es entsteht der Eindruck, als würde der heutige Konsument zu einem Normalpreis nicht mehr kaufen, und auch die Werbung erklärt „Wer mehr zahlt, ist selber schuld!" (Pit-Stop). Der Werbeslogan des Elektrofachmarkts Saturn „Geiz ist geil!" gehört zu den erfolgreichsten Claims der vergangenen Jahre. Schnell zum geflügelten Wort geworden, bescherte er Saturn ein deutliches Umsatzwachstum in einem sonst eher stagnierenden Markt. In keinem anderen europäischen Land, so eine Studie der Gesellschaft für Konsumforschung (GfK), orientierten sich die Verbraucher in den vergangenen Jahren so sehr an den Preisen wie in Deutschland (vgl. GfK, 2004). Zwar hat sich der enorme Schnäppchenboom etwas gelegt, doch die stärkere Gewichtung des Preises innerhalb der Kaufentscheidung hat sich etabliert.

Das Schnäppchenjagdverhalten kann wie folgt charakterisiert werden, wobei nicht alle Bedingungen gleichzeitig erfüllt sein müssen:

- Die Suche nach Produktangeboten bei denen der Verkaufspreis geringer ist als der Referenzpreis (Preisgelegenheiten).

- Die Inkaufnahme eines hohen Aufwands zur Auffindung des günstigsten Angebots über wenige bis viele Einkaufsstätten hinweg, durchaus auch ohne dessen ökonomische Zweckmäßigkeit.
- Die Suche nach dem günstigsten Angebot wird gelegentlich auf eine Einkaufsstätte beschränkt. (Der Konsument sucht nicht nach dem generell günstigsten Angebot, sondern wählt ein Geschäft und sucht dort nach Schnäppchen.).
- Die Verführung zum ungeplanten Spontankauf durch Sonderangebote bzw. Schnäppchen ist möglich.
- Der Kauf von eigentlich nicht benötigten Produkten ist nicht ausgeschlossen.
- Teilweise wird die Deckung des größtmöglichen Teils des Gesamtbedarfs an Gütern durch Schnäppchen/Aktionsware angestrebt.
- Der Schnäppchenjäger kann jeder sozialen Schicht angehören.
- Die Preisorientierung dominiert das Verhalten, die erhaltene Leistung ist jedoch ebenfalls kaufrelevant, so dass hochpreisige Produkte zu einem Schnäppchenpreis besonders belohnend wirken (hohe Bewertung des Transaktionsnutzens).

2.2   Die Einführung des Euro

Auch die Währungsumstellung auf den Euro hat zu einem veränderten Preisverhalten geführt. Obwohl laut dem Statistischen Bundesamt keine allgemeine Preissteigerung stattgefunden hat (Statistisches Bundesamt, 2004), empfanden die Konsumenten im Zuge der Einführung der neuen Währung eine deutliche Erhöhung der Preise. Diese subjektive Wahrnehmung einer Preissteigerung löste einen zunehmenden Preisärger aus. Nach einer Studie von Brambach und Kirchberger aus dem Jahr 2002 (Brambach 2002) wurden die Konsumenten nach der Währungsumstellung preisachtsamer. Der Preis spielt eine größere Rolle in der Kaufentscheidung und auch das Alternativenbewusstsein ist gestiegen. Durch die Einführung des Euro ist die Aufmerksamkeit verstärkt auf den Preis einer Ware gelenkt worden. Es entstand das subjektive Gefühl der Geldknappheit; so gaben die Befragten an, sich im Zuge der Währungsumstellung eher weniger zu leisten.

2.3   Psychologische Erklärung der Schnäppchenjagd

Aus psychologischer Sicht führen mehrere Faktoren zum Schnäppchenjagdverhalten: Laut Diller ist der Smart Shopper immer auf der Suche nach Preiserlebnissen (Diller 2000). Ein Smart Shopper wird dabei als ein „Konsument betrachtet, der im Rahmen seines Einkaufsverhaltens überdurchschnittliche Anstrengungen auf sich nimmt, um eine qualitativ gute Kernleistung zu einem möglichst geringen Preis zu erhalten." (Esser, 2002). Auch wenn der Schnäppchenjäger hier nicht vollständig mit dem Begriff des Smart Shopper gleichgesetzt wird, trifft diese Beschreibung ebenfalls auf ihn zu. Preiserlebnisse definiert Diller als „angenehme oder unangenehme, mehr oder weniger bewusste […] Empfindungen über Preise". Wie andere Erlebnisse auch, lösen Preiserlebnisse aus seiner Sicht Emotionen aus. Sind die Emotionen positiv, wie im Falle eines erstandenen Schnäppchens, besitzen sie eine Belohnungsfunktion. Emotionen können auch die Wahrnehmung beeinflussen. Eine positive Stimmung kann die Fokussierung auf positive Aspekte einer Entscheidungssituation oder eines Produktes zur Folge haben, während negative Aspekte ausgeblendet werden. (Diller 2000).

Schnäppchen als Kaufrechtfertigung

In den vergangenen Jahren wurden die Verbraucher außerdem durch eine schlechte wirtschaftliche Entwicklung und die Währungsumstellung verunsichert. Wegen der subjektiv empfundenen Geldknappheit (vgl. Brambach 2002) strebten sie vermehrt nach Sicherheit, was sich insbesondere in einem verstärkten Sparverhalten niederschlug. Dem aus diesem Grund stark preisorientierten Konsumenten verschaffen Schnäppchen einen als preisgünstig erlebten Einkauf. Dank ihres unerwartet günstigeren Preises helfen Schnäppchen außerdem bei der Rechtfertigung, in wirtschaftlich schlechten Zeiten auch einmal der Konsumlust nachzugeben.

Schnäppchen stärken das Selbstbewusstseln

Die Leistungsmotivation stellt ein weiteres Motiv der Schnäppchenjagd dar. Dieses wird stark angeregt durch Werbeappelle wie „Ich bin doch nicht blöd!" (Media Markt). Schnäppchenjäger sind stolz auf ihre Leistung, die besten Preisgelegenheiten auf dem Markt aufgespürt und zu ihren Gunsten genutzt zu haben. Dafür sind sie bereit, große Anstrengungen auf sich zu nehmen. Erfolgsmotivierte Konsumenten streben vor allem nach Prestige in Form von Anerkennung durch ihr soziales Umfeld. Bei schwierig zu erzielenden Schnäppchen ist der empfundene

Stolz bzw. die soziale Anerkennung besonders hoch. Auch hier steht demnach die Belohnungswirkung von Schnäppchen im Vordergrund.

Schnäppchen zur Unterhaltung

In vielen Branchen sind die Märkte jedoch inzwischen gesättigt. Der Grundnutzen der Konsumenten ist befriedigt und für Produkte, die sie eigentlich nicht benötigen, sind sie kaum bereit viel Geld auszugeben. Die Verbraucher sind von dem angebotenen Produktangebot gelangweilt. Trotzdem kaufen sie, weil Schnäppchenjagd und Konsum eine Möglichkeit darstellen, Spannung und Unterhaltung zu erleben. Dieses Verhalten wird in der Psychologie als „Sensation Seeking" beschrieben (Zuckerman 1984). Schnäppchen fördern die Abwechslung, sie verringern das Kaufrisiko und erleichtern dem Konsumenten über deren Jagd und Konsum die Befriedigung seiner Bedürfnisse. Diese Zusammenhänge stellen die Ursache für die zunehmende Erlebnisorientierung bei der Produktvermarktung dar, denn eine Differenzierung gegenüber der Konkurrenz ist für eine Herstellermarke in gesättigten Märkten hauptsächlich auf emotionalem Weg möglich.

Schnäppchen als Entscheidungsvereinfacher

Die Angleichung der Produkte auf gesättigten Märkten hat auch zur Folge, dass der Schnäppchenpreis für eine Vereinfachungsstrategie genutzt wird. Der Konsument kann die sich immer stärker gleichenden Produkte kaum noch differenzieren. Gerade bei Routineeinkäufen möchte er sich nicht unnötig lange mit der Auswahl von Angeboten an Joghurts, Shampoos oder Waschmitteln beschäftigen, die in Qualität und Eigenschaften kaum unterscheidbar sind. Als Konsequenz daraus orientiert sich der Käufer zunehmend am Preis. Rabattschilder verstärken diese Prozesse. Sie fallen auf und bieten dem Kunden ein einfaches Entscheidungskriterium bei seiner Wahl.

Schnäppchen als soziales Muss

Allerdings zeigt sich inzwischen eine neue Ausprägung des Rabattbooms: Konsumenten empfinden auch die Schnäppchenjagd zunehmend als Belastung. Die Flut von Rabattaktionen, ständig wechselnde Preise sowie die schwierige Gewinnung einer Marktübersicht strengen den Kunden an und beanspruchen inzwischen einen größeren Teil seiner Ressourcen als ihm lieb ist. Doch es ist auf Grund der gegenwärtig herrschenden Normen schwer, sich der Schnäppchenjagd zu entziehen. Aus den oben beschriebenen Motiven zur Erlangung von Belohnungsreizen durch die Schnäppchenjagd wird immer häufiger eine Motivation zur Vermeidung von Strafreizen. Nicht mehr die Maximierung des Stolzempfindens oder der Erhalt möglichst hoher sozialer Anerkennung motiviert das Jagdverhalten, sondern die Vermeidung sozialer Sanktionen, da das Kaufen zu Normalpreisen häufig auf Unverständnis stößt und das Individuum damit nicht der Rolle des aufgeklärten Verbrauchers gerecht wird.

2.4 Rabattflut und hohes Preisinteresse

Der von der Rabattflut überforderte und genervte Konsument sucht verstärkt nach Komplexitätsreduktion und Entlastung — gerade beim täglichen Routineeinkauf. Die Schnäppchenjagd gerät zunehmend zu einer Anstrengung. Als Reaktion darauf wählen die Konsumenten in wachsendem Maße den Discounter als Einkaufsstätte, da hier ein einfacher und schneller Einkauf zu günstigsten Preisen möglich ist. Die Schnäppchen- und Rabattflut fördert somit den Erfolg der Discounter.

Insgesamt zeichnet sich der Schnäppchenjäger durch ein hohes Preisinteresse aus. Nicht zuletzt durch die Währungsumstellung bedingt, gewichtet er den Preis unter seinen Kaufkriterien stark, berücksichtigt je nach Ausprägung seiner Leistungsmotivation möglichst viele Produktalternativen, um das beste Angebot aufzuspüren und ist zu diesem Zweck sehr preisachtsam. Das Preisinteresse aktiviert seine Aufmerksamkeit für preispolitische Maßnahmen wie Sonderangebote. Rabattschilder haben für ihn eine besondere Signalwirkung. Insgesamt betrachtet stellen Schnäppchen einen Anreiz dar, der dem Konsumenten ein hohes Versorgungsniveau, ein rollenkonformes, aufgeklärtes Verbraucherverhalten sowie Stolz und Anerkennung für erbrachte Leistungen erreichbar scheinen lässt, gleichzeitig jedoch auch Entlastung im Dschungel kaum unterscheidbarer Produkte bietet und somit insgesamt belohnend wirkt.

2.5 Zwei Studien zum Preisempfinden der Konsumenten

Nachdem wir jetzt die psychologischen Hintergründe des Rabatt- und Preisverhaltens kennen, schauen wir nun, was im Gehirn des Konsumenten passiert. In den nächsten beiden Kapiteln werden zwei Kernspintomographie-Studien vorgestellt, die sich mit dem Preisempfinden von Konsumenten beschäftigt haben. Sie ermöglichen Einblicke in neuronale Vorgänge bei Kaufentscheidungen in Abhängigkeit von der Preiswahrnehmung und -darstellung. Die erste Untersuchung widmete sich der unterschiedlichen Preiswahrnehmung von Euro- und D-Markpreisen im Gehirn. Die zweite Studie beschäftigte sich mit der neurophysiologischen Wirkung von Rabatten auf die Wahrnehmung von Preisen und die Beeinflussung des Kaufverhaltens.

Der Teuro im Gehirn: Neurowissenschaftliche Aspekte der Währungsumstellung

Ziel dieser Studie war es, die Beeinflussung durch die bei vielen Menschen immer noch vorhandene Verbindung zur D-Mark und die damit einhergehende veränderte Wahrnehmung von Preisen mit darauf folgender Kaufentscheidung zu analysieren.

Die Wahrnehmung der Konsumenten, dass durch die Währungsumstellung von D-Mark auf Euro alles teurer geworden sei, hält sich hartnäckig im Gegensatz zu objektiv anders lautenden Ergebnissen des statistischen Bundesamtes (Statistisches Bundesamt, 2004). Verschiedene Studien haben sich bereits mit dem Phänomen beschäftigt und unterschiedliche Ursachen für diesen Effekt postuliert (eine Übersicht zeigt z.B. Brachinger 2005). So scheint ein wichtiger Faktor zu sein, dass Verteuerungen einzelner Produkte stärker wahrgenommen werden als gleich bleibende oder gar sinkende Preise anderer Produkte. Dieses als Loss-Aversion bekannte Phänomen, welches ursprünglich von Kahneman und Tversky beschrieben wurde, spielt eine entscheidende Rolle in unserem täglichen Verhalten, insbesondere im ökonomischen Kontext. Auch scheint die Häufigkeit, mit der man einem Produkt begegnet, in die Inflationswahrnehmung einzufließen. So werden Produkte wie z.B. Computer, Fernsehgeräte oder ähnliches, die seltener gekauft werden, aber keine Teuerung erfahren haben, viel weniger betrachtet als Produkte des täglichen Lebens wie z.B. Nahrungsmittel.

Neben diesen aus Befragungen und Verhaltensuntersuchungen bekannten Faktoren könnte eine weitere Ursache der veränderten Wahrnehmung von Europreisen darin liegen, dass es vielen Personen noch schwer fällt, diese Währung — mit der sie nicht aufgewachsen sind — in ihrer Dimension einzuschätzen. Noch heute berichten viele Konsumenten, dass sie nach wie vor im Kopf in die altbekannte Währung umrechnen. Diese verstärkte kognitive Anstrengung könnte als unbewusster „Kostenfaktor" mit in die Evaluierung von Preisen einfließen und somit zu einer negativeren Wahrnehmung führen.

Die von Life&Brain durchgeführte Studie wollte diesen Effekt untersuchen. So bekamen Probanden, die älter als 25 Jahre waren und damit den größten Teil ihres Lebens noch mit der Deutschen Mark verbracht haben, in einem funktionellen Kernspintomographie-Experiment Produkte und dazu passende oder unpassende Preise in D-Mark oder Euro gezeigt. Die Aufgabe der Probanden war zu entscheiden, ob sie dieses Produkt zu dem gezeigten Preis kaufen würden oder nicht, (s. Abb. 7).

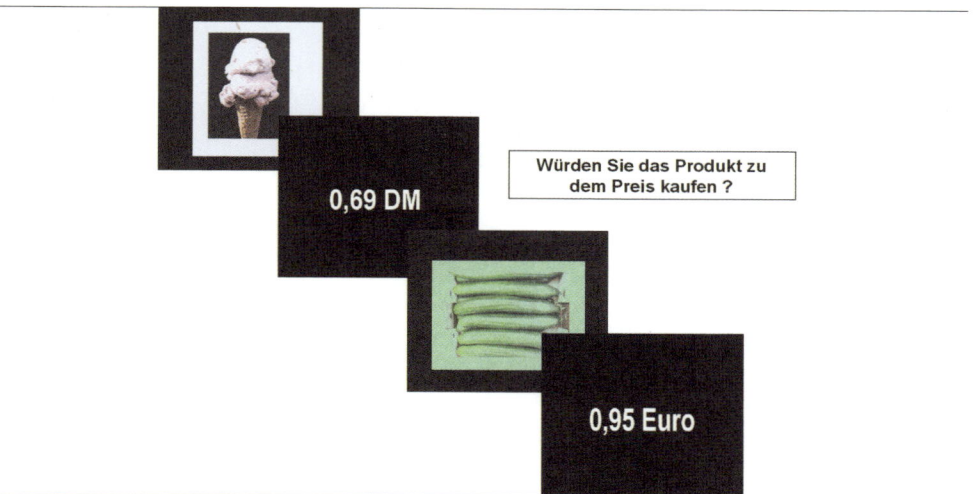

Abbildung 7: Aus der Studie zur Preiswahrnehmung: Es wurde jeweils ein Produkt und im Anschluss ein Preis entweder in D-Mark oder in Euro präsentiert

Die Analyse der Daten aus dem Kernspintomographen bestätigte die ursprüngliche Hypothese, dass die Verarbeitung von Europreisen zu einer verstärkten kognitiven Belastung führt. So fand sich im Vergleich der Hirnaktivierungen von Euro- und D-Markpreisen eine verstärkte Aktivierung im Bereich des rechtshemisphärischen dorsolateralen präfrontalen Kortex (s. Abb. 8).

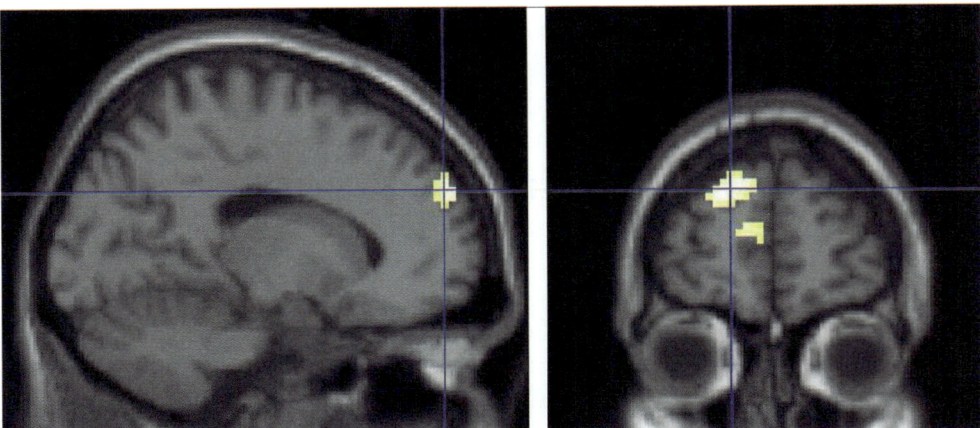

Abbildung 8: Vermehrte Aktivierung bei Präsentation von Euro- im Vergleich zu D-Markpreisen im rechtslateralen dorsolateralen präfrontalen Kortex

Der dorsolaterale präfrontale Kortex — das weiß man aus vielen Untersuchungen — ist stark an Aufmerksamkeitsleistungen, aber auch an Arbeitsgedächtnisprozessen beteiligt. So scheint der Euro zum einen tatsächlich mehr Preisachtsamkeit hervorzurufen, und zum anderen rechnen die Versuchspersonen bei der Betrachtung von Europreisen wie vermutet die Preise im Kopf um. Dies bestätigten auch die qualitativen Befragungen im Anschluss an die Kernspintomographieaufgaben. Die „Mehrarbeit", die bei dieser Umrechnung im Gehirn der Personen erforderlich ist, scheint als zusätzlicher Kostenfaktor auf die Preise gerechnet zu werden und die Wahrnehmung der Europreise in eine negativere Richtung zu verschieben.

Das Gehirn der Schnäppchenjäger: Neurowissenschaftliche Aspekte von Rabatten

In einer zweiten Studie, welche Life&Brain in Kooperation mit dem Siegfried Vögele Institut für Dialogmarketing durchgeführt hat, wurde die Auswirkung von Rabattsymbolen auf die Wahrnehmung von Preisen und auf Kaufentscheidungsprozesse untersucht. Dies ist gerade im Hinblick auf den in den letzten Jahren stark wachsenden Einsatz dieses Marketinginstruments in großen Kampagnen von Interesse. Die Wahrnehmung von Preisen hängt, wie in den ersten Abschnitten dieses Beitrags erläutert, nicht allein von ihrer rein objektiven Höhe in Bezug zur Ware ab, sondern auch von einer Reihe weiterer psychologischer Faktoren (z.B. Preisfigureneffekt, Preisrundungseffekt, Einbettung in Kontrastobjekte mit stark unterschiedlichen Preisen, Darstellung von „Sparmöglichkeiten" durch Präsentation einer höheren unverbindlichen Preisempfehlung). Derartige (Verhaltens-) Effekte sind empirisch untersucht und in größeren Studien analysiert worden. Diese neurowissenschaftliche Studie hatte nun das Ziel, die hirnphysiologischen Korrelate, die dem Einfluss von Rabattsymbolen auf Kaufentscheidungen zu Grunde liegen, zu identifizieren.

Man könnte vermuten, dass durch die Präsentation eines Produkts in Kombination mit einem Preis, der zusätzlich durch Rabattsymbolik ergänzt wurde, die Wahrnehmung des Preis-Leistungs-Verhältnisses zum Positiven verändert wird.

Im Detail lief die Studie folgendermaßen ab (s. Abb. 9): In einem Kernspintomographen wurde den Probanden für kurze Zeit ein Produkt präsentiert. Im Anschluss daran wurde ein Preis gezeigt, der entweder zu dem Produkt passte (100% üblicher Marktpreis), zu niedrig (25%) oder zu hoch (400%) angegeben war oder in Kombination mit einem Rabattsymbol dargeboten wurde. Um auch das Involvement kontrollieren zu können, wurden gleichfalls die Produkte in zwei Kategorien in Form von niedrigpreisigen (< 5 Euro) und hochpreisigen Produkten (> 100 Euro) eingeteilt. Im Anschluss an die jeweilige Preispräsentation sollte der Proband entscheiden, ob er das Produkt zu dem Preis kaufen würde. Insgesamt wurden 25 Probanden untersucht, davon waren 13 Frauen und 12 Männer.

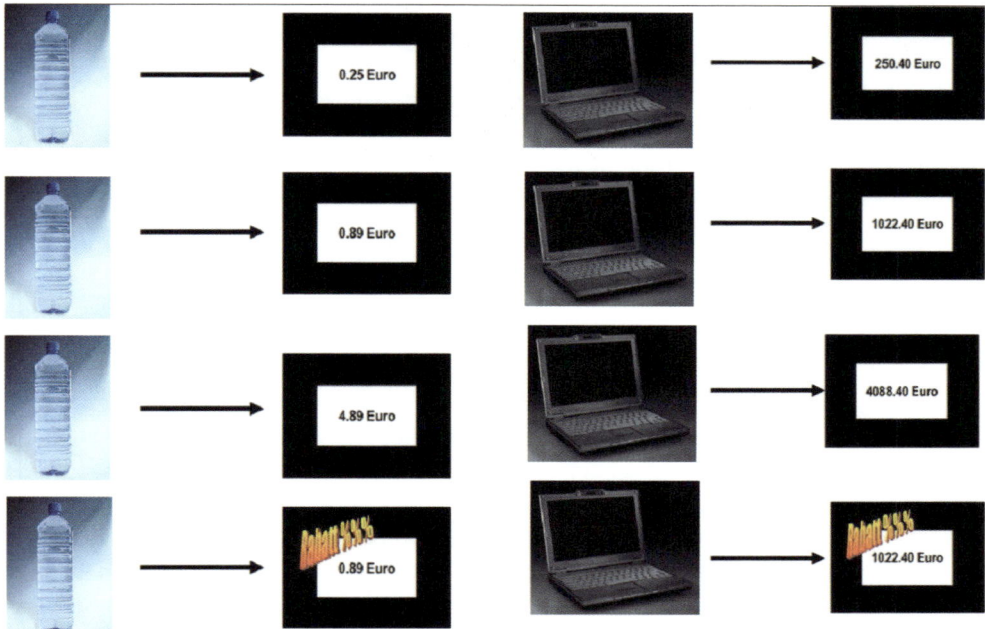

Abbildung 9: Beispielstimuli aus der Kategorie der a) einfachen Produkte und b) wertvollen Produkte, jeweils mit den vier kombinierten Preiskategorien

Die Auswertung der bewussten Kaufreaktionen („Würde ich kaufen") der Probanden im Kernspintomographen zeigte, dass die Kaufentscheidung für ein High-In-
volvement-Produkt signifikant seltener fiel als für Low-Involvement-Produkte. Dieses Gefälle wird durch den jeweils niedrigen oder unpassend hohen Preis verstärkt.
Bei der Präsentation von Produkten mit Preisen und zusätzlichem Rabattsymbol
zeigte sich interessanterweise der Trend, dass für Produkte mit präsentiertem Rabattsymbol bei ansonsten gleichem Preis weniger häufig eine positive Kaufentscheidung geäußert wurde (s. Abb. 10).

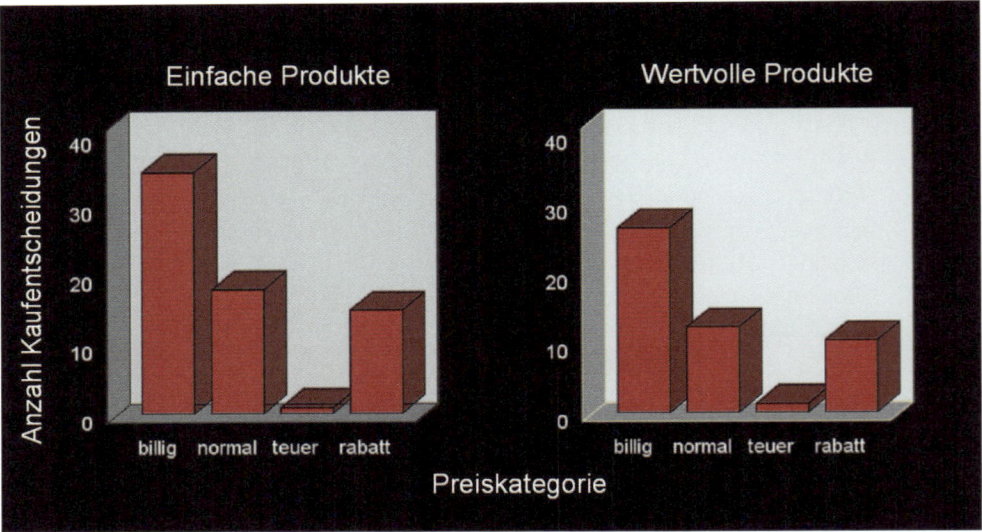

Abbildung 10: Die Entscheidung für einen Kauf sank erwartungsgemäß mit steigendem Preis.
Zusätzlich zeigte sich ein negativer Einfluss der Rabattsymbole auf die Kaufentscheidung

Was aber geschah während dieser Kaufentscheidung im Gehirn der Versuchspersonen? Die Auswertung der Kernspintomographie zeigte zunächst einen Effekt der
Produktkategorie: High-Involvement-Produkte aktivierten im Vergleich zu günstigeren Produkten signifikant stärker Bereiche des medialen Temporallappens, besonders den Hippokampus, der bei Gedächtnisprozessen eine wichtige Rolle spielt
(s. Abb. 11). Diese höherpreisigen Produkte erscheinen dem Konsumenten wahrscheinlich bedeutsamer, sie werden intensiver analysiert und verarbeitet — Zeichen eines höheren Involvements für diese Produkte — und führen damit zu einer
verstärkten Einspeicherung in das Gedächtnis. Zusätzlich könnten bei höherem
Involvement auch vergangene Erfahrungen eine größere Rolle spielen, die abgerufen werden, um eine Kaufentscheidung treffen zu können und ebenfalls mit einer
verstärkten Aktivierung dieser Strukturen einhergehen.

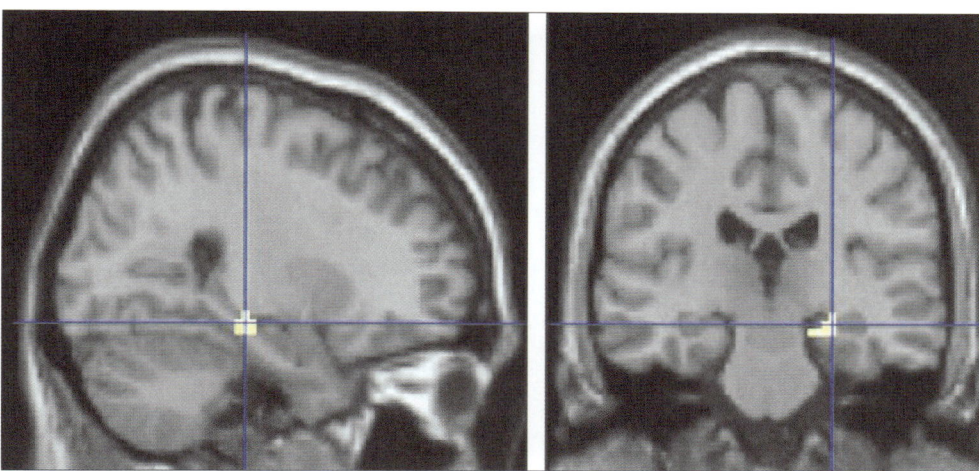

Abbildung 11: Verstärkte Aktivierung für wertvolle im Vergleich zu günstigeren Produkten im rechtsseitigen Hippokampus

Das interessanteste Ergebnis der Studie zeigte sich jedoch bei der Präsentation der Rabattsymbole. Sobald ein Rabattsymbol in Kombination mit dem Preis gezeigt wurde, wurden Teile des Belohnungssystems im limbischen System aktiviert, welche einen starken Motivator unseres Verhaltens darstellen. Das sogenannte ventrale Striatum signalisiert — was aus vielen Studien inzwischen bekannt ist — die Erwartung einer Belohnung (s. Abb. 12) und beeinflusst damit unser jetziges und zukünftiges Verhalten.

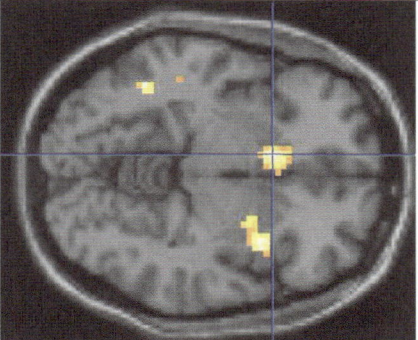

Abbildung 12: Verstärkte Aktivierung bei Präsentation von Rabattsymbolen in belohnungs-assoziierten Arealen (ventrales Striatum)

Ein weiterer Effekt der Rabattsymbole fand sich im sogenannten anterioren Cingulum, einer Struktur die mit Fehlerkontrolle, aber auch Introspektion und Verhaltenskontrolle zusammenhängt (s. Abb. 13). Auf diese Struktur übten die Rabattsymbole einen hemmenden Effekt aus. Es scheint, als ob bei einigen Probanden Teile der kognitiven Kontrolle blockiert werden und so die Wahrscheinlichkeit für eine Entscheidung zum Kauf erhöht wird. Allerdings ließ sich dieser Effekt nur bei einzelnen Probanden, jedoch nicht in der Gesamtgruppe nachweisen. Dieses Ergebnis könnte die neuronale Basis der bereits erwähnten Entlastungsfunktion von Sonderangeboten darstellen. Die Kennzeichnung als Schnäppchenpreis signalisiert dem Konsumenten ein verbessertes Preis-Leistungs-Verhältnis, wird zum Schlüsselreiz und entlastet ihn so von einer aufwändigen Differenzierung zwischen (häufig kaum unterscheidbaren) Marken. Auch der Glaube, sich mit dem Kauf von Sonderangeboten rollenkonform gemäß dem cleveren und aufgeklärten Verbraucher zu verhalten und sich somit keine Gedanken über fehlerhaftes Verhalten machen zu müssen, könnte durch die Reduktion der internen Kontrolle im Gehirn repräsentiert sein. Möglicherweise kommen jedoch auch generelle Persönlichkeits- oder Einstellungsunterschiede zum Tragen. Hier sind weitere Studien notwendig, um diesen Effekt genauer zu untersuchen.

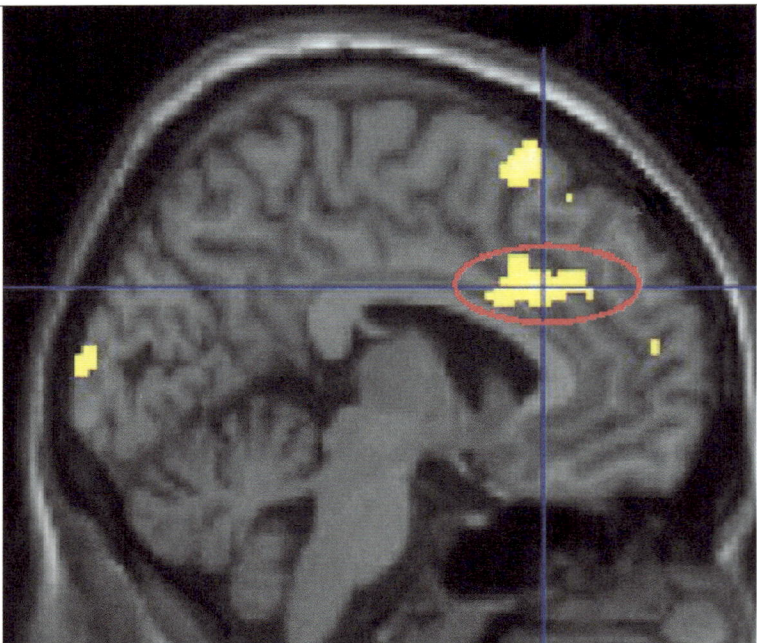

Abbildung 13: Aktivierungsverringerung bei Rabattsymbolen im Vergleich zu äquivalentem Preis ohne Rabattsymbolik im Bereich des anterioren Cingulum

Einen besonders interessanten Aspekt dieser Studie stellt auch der Widerspruch der offenen Verhaltensäußerung („Ich entscheide mich bewusst gegen die mit Rabatten ausgezeichneten Produkte") zu den in der Kernspintomographie nachgewiesenen Wirkungen der Rabattsymbole auf unser Gehirn dar. Die Probanden scheinen (gerade in der experimentellen Situation) bewusst darauf geachtet zu haben, nicht auf die Rabatte „hereinzufallen". Dies zeigte sich unter anderem in verlängerten Reaktionszeiten, die die Probanden für ihre Entscheidung benötigten, wenn ein Rabattsymbol gezeigt wurde. Ein Hinweis auf eine verstärkte kognitive Leistung. Ihr Gehirn verriet allerdings etwas anderes: Rabatte wirken unbewusst! In der Praxis hätte der Konsument also eher gekauft. Auch dieses Ergebnis ist ein schönes Beispiel dafür, warum Befragungen in Marktforschungsuntersuchungen oft zu anderen Ergebnissen führen als das reale und beobachtbare Verhalten. Der Grund: Konsumenten haben keinen direkten Einblick in die Vorgänge in ihrem Gehirn.

2.6   Ableitungen für die Marketingpraxis

Die Möglichkeiten, den Konsumenten mit neurowissenschaftlichen Methoden besser zu verstehen, sind vielversprechend und werden in den nächsten Jahren an Bedeutung gewinnen. Noch steckt dieser Bereich des Neuromarketings in den Kinderschuhen, aber neben der klassischen Marktforschung wird er helfen, die neurophysiologischen Grundlagen des Verhaltens besser zu verstehen und unsere Einschätzung des Konsumenten im Speziellen und des menschlichen Verhaltens im Allgemeinen verändern. Die beiden in diesem Kapitel aufgeführten Studien zeigen eindrücklich, dass mit Hilfe der neuen Methoden Erkenntnisse erzielt werden können, die der reinen Befragung oder Verhaltensuntersuchungen verborgen bleiben.

Die Untersuchung zur Verarbeitung und Wahrnehmung von Rabattsymbolen legt dar, dass unser Gehirn schon gelernt hat, kulturelle Symbole wie Rabattzeichen auf neurophysiologischer Ebene mit bestimmten Erwartungen zu verknüpfen. Ähnlich wie eine reife Frucht die Erwartung auf einen süßen Geschmack hervorruft und Bereiche unseres Gehirns, die eine solche Belohnungserwartung anzeigen, aktiviert, signalisieren Rabattsymbole die Erwartung auf eine Belohnung, auf das Gefühl „ein Schnäppchen machen zu können". Dies sorgt dafür, dass wir eher zu diesem Produkt greifen. Jedoch kann dieser Effekt auch wieder verlernt werden. Sollte dieses Instrument permanent überstrapaziert werden und schließlich gar kein besonders günstiges Angebot mehr darstellen, merkt unser Gehirn schnell, dass diese Frucht gar nicht mehr so süß ist wie sie erscheint und lässt sie liegen.

2.7 Literatur

Brachinger: Der Euro als Teuro? Die wahrgenommene Inflation in Deutschland. Statistisches Bundesamt. Wirtschaft und Statistik. 9/2005

Brambach, Gabriele; Kirchberg, Stefanie: Das Preisverhalten der Verbraucher nach Einführung des Euro — Ergebnisse zweier Befragungen deutscher Konsumenten, Arbeitspapier Nr. 103 des Lehrstuhls für Marketing der Universität Erlangen-Nürnberg, Nürnberg 2002.

Diller, Hermann (2000a): Preispolitik, 3., überarb. Aufl., Stuttgart u.a.: Kohlhammer, 2000.

Esser, Beatrix (2002): Smart Shopping, Eine theoretische und empirische Analyse des preis-leistungsorientierten Einkaufsverhaltens von Konsumenten, Gierl, H./ Helm, R. (Hrsg.), Reihe Marketing, Bd. 22, Diss., Lohmar u.a.: Josef Eul Verlag, 2002.

GfK Nürnberg (2004): Geiz ist geil! — Megatrend mit Happy-End?, GfK online, http://www.gfk.de/index.php?contentpath=http%3A//www.gfk.de/presse/ , Pressemitteilung 2004-03-05.

Köcher, Renate (2004): Der neue Kunde, Veränderungen von Kundenmentalität und Konsumverhalten, Institut für Demoskopie Allensbach, Vortrag, 46. Forum der TextilWirtschaft, 2004-05-07.

Statistisches Bundesamt: „Zweieinhalb Jahre Euro: Geringere Teuerung als zu Zeiten der DM", 27. Juli 2004.

Zuckerman, Martin (1984): Sensation seeking: A comparative approach to a human trait, in: The Behavioral And Brain Sciences, 1984, 7, S. 413—471.

3 Neuromarketing am Point of Sale (POS)

von Arndt Traindl, Retail Branding AG

EINFÜHRUNG DES HERAUSGEBERS

Die letzte und eigentliche Kaufentscheidung für die meisten Güter des täglichen Bedarfs fällt am POS, also vor und zwischen den Regalen des Handels. Dabei kommt es nicht nur darauf an, was angeboten wird, denn genauso bedeutend ist das „Wie", also wie die Ware präsentiert und inszeniert wird. Es ist deshalb kein Wunder, dass der POS für das Marketing eine entscheidende Bedeutung hat. Für einen führenden europäischen Ladenbauer wie Umdasch ShopConcept ist die Kenntnis des Kundenverhaltens am POS ein wichtiger Erfolgsfaktor bei der Ladenplanung und -gestaltung. Arndt Traindl, der frühere Chef der zum Konzern gehörenden Beratungsfirma ShopConsult by Umdasch, kann als einer der Pioniere des Neuromarketings bezeichnet werden. Er hatte nämlich die Idee, POS-relevante Kaufentscheidungen und Kaufeinflüsse mit Hilfe des Neuromarketinginstrumentariums zu messen. Zu diesem Zweck bildete er eine Forschungsgemeinschaft mit dem renommierten Wiener Ludwig-Boltzmann-Institut für funktionelle Hirntopographie.

Eine seiner durchgeführten Untersuchungen über die Wirkung von emotionalen Warenbildern stellt Arndt Traindl nun vor. Er hat sich inzwischen mit seiner eigenen Beratungsfirma Retail Branding AG selbstständig gemacht und berät mit seinem Team Handelsunternehmen von der Markenpositionierung bis zur Umsetzung am POS.

DER AUTOR

Mag. Amdt Traindl kam 1987 zur Firma Umdasch Shop-Concept in Amstetten. Nach Stationen in Schulung und Verkaufsförderung, als Key Account Manager Frankreich und Verkaufsleiter Österreich, stieg er zum Prokuristen und Gesamtvertriebsleiter von Umdasch ShopConcept auf. 1999 wurde Traindl Geschäftsführer ShopConsult by Umdasch. Marketing- bzw. Unternehmensstrategieberatung, Grundlagenarbeit im Bereich Markt- und Konsumforschung und Storebranding — die Visualisierung einer Marketingideezählen zu den Spezialgebieten Traindls, der auch Mitbegründer von Neuromarketing ist. Seit 2007 agiert er als Vorstand der Retail Branding AG.

Kontakt **www.retailbranding.at**

3.1 Die Ausgangssituation: Nur was am POS gesehen wird, wird gekauft

Das heutige Einzelhandelsumfeld ist von höchster Marktsättigung geprägt. Daraus resultiert unter anderem auch ein stark nachlassendes Produktinvolvement (gerichtetes Interesse, sich über ein Produkt zu informieren) bei Konsumenten. Aus verhaltenspsychologischer Sicht ist es bei zunehmender Sättigung für das Produkt immer schwieriger, noch in den Filter der selektiven Wahrnehmung zu gelangen. Was jedoch nicht wahrgenommen wird, existiert auch nicht in den Köpfen der Kunden als potentieller Kaufwunsch. Demnach gilt es für den Einzelhandel bei einer strategischen Neupositionierung nicht mehr primär die Produktkompetenz, sondern vor allem die Wahrnehmungskompetenz zu schärfen. Erfolgreich wird also in Zukunft jene Angebotsform sein, die objektiv nicht die höchste Kompetenz hat, sondern jene, die subjektiv am besten wahrgenommen wird. Das POS-Marketing muss sich daher die Schlüsselfrage „Wie erhöhe ich meine Wahrnehmungsqualität?" stellen. Alle bisherigen Erklärungsansätze aus geisteswissenschaftlicher

Sichtweise haben sich dazu nur ungenügend weiterentwickelt Deshalb haben wir die Zusammenarbeit mit der Hirnforschung gesucht, die einen fundamentalen Erkenntnisfortschritt im Bereich der visuellen Wahrnehmung einbringen kann.

3.2   Ziel der Studie

Ziel der Studie ist die Messung der jeweiligen Gehirnaktivität (neuromagnetische Aktivität in femto-Tesla) bei der visuellen Wahrnehmung von unterschiedlichen Warenbildstrategien, die sich nach funktionaler und nach motivationaler bzw. emotionaler Darstellung unterscheiden. Es gilt somit empirisch zu überprüfen, welchen Einfluss emotionale Bildinhalte auf das Wahrnehmungs-, Lern- und Entscheidungsverhalten nehmen, während die entsprechenden Gehirnaktivitäten gemessen werden.

3.3   Wie Wahrnehmung und damit Warenpräsentation im Gehirn verarbeitet werden

Der Mensch nimmt Umweltreize nur selektiv wahr. Er übersetzt sie neurophysiologisch (biochemisch und bioelektrisch) in die Sprache des Gehirns und entwickelt aufgrund der dadurch ausgelösten Neuronenaktivitäten seine eigene „bewusst" erlebte Wirklichkeit von seiner Umgebung. Die Selektion von eingehenden Reizen wird von den emotionalen Bewertungssystemen mit Sitz im limbischen System durchgeführt. So nimmt der Mensch vornehmlich nur das wahr, was emotional für ihn am meisten Sinn macht (im Sinne von Lust-/Schmerzprinzip, Belohnungs-/Bestrafungsprinzip, Treffer/Fehler, sympathisch/nicht sympathisch). Bevor der Mensch eine Handlung bewusst in Gang setzt, baut er vorbewusst das notwendige Bereitschaftspotenzial in der Hirnrinde auf, das auch maßgeblich das Resultat seiner Aktion beeinflusst.

Urgrund der Aktionen sind immer Emotionen, die durch äußere oder innere Reize ausgelöst werden und oft nur kurz andauern. Emotionen sind evolutionär gewachsene Anpassungsleistungen (vorbewusste Reaktionsbündel, angeborene Auslösemechanismen), die dazu dienen, das Überleben zu sichern bzw. zu regulieren. Alle

„bewusst" erlebten Kognitionen werden vorbewusst emotional eingefärbt und dadurch bewertet. Der Motor der Vernunft ist die Emotion (vgl. A. Damasio, 2001). Emotionen entscheiden, wann und wie wir etwas wahrnehmen. Das individuelle emotionale Bewertungssystem baut auf der Motivstruktur des Menschen auf, die genetisch vorprogrammiert ist (Evolution), aber durch die jeweilige Sozialisierung konkret ausgeformt wird.

Daraus lässt sich aus Sicht der modernen Neurowissenschaft ein Großteil des menschlichen Verhaltens und auch der Wahrnehmung und ihrer subjektiven Konsequenzen ableiten. Dieser Erklärungsansatz ist die theoretische Basis des von ShopConsult by Umdasch begründeten Neuromarketing. Mit Neuromarketing verbinden wir den besonderen Erkenntnisfortschritt der modernen Hirnforschung mit dem Wissen des klassischen Marketings, um künftig Vermarktungsstrategien (Storebranding) zu entwickeln, die in die Pole-Position der Wahrnehmung gelangen. Wenn es bisher vielleicht schon erste Ansätze von psychologischem Marketing („Psychomarketing") gegeben hat, so soll hier darüber hinausgehend die Hirnaktivität selbst als Messparameter einbezogen werden — so ist Neuromarketing zu verstehen.

3.4 Das Untersuchungsdesign

Die Studie wurde am Wiener Ludwig-Boltzmann-Institut für funktionelle Hirntopographie mittels Magnetoencephalographie durchgeführt (MEG. Mehr über MEG erfahren Sie in Abschnitt V, Seite 241). Das von ShopConsult vorgegebene Untersuchungsdesign bestand darin, die Hirnaktivität von 40 Probanden (20 Frauen, 20 Männer im Alter zwischen 20 und 60 Jahren) bei der Betrachtung von 600 emotional getönten Warenbildern zu messen. Dadurch sollte festgestellt werden, welche emotionalen Themen die höchsten neuromagnetischen Aktivitäten auslösen. Die Warenbilder wurden in zwei Warengruppen gegliedert: Wäsche und Living. Innerhalb der Warenbildthemen unterschieden sich die Warenbilder nur durch das sich in der Mitte befindliche emotional aufgeladene Bild.

Die 600 Bilder wurden in verschiedene Bildthemen gegliedert, beispielsweise Erotik, Angst etc. Die Bündelung von Themen war insofern von Bedeutung, als dass für die Messung einer bestimmten Erregung 30 Bilder nötig sind, welche dasselbe Thema beschreiben. Dies ist für die Mittelung der Hirnaktivität notwendig, um das zu untersuchende Signal von anderen Hirnaktivitäten zu unterscheiden. Auch die emotionalen Bilder wurden in Themen gegliedert: Die Warengruppe Wäsche beinhaltet die Themen: Aggression, Erotik, Frau lacht, Frau lacht nicht, „Kontrolle", Prestige, Natur. Das Warengruppe Living beinhaltet die Themen: Krankheit, Familie, Freunde, „Kontrolle" Baby, Leistung, Produkt, Prominenz, Entspannung.

Die „Kontrolle" stellt die Warenwand ohne emotional aufgeladenes Bild dar. Die Untersuchung dauerte pro Proband etwa drei Stunden. Dem unter dem Magneto-encephalographen sitzenden Probanden wurden die Warenbilder in vier Etappen (zwei Living-Durchgänge, zwei Wäsche-Durchgänge) in zufälliger Folge für eine Sekunde dargeboten. Dabei wurden seine Hirnmagnetfelder gemessen. Zudem musste der Proband für jedes Bild mittels Tastendruck eine Bewertung durchführen, wie er von dem emotionalen Bild angesprochen wurde (positiv, negativ, neutral).

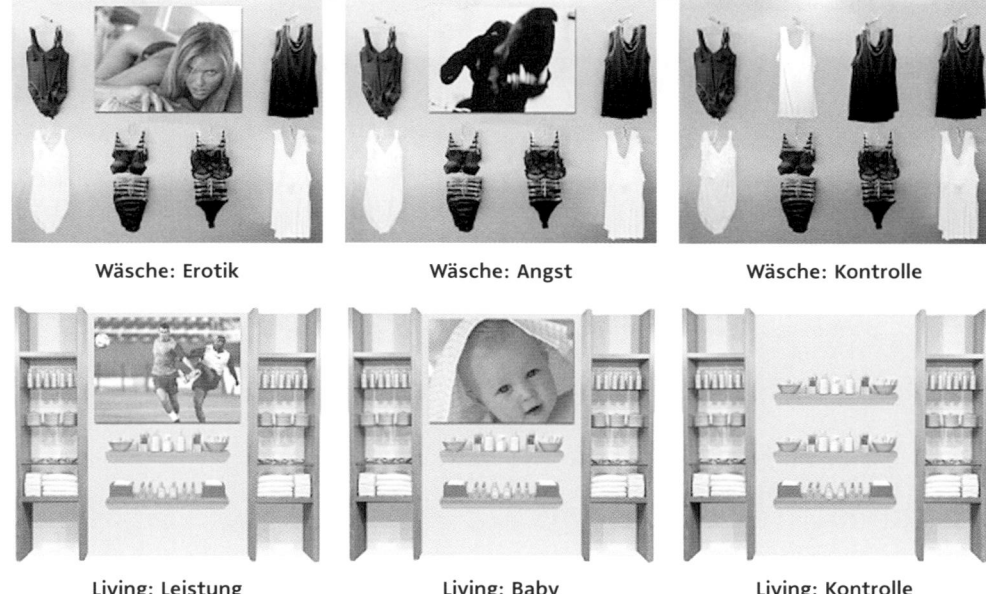

Abbildung 14: Beispiele von geprüften Warenbildern, Quelle: ShopConsult by Umdasch

3.5 Die Ergebnisse der Studie und die Konsequenzen für das POS-Marketing

Wir wollen uns hier nur auf jene Auswertung bzw. Schlussfolgerungen konzentrieren, die aufgrund der Klarheit der Analyseergebnisse in Verbindung mit theoretischen Grundlagen eine Formulierung in Form von hochwahrscheinlichen Hypothesen bzw. Aussagen erlauben.

1. Je höher die emotionale Aufladung der Warenbildgestaltung, desto signifikant höher die neuromagnetische Aktivität

Durchgehend über alle Untersuchungscluster wurde festgestellt, dass Warenbilder mit emotionaler Aufladung in Form von Motivfotos deutlich stärkere neuronale Aktivitäten auslösten, als Warenbilder, die nur Produkte zeigten.

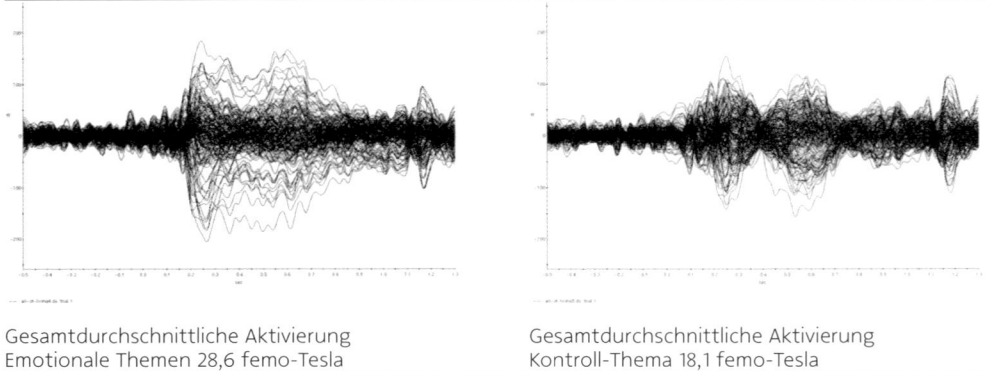

Gesamtdurchschnittliche Aktivierung
Emotionale Themen 28,6 femo-Tesla

Gesamtdurchschnittliche Aktivierung
Kontroll-Thema 18,1 femo-Tesla

Abbildung 15: Durchschnittliche Aktivierungsgrade, gemessen mit dem MEG

2. Je höher die neuronale Aktivität, desto höher die gerichtete Entscheidungsbereitschaft

Alle psychologischen Antworten der Probanden bezüglich des Anmutungscharakters (positiv, neutral, negativ) des Warenbildes in Zusammenhang mit der präsentierten Ware wurden hier mit den neuronalen Aktivitäten verglichen (s. Abb. 16). Es ist schon mit bloßem Auge erkennbar, dass die als neutral bewerteten Bilder eine geringere Aktivität als die mit positiv bzw. negativ bewerteten aufweisen. Daraus ist abzuleiten, dass die Bereitschaft des Konsumenten, sich für oder gegen ein Produkt zu entscheiden, umso höher ist, je höher die neuronale Aktivität ist Geringere Neuronenaktivität führt zu geringerer Entscheidungsbereitschaft. Dies beweist sowohl das Wäschethema als auch das Living-Beispiel. In die Praxis umgesetzt bedeutet das, dass sich der Konsument nur mit Waren Präsentationen befasst, die für ihn emotional interessant sind. Emotional uninteressante (neutrale) Themen nimmt er unter Umständen gar nicht erst wahr. Die höhere Gehirnaktivität bei negativen Reizen zeigt, dass für Menschen die Schmerzvermeidung (Überlebenstrieb) wichtiger ist als die Lustgewinnung (positive Reize). Auch dieses Phänomen ist evolutionär begründet.

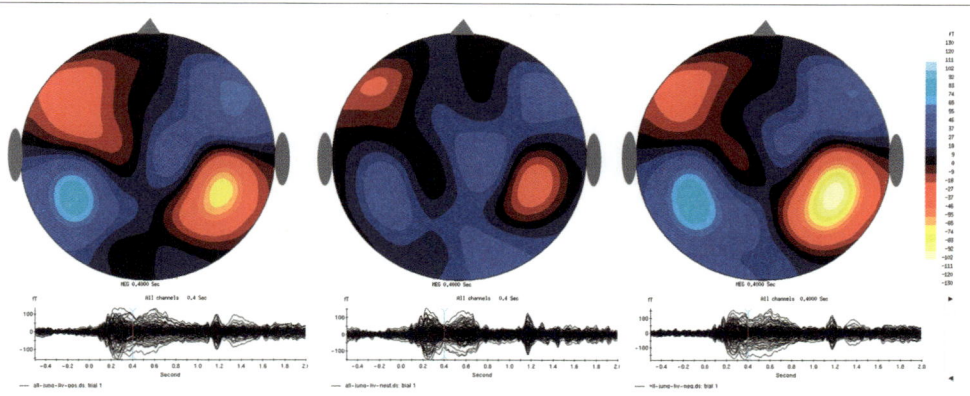

Die Kreise kennzeichnen jeweils Isofeldlinien eines Magnetfeldes (Eintritt bzw. Austritt der Feldlinien in den Schädel). Je stärker das Magnetfeld ist, desto heller erscheinen die Kreise. Das Magnetfeld wird in femto-Tesla gemessen, wobei femto ein milliardstel Tesla ist.

Abbildung 16: Entscheidungsmustergrafik MEG

3. Signifikant unterschiedlicher Aktivierungsverlauf der Hirnaktivität (Aktivierungspotenzial) bei Mann und Frau

Bei allen Messungen ist festzustellen, dass die Aktivierungen bei Männern und Frauen stark unterschiedlich ist Während bei Männern die Messinstrumente mit einer Latenz von ca. 250 ms nach dem Reiz stark ausschlagen und danach wieder rückläufig sind, ist bei Frauen der Ausschlag wesentlich geringer und konstanter. Auch das gesamte Aktivierungsausmaß ist bei Männern deutlich höher. Dieser Unterschied ist biologisch bedingt und durch die Evolution geformt.

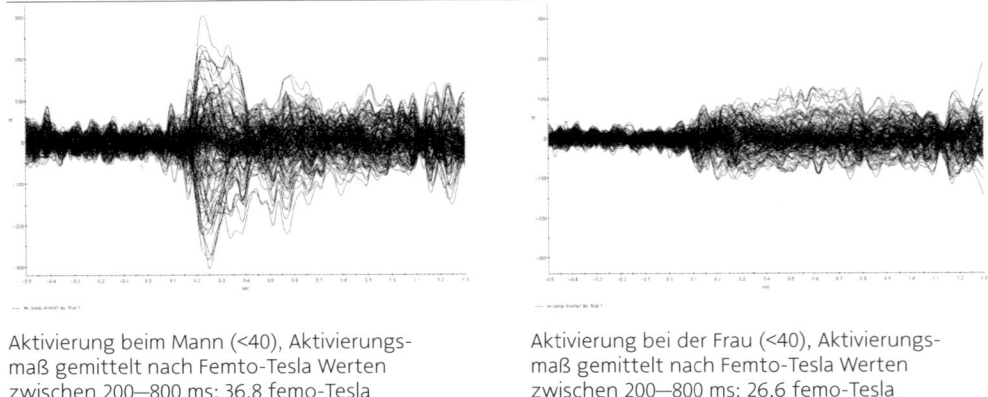

Aktivierung beim Mann (<40), Aktivierungsmaß gemittelt nach Femto-Tesla Werten
zwischen 200—800 ms: 36,8 femo-Tesla

Aktivierung bei der Frau (<40), Aktivierungsmaß gemittelt nach Femto-Tesla Werten
zwischen 200—800 ms: 26,6 femo-Tesla

Abbildung 17: Unterschiedliche Aktivierungsmaße MEG Mann und Frau

4. Unterschied des neuronalen Musters von Mann und Frau bei der Präsentation der jeweiligen Bildmotive

Eine detaillierte geschlechtsspezifische Auswertung der unterschiedlichen Bildthemen (hier wurde das durchschnittliche Aktivierungsausmaß je Bildmotivgruppe
gemittelt nach femto-Tesla. Werten zwischen 200 ms und 800 ms als Unterschei-
dungskriterium herangezogen) ergibt einen interessanten Einblick in die verschie-
denartigen Erregungsmuster von Mann und Frau: Bildthemen, die im speziellen
für Erotik, Gewalt bzw. Aggressivität und Leistung stehen, spielen im Erregungsmuster des Mannes eine große Rolle (s. Abb. 18 a). Bei den Frauen dominieren die
Bildthemen Entspannung, Lachen, Freunde, Kind (s. Abb. 18 b). Aus diesen Ergebnissen lässt sich beim Mann eine stärkere Leistungsmotivierung ableiten, bei der
Frau hingegen stehen Sozialmotive im Vordergrund. Die Unterschiedlichkeit dieser
Motivprägung ist ein Resultat aus Erb- und Kulturgut Vor dem biologischen Hintergrund des Überwiegens der Androgene (männliche Geschlechtshormone) beim
Mann sind diese gemessenen Erregungsmuster nicht überraschend, sondern eine
plausible biologische Gegebenheit der Natur. Interessant ist nur, dass sie sich durch
die modernsten Methoden der funktionellen Hirntopographie (MEG) so genau im
Gehirn selbst messen lassen.

Abbildung 18a: Beispiele für die höchsten Erregungsmuster beim Mann

Abbildung 18b: Beispiele für die höchsten Erregungsmuster bei der Frau

5. Deutlicher Unterschied der neuromagnetischen Aktivität bei den zwei Produktgruppen Living und Wäsche

Aufgrund der unterschiedlichen emotionalen Aufladung von Produkten liegt es nahe, dass Damenwäsche bei der visuellen Wahrnehmung eine deutlich höhere neuronale Aktivität auslöst, als dies bei Bad-Accessoires der Fall ist (nicht nur bei Männern, sondern auch bei Frauen). Je tiefer sich ein Produkt neuronal im Gedächtnis (in den neuronalen Netzen) enkodiert hat, desto höher ist sein Aktivierungspotential. Dichte Assoziationsnetze bilden sich schließlich nur dann, wenn es emotional Sinn macht Einfach formuliert Allein schon der Gedanke an Damenwäsche erscheint uns reizvoller als der Anblick eines Zahnputzbechers.

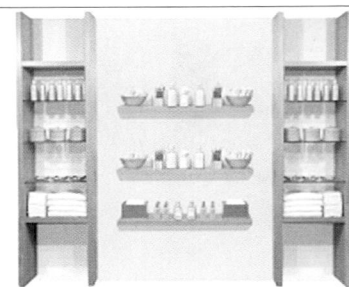

Gesamtdurchschnittliche Aktivierung
Emotionale Themen 28,6 femo-Tesla

Gesamtdurchschnittliche Aktivierung
Emotionale Thema 18,1 femo-Tesla

Abbildung 19: Vergleich Produktgruppe Wäsche und Living

Das gesamte durchschnittliche Aktivierungsmaß (gemittelte femto-Tesla-Werte zwischen 200 und 800 ms) aller Living-Bilder ergibt 27,5. Hingegen erreicht der dazugehörige Wert bei allen Wäsche-Bildern durchschnittlich 32,5. Noch deutlicher wird die Unterscheidung beim bloßen Betrachten des Kontrollbildes Living (Aktivierungsmaß 18,1 fT) im Vergleich zum Kontrollbild Wäsche (Aktivierungsmaß 28,6 fT).

6. Emotion kommt vor Kognition

Die frühesten Hirnaktivitäten bei der visuellen Wahrnehmung werden im limbischen System gemessen. Das limbische System ist insbesondere für die emotionale Bewertung zuständig und ist eine phylogenetisch ältere, tiefer gelegene Hirnstruktur. Erst in weiterer Folge — etwa ab 200 ms — findet die Masse der neuronalen Aktivitäten im Bereich des Neokortex statt. Diese Aktivierungen erfolgen insbesondere im hinteren Neokortex (okzipitaler Kortex). Dieser Teil ist zuständig für Bildbearbeitung. Die in Abbildung 20 dargestellte Erkenntnis beschränkt sich nicht nur auf bestimmte Bildthemen, sondern lässt sich durchgängig bei allen Aktivierungsmustern von Bildreizen feststellen. Wir betrachten die Bilder demnach zuerst mit den evolutionär alten und für die Emotionen zuständigen Hirnregionen (limbisches System), bevor wir beginnen, die Bilder bewusst kognitiv zu analysieren.

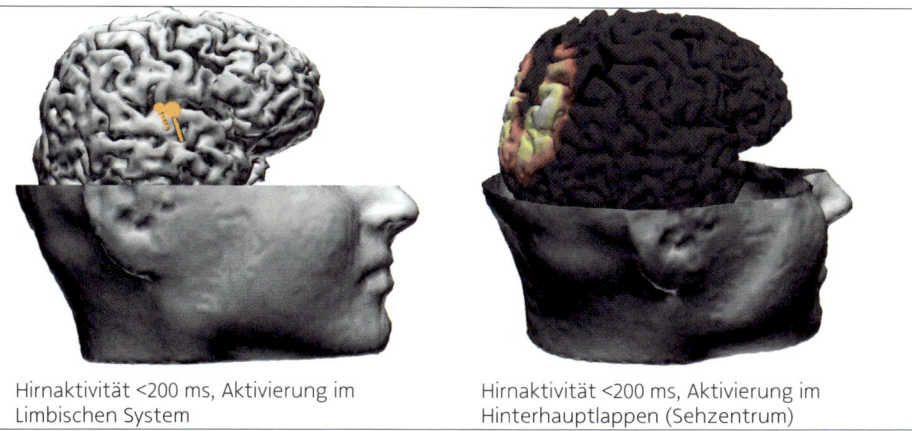

Hirnaktivität <200 ms, Aktivierung im Limbischen System

Hirnaktivität <200 ms, Aktivierung im Hinterhauptlappen (Sehzentrum)

Abbildung 20: Vergleich Produktgruppen Wäsche und Living

7. Mit zunehmendem Alter nimmt die Neuronenaktivität ab

Der Vergleich der Neuronenaktivitäten von jüngeren und älteren Personen ergab, dass bei ersteren die Neuronenaktivität höher ist. Es liegt in der Natur der Sache, dass mit zunehmendem Alter nicht nur die körperliche Fitness abnimmt, sondern außerdem, wie hier auch gemessen werden konnte, die Gehirnaktivitäten nachlassen.

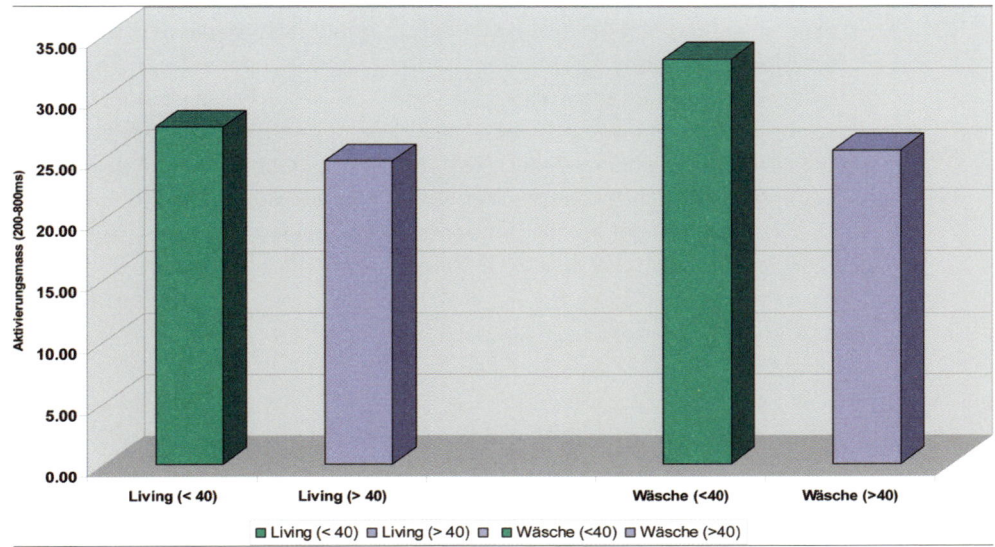

Abbildung 21: Vergleich Produktgruppen Wäsche und Living

3.6 Schlussfolgerungen

Der Untersuchungsverlauf der Neuromagnetic-Studie und die daraus resultierenden Ergebnisse stützen in hohem Maße die Hypothese von der besonderen Bedeutung der Emotionen auf dem Gebiet der visuellen Wahrnehmung. Es scheint nach heutigem Wissensstand gesichert, dass das Prinzip der selektiven Wahrnehmung vom emotionalen Bewertungssystem gesteuert wird. Das Spiel der Emotionen gehorcht in der Regel der individuellen Motivlogik, die sich genetisch und kulturell geformt hat Nichts Bedeutendes erreicht unseren Verstand, unser Bewusstsein — nichts, was nicht zuvor die Pforte der Emotionen durchlaufen hat.

Die deutlich höhere neuronale Aktivität, die bei der visuellen Wahrnehmung von emotionalen Bildinhalten gemessen werden konnte, dürfte für das Storebranding einen segensreichen Zusatznutzen bringen. Und zwar in der Form, wie aus bisherigen Experimenten mit Tieren bekannt ist, dass erhöhte neuronale Aktivität letztlich auch zu einer vermehrten Aussprossung der synaptischen Endungen führen kann (die Synapse ist die Verbindungsstelle von einem Neuron zum anderen und somit für die auf chemischem Wege erfolgende Informationsverarbeitung von zentraler Bedeutung). Dies hat zur Folge, dass sich dadurch die Gewichtung der Synapsen (Maßzahl für die Stärke der synaptischen Übertragung) erhöht Mit höherer Synapsengewichtung kann eine bessere Übertragung von Informationen gewährleistet werden und diese bleiben besser im Gedächtnis haften.

Es muss das strategische Ziel von Storebranding und POS-Marketing sein, Botschaften so aufzubereiten, dass sie im neuronalen Netzwerk durch eine bessere Informationsübertragung leichter repräsentiert werden können. Die Emotionen helfen somit nicht nur besser wahrzunehmen, sondern auch effektiver zu lernen und zu behalten. Besonders ins Auge springt die unterschiedliche neuronale Aktivität bei Mann und Frau im Bereich des Aktivierungsverlaufes und in der Bedeutung der jeweiligen Motivorientierung. Angesichts der Klarheit dieser empirisch gesicherten Differenzen, die sich größtenteils evolutionär erklären, muss man aus marketingtechnischer Sicht eine geschlechterspezifischere Ansprache in der POS-Kommunikationsstrategie postulieren. Weiter sollten auch die differenzierten Ergebnisse der Neuronenaktivität zwischen Living- und Wäscheprodukten beachtet werden. Angesichts der abnehmenden Neuronenaktivität bei älteren Menschen liegt die Vermutung nahe, dass die leisen Töne des Golden-Age-Marketings im lauten Wettbewerb des Jugendkults verloren gehen. Wenn schon die Kraft der Wahrnehmungssysteme für neuronale Reize mit dem Alter nachlässt muss dieser Effekt durch eine bessere Ausrichtung auf die Bedürfnisse älterer Menschen kompensiert werden. Gerade im zunehmenden Wahrnehmungswettbewerb des Einzelhandels spielt eben der emotionale Grundgehalt eines Produktes im Zuge der Erstellung einer Sortimentstrategie eine immer größere Rolle. Für die Präsentation des Sortiments gilt:

Ein Bild sagt mehr als tausend Produkte.

II. Neuromarketing – Innovationen

Zusammenfassung

Kommen wir nun zur erweiterten Definition von Neuromarketing — nämlich Nutzung der vielfältigen Erkenntnisse der Hirnforschung im und für das Marketing.

Die gesamte Hirnforschung hat mit ihren verschiedensten Forschungsdisziplinen in den letzten Jahren eine ungeheure Fülle an neuen Einsichten erbracht. Einsichten über Prozesse und Funktionen im menschlichen Gehirn. Teilweise führten diese Erkenntnisse zu Paradigmenwechseln, wie z.B. die „Emotionale Wende", die die Vorherrschaft der Emotionssysteme im Entscheidungsverhalten proklamierte. Oder auch die Wiederentdeckung des Unbewussten, weil nämlich immer deutlicher wurde, dass die meisten Denk- und Entscheidungsprozesse dem bewussten „Ich" unzugänglich sind. Im folgenden Abschnitt, werden zwei Ansätze vorgestellt, die zeigen, wie aus einer konsequenten Beschäftigung mit der Hirnforschung und Nutzung deren Erkenntnisse, neue Instrumente und Methoden für Marketingstrategien und Marktforschung entstehen.

4 Limbic®: Die Emotions- und Motivwelten im Gehirn des Kunden und Konsumenten kennen und treffen

von Dr. Hans-Georg Häusel

EINFÜHRUNG DES HERAUSGEBERS

In der Marketingpraxis wird heute eine Vielzahl von Modellen verwendet, um Konsumenten-Motive, Emotionen und Werte zu systematisieren und Zielgruppen zu segmentieren. Alle diese Modelle haben eine entscheidende Schwäche. Die verwendeten Dimensionen wurden lediglich durch empirische Befragungsdaten gefunden — sie haben oft nur eine geringe Verankerung in neurobiologisch im Gehirn nachgewiesenen Motiv- und Emotionssystemen. Seit mehr als zehn Jahren beschäftige ich mich mit meinem Team genau mit dieser Frage, die sowohl für die Wissenschaft als auch für die Praxis eine enorme Bedeutung hat — nämlich welche Emotionssysteme es im Gehirn gibt, wie sie funktionieren und wie sie zusammenspielen. Der gewählte Forschungsansatz ist ein sogenannter Multiscience-Ansatz. Um die Emotionssysteme im Gehirn besser zu verstehen, ist es notwendig, das Zusammenspiel der beteiligten Hirnstrukturen, aber auch der involvierten Hormone und Neurotransmitter zu kennen. Gleichzeitig gibt es Forschungsergebnisse aus den unterschiedlichen Bereichen der Psychologie, die es zu integrieren gilt. Ausgehend vom limbischen System, einer Sammelbezeichnung für alle die Hirnstrukturen, die wesentlich an der Verarbeitung der Emotionen beteiligt sind, wurde von uns unter der Bezeichnung Limbic® ein Emotions-, Motiv- und Persönlichkeitsmodell entwickelt, das die aktuellen Erkenntnisse der Hirnforschung und der Psychologie in einzigartiger Weise verknüpft. Limbic® liefert eine fundierte Basis zum besseren Verständnis der Motive und Bedürfnisse des Konsumenten und zur Zielgruppenansprache. Heute nutzen viele internationale Markenartikelhersteller, Handelskonzerne und Finanzdienstleister Limbic® zur Marketingstrategieentwicklung, Markenpositionierung und Zielgruppen-Segmentierung. Der Artikel basiert in Teilen auf Inhalten des Werks „Brain Script".

DER AUTOR

Dr. Hans-Georg Häusel, Dipl. Psychologe, Vorstand der Gruppe Nymphenburg Consult AG, München. Autor der Bestseller „Think Limbic!" (2000/2003/2005), „Limbic Success" (2002/2006) und Brain View - Warum Kunden kaufen (2012).

Bei der Übertragung der Erkenntnisse der Hirnforschung auf Fragen des Konsumverhaltens sowie des Marketings und Markenmanagements zählt er weltweit zu den führenden Experten. Viele internationale Markenartikelhersteller, Handelskonzerne und Dienstleistungsunternehmen zählen zu seinen Beratungskunden. Durch seinen faszinierenden und innovativen Ansatz ist Dr. Häusel auf vielen Veranstaltungen ein gefragter Redner.

Das Buch "Brain View - Warum Kunden kaufen" wurde kürzlich zu einem der besten 100 Wirtschaftsbücher aller Zeitengewählt.

Kontakt: **www.nymphenburg.de; hg.haeusel@nymphenburg.de**

Fragt man heutige Konsumenten und Kunden, inwieweit sie ihre Kaufentscheidung bewusst, rational oder gar emotional getroffen hätten, erhält man meist folgende Antwort: „Ich habe meine Entscheidung zu 100% bewusst getroffen. Meine Entscheidung war weitgehend rational; ein paar Gefühle waren sicher beteiligt, die hatten auf meine Entscheidung aber wenig Einfluss".

Die Selbstwahrnehmung eines freien Willens und einer selbst bestimmten Entscheidung ist das, was ein Kunde und jeder von uns täglich selbst erlebt. Wir stehen morgens auf, gehen zur Arbeit, treffen dort Entscheidungen, kommen nach Hause, um dann irgendwann müde ins Bett zu fallen. In jedem Moment hatten wir das Gefühl, den Steuerknüppel, der unser eigenes Schicksal lenkt, fest in der Hand zu halten und selbst zu bestimmen, wohin unser Weg führt.

Aus diesem Selbsterleben heraus haben wir unser eigenes Menschen- und Konsumentenbild gezimmert. Es ist das Bild des rationalen und bewusst handelnden Konsumenten. Auch in der Presse findet dieses Bild seinen Niederschlag. Man liest vom modernen Konsumenten, der aufgeklärt und rational einkauft und jede Kaufverführung schon im Ansatz erkennt.

Doch dieses Bild entpuppt sich als gewaltiger Trugschluss. Die Erkenntnisse der modernen Gehirnforschung zeigen: Das, was das Konsumenten-„Ich" handelnd und denkend als freie und bewusste Entscheidung erlebt, ist oft nichts weiter als eine „Benutzer-Illusion". Der Bremer Gehirnforscher Gerhard Roth bezeichnet das bewusste „Ich" in Anlehnung an den amerikanischen Neurophilosophen Dan Dennett „als einen Regierungssprecher, der Entscheidungen interpretieren und legitimieren muss, deren Gründe und Hintergründe er gar nicht kennt und an deren Zustandekommen er zudem nicht beteiligt war".

4.1 Was im Kopf (Gehirn) des Konsumenten wirklich abläuft

Wie fallen Entscheidungen tatsächlich im Kopf — offensichtlich nicht so, wie wir und der Konsument den Entscheidungsablauf bewusst erleben. Wehrte man sich bis Ende des letzten Jahrtausends gegen unbewusste Vorgänge, ist inzwischen ein breiter Konsens in den Neuro- und Verhaltenswissenschaften über die Vormacht des Unbewussten entstanden. Lediglich in der Bezeichnung erkennt man noch die alten Lager. Während Kognitionsforscher lieber von expliziten und impliziten Systemen sprechen, reden Emotionsforscher von Bewusstem und Unbewusstem. Im Ende kommt beides auf das Gleiche heraus. Auch die Frage, wie viel bewusst und wie viel unbewusst abläuft, hängt davon ab, was man als Bewusstsein bezeichnet.

Um die genauen Abläufe zu verstehen, müssen wir uns deshalb näher mit dem menschlichen Gehirn beschäftigen. Zunächst einmal kann man, wie Abbildung 22 zeigt, das Gehirn ganz grob in drei Zonen einteilen.

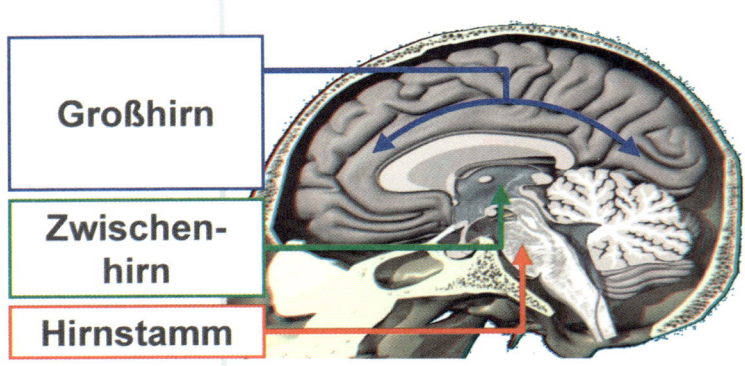

Abbildung 22: Vereinfachter Aufbau des Gehirns

Ganz unten und entwicklungsgeschichtlich sehr alt ist der sogenannte Hirnstamm. Darüber liegt das Zwischenhirn und schließlich das Endhirn, dessen wichtigster Bestandteil der Neokortex ist, der umgangssprachlich auch Großhirn genannt wird. Dieser Gehirnbereich ist entwicklungsgeschichtlich der jüngste, und was seine Größe betrifft auch der größte Teil des Gehirns. Eine ganz wichtige Gehirnstruktur die teilweise zum Zwischenhirn, teilweise zum Endhirn gezählt wird, ist das sogenannte limbische System (s. Abb. 23). An der hinteren Seite des Gehirns sitzt schließlich das Kleinhirn.

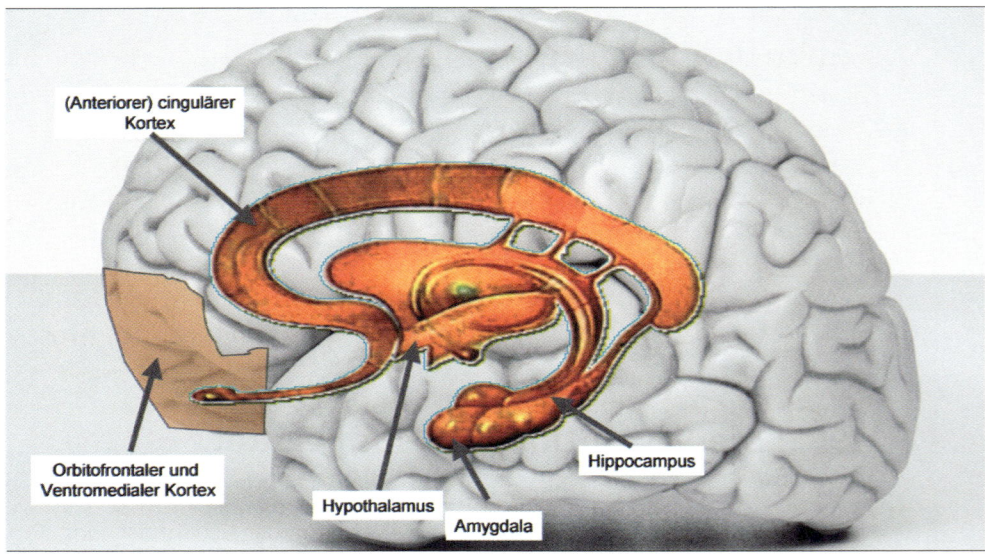

Abbildung 23: Das limbische System. Das limbische System ist eine Sammelbezeichnung für die Hirnstrukturen, die wesentlich an der Emotionsverarbeitung beteiligt sind

4.2 Bis 1995: Der Mensch – das bewusste und vernünftige Wesen

Bis etwa Mitte der 90er Jahre herrschte in der Gehirnforschung weitgehend Übereinstimmung darüber, welche Funktion diese größeren Gehirnbereiche hätten. Das Großhirn, der Neokortex, sei Sitz des Verstandes und der Vernunft. Dem darunter liegenden limbischen System wurden die Emotionen zugeordnet und tief unten im Stammhirn schließlich sei die Heimat der niederen Instinkte. Diese Gehirnbereiche würden, so die Annahme, wie Zwiebelschalen aufeinander sitzen und weil sie kaum verbunden wären, relativ unabhängig voneinander arbeiten. Eine besondere Bedeutung in diesem Modell hatte der Neokortex. Man ging davon aus, dass er das eigentliche Machtzentrum im menschlichen Kopf sei, das bewusst, vernünftig, computergleich und rational Entscheidungen treffen würde. Abgesehen von gelegentlichen Ausnahmen, die entstehen, wenn die unteren Gehirnbereiche durch Emotionen und Instinkte das vernünftige Denken störten. Dieser Vormarsch der Ratio wurde noch vom Siegeszug der Computer verstärkt. Der Mensch wurde mit einem rationalen Computer verglichen. Die ganze Forschung, sowohl die Hirnforschung, als auch die Psychologie, hatte nur ein Ziel, nämlich die rationalen Programme im Kopf zu ergründen und in sogenannten neuronalen Netzen nachzubilden. Es schien nur noch ein Frage der Zeit, bis das gesamte Denken und Handeln des Menschen in Künstliche-Intelligenz-(KI)-Programmen abgebildet werden konnten, die besser und schneller als seine Schöpfer aus Fleisch und Blut arbeiteten.

Leider erfüllten sich die großen Erwartungen an die KI-Programme nicht. Zwischen dem Output der Programme und dem tatsächlichen Entscheidungsverhalten der Menschen lagen nämlich Welten. Weil die Programmkonstrukteure dem Zeitgeist entsprechend vom vernünftigen Menschen ausgingen, hatten sie keine Sekunde daran gedacht, dass es möglicherweise die Emotionen sind, die die menschlichen Entscheidungen steuern. Und weil sie nicht daran dachten, sind sie bis heute mit ihren hohen Zielen, nämlich die menschliche Entscheidung weitgehend durch Maschinen zu ersetzen, auf der ganzen Linie gescheitert.

4.3 1995: Die Revolution im Kopf beginnt

Mitte der 90er Jahre begann eine Gegenbewegung in der Gehirnforschung. Prominenteste Vertreter waren die amerikanischen Neurobiologen Antonio Damasio oder Joseph LeDoux. Damasio hatte aufgrund von Untersuchungen bei hirnverletzten Patienten erkannt, dass Emotionen keinesfalls Störungen in Entscheidungsprozessen waren. Das Gegenteil war der Fall: Ohne Emotionen kamen überhaupt keine Entscheidungsprozesse zustande! Patienten, deren Emotionszentren im Kopf gestört waren, waren z.B. unfähig bei Kartenspielen, die Gewinn oder Verlust von Geld zur Folge hatten, richtige Entscheidungen zu treffen. Diese Patienten verspielten im Versuch stets Haus und Hof. Wurden im Versuch die Gewinnwahrscheinlichkeiten geändert, ohne dass dies den Spielern gesagt wurde, stellten sich normale Versuchspersonen nach einigen Spielen unbewusst in ihrem Spielverhalten darauf ein. Die Patienten mit Störungen der Emotionszentren im Gehirn behielten die alten falschen Strategien bis zum (spielerischen) bitteren Ende bei. Die von Damasio damals untersuchten Gehirnbereiche lagen im vorderen Großhirn, im sogenannten präfrontalen Kortex. Seine Untersuchungen hatten zwei wichtige Ergebnisse. Erstens zeigte er die enorme Bedeutung von Emotionen auf, zweitens aber wurde deutlich, dass offensichtlich auch das scheinbar vernünftige Großhirn ebenfalls mit der Verarbeitung von Emotionen beschäftigt ist.

Einen etwas anderen Forschungsschwerpunkt hatte Joseph LeDoux. Er beschäftigte sich mit einem der wichtigsten Kerne im limbischen System, dem emotionalen Bewertungszentrum im Kopf, der Amygdala, auch Mandelkern genannt. Er zeigte: Signale und Reize, die beispielsweise Furcht auslösen, werden direkt von der Amygdala verarbeitet und führen sofort zu Schreckreaktionen des Körpers. Bewusstsein und Neokortex bekommen davon zunächst nichts mit. Erst mit einiger Zeit Verspätung werden das Großhirn und das Bewusstsein eingeschaltet, damit diese sich dann mit einer genaueren Bewertung des Schreckensobjekts beschäftigten. Wurde bei Versuchstieren die Amygdala entfernt, ergriffen sie bedenkenlos lebensgefährliche Objekte wie etwa eine Giftschlange oder nahmen diese gar in den Mund. LeDoux zeigte zudem, dass die Amygdala, einen weit größeren Einfluss auf den Neokortex hat als umgekehrt.

Mein eigener Zugang zur Revolution im Kopf und zur Vormacht der Emotionen begann ebenfalls Mitte der 90er Jahre. In meinen Untersuchungen zur biologischen Basis des Geld- und Konsumverhaltens, die ich unter Begleitung des inzwischen verstorbenen Max-Planck-Forscher Prof. Dr. mult. Johannes Brengelmann durchführte, stellte ich fest, dass sich alle Entscheidungen im Wesentlichen aus dem Zusammenspiel der drei neurobiologischen Emotions- und Motivsysteme Dominanz, Balance und Stimulanz erklären ließen und eine „Vernunft" nicht zu entdecken war. Das war für mich der Grund, mich insbesondere mit dem Einfluss der Emotionen und damit auch des limbischen Systems auf das menschliche Denken und Verhalten zu beschäftigen.

Heute weiß man, dass letztlich unser ganzes Gehirn mehr oder weniger emotional ist. Die vorderen Gehirnbereiche mehr, das hintere Großhirn und das Kleinhirn weniger. Diese Einsicht wird auch durch einen Seitenblick auf die Nervenbotenstoffe und Hormone untermauert, die unsere Emotionssysteme maßgeblich mitgestalten. Ihre Bahnen beginnen im Stammhirn, laufen dann durch das Zwischenhirn und limbische System, enden aber dort nicht, sondern ziehen sich durch das gesamte Großhirn hindurch und beeinflussen dort die Art und Weise unseres Denkens. Die stärkste Konzentration allerdings findet sich in den unteren Gehirnbereichen im Stamm- und Zwischenhirn — genauer im limbischen System.

Das limbische System ist übrigens keine funktionale Einheit — heute dient dieser Begriff als eine Sammelbezeichnung für alle Bereiche, die maßgeblich an der Verarbeitung von Emotionen beteiligt sind. Aus diesem Grund werden mittlerweile auch Teile des vorderen Großhirns — insbesondere der sogenannte orbitofrontale Kortex und der ventromediale Kortex dem limbischen System zugerechnet. Die alte Dreiteilung gehört deshalb der Vergangenheit an. Auch das vernünftige Großhirn leistet deshalb einen wichtigen Beitrag bei der Emotionsverarbeitung. Insbesondere der vordere Teil des Großhirns spielt die Rolle eines (emotionalen) Rechenzentrums, das Wege und Wahrscheinlichkeiten berechnet, wie der Kunde und Konsument ein Maximum an Lust mit einem Minimum an Einsatz, zum Beispiel in Form von Zeit, Geld oder Arbeit, erhält. Dazu werden die eingehenden und vom limbischen System bewerteten Signale mit verschiedensten emotionalen Erfahrungen und Bildern, die aus dem sogenannten episodischen oder autobiographischen Gedächtnis abgerufen werden, verrechnet. Daraus entsteht dann ein Handlungsplan, der vom mittleren Teil des Großhirns und den darunter liegenden Basalganglien in konkrete Handlung umgesetzt wird.

4.4   No Emotions – No Money

Den heutigen Stand in der Hirnforschung in puncto Emotionen kann man deshalb wie folgt zusammenfassen: Objekte (inklusive Produkte, Marken), die keine Emotionen auslösen, sind für das Gehirn de facto wertlos! Und weiter: Je stärker die (positiven) Emotionen sind, die von einem Produkt, einer Dienstleistung oder/und einer Marke vermittelt werden, desto wertvoller sind Produkt und Marke für das Gehirn und desto mehr ist der Konsument auch bereit, Geld dafür auszugeben. Auch das scheinbar rationale Geld kann sich übrigens dieser emotionalen Neurologik nicht entziehen. Man muss sich nur fragen: Warum ist Geld für uns so attraktiv?

Ganz einfach: Weil wir uns mit Geld alle unsere Wünsche erfüllen können. Wir können in den Urlaub fahren, ein neues Auto kaufen oder auch unsere Altersvorsorge verbessern. Alle diese Wünsche und Motive sind aber höchst emotional. Geld ist ein generalisiertes Wertsymbol. Es ist ein Universal-Joker zur Befriedigung aller unserer Wünsche. Die Rechnung des Gehirns folgt einer einfachen Logik: Der generalisierte Emotionswert des Geldes wird mit dem konkreten Emotionswert des Angebots verrechnet. Strahlt das Angebot nur schwache Emotionen aus, bleibt das wertvolle Geld im Geldbeutel. Aktiviert das Angebot gleichzeitig viele Emotionssysteme im Gehirn, steigt der Wert des Produktes für den Konsumenten — er ist bereit dafür Geld auszugeben.

Die aktuelle Hirnforschung zeigt mehr als eindrücklich, dass Emotionen ein zentraler Schlüssel zum Verkaufserfolg sind. Wesentliche Entscheidungen sind ohne Emotionen undenkbar, weil Emotionen erst den Wert und das Ziel jeglicher Entscheidung vorgeben. Den menschlichen Emotionssystemen kommt damit eine zentrale Bedeutung im Marketing zu. Damit verbunden ist automatisch die Frage, welche Emotionen und Motive es gibt, die den Konsum treiben? Zunächst muss man allerdings abklären, ob man Motive und Emotionen überhaupt synonym verwenden darf, oder ob Emotionen nicht etwas völlig anderes als Motive sind. Eine wissenschaftliche korrekte Unterscheidung zwischen Emotionen und Motiven würde diesen Raum sprengen. Eine praxisnahe Unterscheidung könnte wie folgt aussehen: Die Emotionssysteme geben den großen Verhaltens-, Bewertungs- und Zielrahmen des Menschen vor, während die Motive meist viel konkreter in ihrer Raum-, Zeit- und Objekt-Ausrichtung sind. Motive sind sozusagen die konkrete Umsetzung der Emotionssysteme in das tägliche Leben. Dies soll an einem Beispiel verdeutlicht werden.

Eines der zentralen menschlichen Emotionssysteme ist das mesolimbische/meso-kortikale Belohnungssystem. Entsprechende Konstrukte in der Psychologie sind z.B. Novelty Seeking, Sensation Seeking oder diversive Neugier. Dieses Emotionssystem haben wir im Limbic® Ansatz das Stimulanz-System genannt. Es gibt uns Menschen vor, Neues zu entdecken, nach Abwechslung zu suchen usw. Wie hängen nun Emotionen und Motive zusammen? Wenn der Konsument einen Kinobesuch plant oder im nächsten Buchladen ein unterhaltsames Buch kauft, um Langeweile zu vermeiden — dann sind das die konkreten Motive („Ich möchte mir ein spannendes Buch kaufen"), die sich aus dem Stimulanz-System ableiten. Der Treiber aller dieser Motive ist aber das dahinter liegende Emotionssystem. Aus diesem Grund ist die genaue Kenntnis der Emotionssysteme im menschlichen Gehirn Voraussetzung für jedes Verständnis der Motiv- und Bedürfniswelten der Konsumenten.

4.5 Welche Emotionssysteme lassen sich im Gehirn nachweisen?

Die Frage, welche Emotionen den Menschen antreiben, beschäftigt die Psychologie seit ihrem Bestehen. In den letzten Jahren sind nun durch die moderne Hirnforschung viele wichtige Erkenntnisse zur Lösung dieser Frage hinzugekommen. Die Hirnforschung hat aber nicht nur enthüllt, welche Emotionssysteme im Kopf existieren — viel wichtiger waren die Einsichten, einer mehrjährigen Forschungsarbeit wurden alle diese Erkenntnisse der Hirnforschung mit bestehendem Wissen der Psychologie und umfangreichen eigenen neuropsychologischen Untersuchungen unter dem Namen Limbic® zu einem Emotions-Gesamtmodell verknüpft. Ziel war und ist es, ein Modell zu formulieren, das auf festem und neuestem wissenschaftlichem Boden steht, aber gleichzeitig leicht verständlich und universell einsetzbar ist. Wie sieht nun das emotionale Betriebssystem im Konsumentenhirn genau aus? Abbildung 24 gibt einen Überblick.

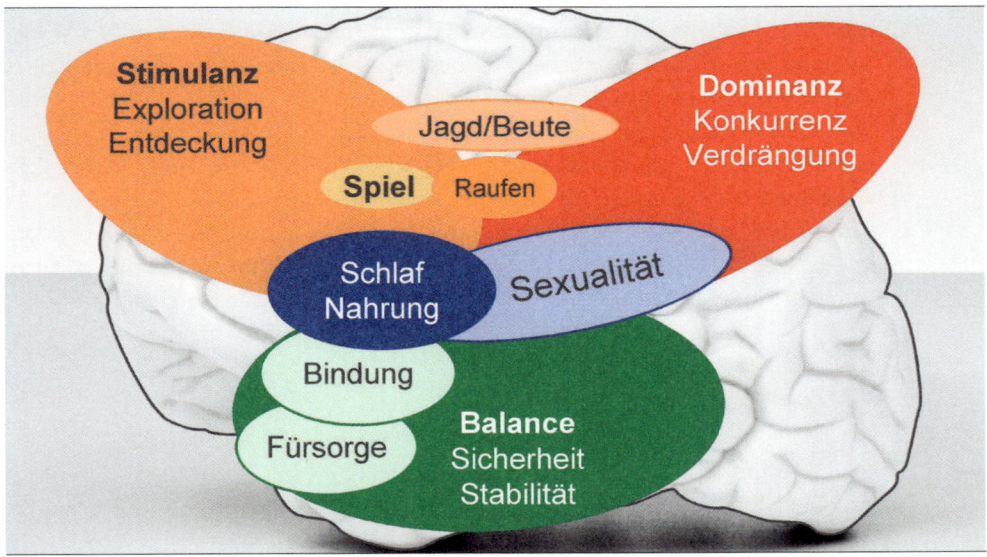

Abbildung 24: Die wichtigsten Emotionssysteme im menschlichen Gehirn

Im Zentrum aller Motiv- und Emotionssysteme stehen die sogenannten physiologischen Vitalbedürfnisse wie Nahrung, Schlaf und Atmung. Mit diesen Bedürfnissen werden wir uns nicht weiter befassen. Neben diesen Vitalbedürfnissen gibt es drei große Motiv- und Emotionssysteme. Diese sind:

- Das Balance-System (Wunsch nach Sicherheit, Stabilität, Geborgenheit; Vermeidung von Angst und Unsicherheit)
- Das Dominanz-System (Wunsch nach Durchsetzung, Macht, Status, Autonomie; Vermeidung von Ausgeliefertsein, Fremdbestimmung und Unterdrückung)
- Das Stimulanz-System (Wunsch nach Abwechslung, Neuem und Belohnung; Vermeidung von Langeweile und Reizarmmut)

Die Namensgebung dieser Emotionssysteme erscheint zunächst willkürlich — sie hat aber einen Grund: Der Limbic®-Ansatz ist ein Multiscience-Ansatz, der wie oben beschrieben das Ziel hat, die Erkenntnisse aus den verschiedensten Wissenschaftsdisziplinen (Verhaltensgenetik, Neurobiologie, Neurochemie, Psychiatrie, Emotions-/Motivationspsychologie, Differentielle-/Persönlichkeitspsychologie) zu einem übergeordneten Gesamtmodell zu verknüpfen. Da alle diese Disziplinen aber sehr unterschiedliche Begriffe für ähnliche Phänomene haben, wurden die übergeordneten Begriffe Balance, Dominanz und Stimulanz gewählt. Am Beispiel Stimulanz soll das verdeutlicht werden: In der Neurobiologie spricht man vom Belohnungssystem, in der Motivation-/Emotionspsychologie von Sensation/Novelty-Seeking; in der Persönlichkeitspsychologie, im Neo 5, dem Standard-Persönlichkeitstest, gibt es die Dimension „Offenheit für Neues" und in der Soziologie findet man Konstrukte wie das „Spannungs-Milieu" von Schulze.

Doch nun zurück zu den Emotionssystemen im menschlichen Gehirn. Neben den Big 3 haben sich im Laufe der Evolution eine Reihe zusätzlicher Emotionsmodule entwickelt. Sie liegen innerhalb oder zwischen den Hauptsystemen und ermögliche eine noch bessere Anpassung des Menschen bzw. des Organismus an seine Umwelt. Diese Submodule sind:

- Bindung
- Fürsorge
- Spiel
- Jagd/Beute
- Raufen
- Appetit/Ekel
- Sexualität (männlich/weiblich)

4.6   Die Frage nach der Sexualität

Zweifellos ist die Sexualität von fast gleich großer Bedeutung wie das Dominanz-, Stimulanz- und das Balance-System. Aber: Die Sexualität wurde im Laufe der Evolution auf das bereits existierende Motiv- und Emotionsprogramm aufgesetzt. Viele an den vorgestellten Emotionssystemen beteiligte Gehirnbereiche und Hormone sind auch maßgeblich an der Sexualität beteiligt. Das Dominanz-System beispielsweise hilft Konkurrenten zu verdrängen, die sich für den gleichen Fortpflanzungspartner interessieren. Es sorgt dafür, dass Männer Karriere machen, was ihre Attraktivität bei Frauen erhöht. Sowohl in der Neuroanatomie wie in der Neurochemie gibt es viele Gemeinsamkeiten — beispielsweise das Neurohormon Testosteron, das maßgeblich an beiden Emotionssystemen beteiligt ist. Das Stimulanz-System trägt mit dazu bei, dass der Fortpflanzungspartner auf einen aufmerksam wird und Sex Spaß macht. Das Balance-System, insbesondere das Fürsorge-Modul und das Bindung-Modul, stabilisieren die Paarbindung und sichern dem Nachwuchs das Überleben. Noch ein wichtiger Punkt ist zu beachten: Es gibt erhebliche Unterschiede zwischen den männlichen und weiblichen Sexualzentren im Gehirn. Diese Unterschiede findet man sowohl in Gehirnstrukturen; insbesondere aber auch bei den Nervenbotenstoffen und Hormonen.

4.7   Die Systemdynamik der Emotionssysteme

Die oben dargestellten Emotionssysteme sind sowohl neuroanatomisch wie neurochemisch teilweise eigenständig, sie arbeiten aber in einer übergeordneten Systemlogik zusammen. Während das Dominanz- und das Stimulanz-System zur Aktion und auch zum Risiko drängen, fungiert das Balance-System als Risiko begrenzende Gegenkraft. Auch wenn in der Neurobiologie/Neuropsychologie mit teilweise anderen Begriffen für die Emotions- und Motivsysteme gearbeitet wird als oben dargestellt, gibt es Modellkorrelate in diesen Wissenschaften. In der Hirnforschung beispielsweise das Behavior Inhibition-System (BIS) und das Behavior Activation System (BAS) von Jeffrey Alan Gray. Auch in der Psychologie gibt es Modelle, die diesem Systemzusammenhang in Ansätzen Rechnung tragen (z.B. das Zürcher Modell des Psychologen Norbert Bischoff). Diese Gegensätze im Kopf sind im Hinblick auf Kaufentscheidungen von großer Bedeutung, weil z.B. viele Konsumgüter durch Stimulanz-/Dominanz-Signale zum Kauf animieren, während die Risiko vermeidende Balance-Kraft dagegen arbeitet und zur Vorsicht mahnt. Das Dominanz- und das Stimulanz-System sind die optimistischen, aktivierenden Motivsysteme im Kopf des Konsumenten, während das Balance-System eine eher

hemmende und vermeidende Rolle hat. Neuere Forschungen über die Rollen der
Gehirnhälften zeigen, dass diese Grundlogik auch das Großhirn bestimmt. Die
rechte Hirnhälfte ist eher vermeidend und pessimistisch, während die linke Hirnhälfte mehr aktivierend und annähernd ist.

4.8 Die Limbic Map®: Die Landkarte der Emotionen

Da die drei großen Emotionssysteme (inklusive Submodule) meist zeitgleich aktiv
sind, gibt es Mischungen. Dazu betrachten wir die Limbic Map® in Abbildung 25.

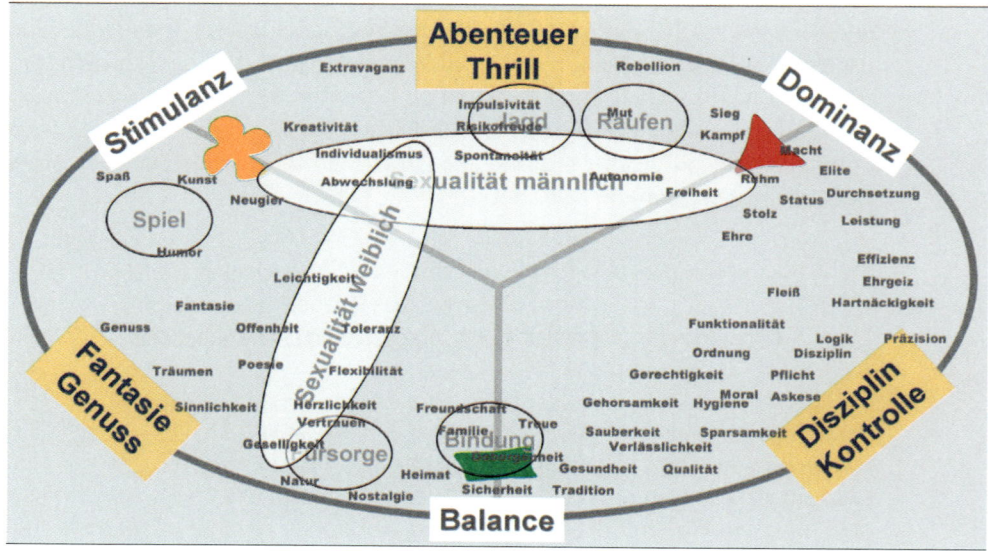

Abbildung 25: Die Limbic Map®- der Emotions-, Motiv- und Werteraum im menschlichen Gehirn

Zunächst einmal sehen wir die Big 3 als Grundgerüst unseres Motivationssystems.
Zur Vervollständigung haben wir die Motiv-Submodule in Form von Kreisen/Ellipsen
dort eingetragen, wo sie aufgrund der Ergebnisse der Gehirnforschung und Psychologie ihren Platz haben. Nun zu den Mischungen.

Abenteuer/Thrill

Mischung nennen wir Abenteuer/Thrill. Warum? Die psychologische Erklärung des Abenteuers ist relativ einfach. Auf der einen Seite will man über sich selbst hinauswachsen und sich beweisen (= Dominanz). Auf der anderen Seite will man dabei Neues entdecken (= Stimulanz).

Fantasie/Genuss

Die nächste Mischung aus Balance und Stimulanz nennen wir Fantasie/(sanfter) Genuss. Das Stimulanz-System gibt vor, aktiv nach Neuem und nach neuen Genüssen zu suchen, das Balance-System bremst dabei. Aus der aktiven Suche nach Neuem wird eher ein mehr passives und offenes „auf sich zukommen lassen" und das Träumen und Fantasieren. Verbunden damit ist ein holistischer, intuitiver und ganzheitlicher Denkstil.

Disziplin/Kontrolle

Bleibt noch die letzte Mischung, nämlich die aus Balance und Dominanz. Diese nennen wir Disziplin und Kontrolle. Warum? Das Balance-System fordert, dass alles seine Ordnung hat und stabil bleibt, sich möglichst nicht verändert. Das Dominanz-System dagegen möchte trotzdem die Macht über das Geschehen haben. Genau das aber ist der Kern jeglicher Kontrolle: Alles muss konstant und berechenbar sein (Balance), gleichzeitig möchte man aber selbst die Spielregeln bestimmen und das Ruder fest in der Hand halten. Verbunden damit ist ein analytischer und sequentieller Denkstil.

Die oben dargestellte gegensätzliche Motivdynamik zwischen Balance auf der einen Seite und Dominanz/Stimulanz auf der anderen Seite wird durch die Limbic Map® noch erweitert. Es gibt eine Reihe von Gegenpolen, die beachtenswert sind. Der vermeidenden und bewahrenden Balance-Kraft steht das Abenteuer und damit Veränderung und Revolution gegenüber. Die an sich egoistische Dominanz-Kraft hat als Gegenpol die altruistische Fürsorge und Bindung. Dem hedonistischen und spontanen Hier und Jetzt der Stimulanz-Kraft steht das asketische Diszplin-/Kontroll-Motiv gegenüber.

4.9 Die Verknüpfung von Emotionen und Werten des Kunden

Neben Emotionen und Motiven spielen im Marketing die Werte des Kunden eine
große Rolle. Die Emotionssysteme des Kunden kennen wir bereits. Aber was sind
Werte? Werte, so die Sozialpsychologie, sind Standards an denen eigenes oder
fremdes Verhalten gemessen wird. Beispiele für Werte sind: Zuverlässigkeit, Vertrauen, Mut, Ehrlichkeit, Perfektion usw. Was haben Werte mit Motiven und Emotionen zu tun? Man verkennt meist: Werte haben immer einen emotionalen Kern.
Denn erst ihr Emotionsgehalt gibt Werten Wert! In der Gruppe Nymphenburg haben wir eine Vielzahl von Werten zunächst Psychologen vorgelegt, um sie in die
Limbic® Map einzuordnen. Basierend auf diesen Expertenurteilen haben wir dann
anschließend auf Basis von Konsumentenurteilen zusätzlich Distanzmessungen
durchgeführt. Die Limbic® Map zeigt, wie Emotionen und Werte zusammenspielen.
Nachdem Sie jetzt die Konstruktionslogik der Limbic® Map kennen, betrachten wir
nun einige Anwendungsbeispiele aus der Praxis.

4.10 Die Kaffee-Motivwelt: Wie Emotionen und Motive zusammenspielen

Vielleicht trinken Sie beim Lesen dieses Beitrags ja gerade eine Tasse Kaffee. Kaffee
ist mit Abstand das beliebteste Getränk und Genussmittel auf der Welt. Haben Sie
einmal darüber nachgedacht, warum Kaffee der Getränke-Top-Favorit beim Konsumenten ist? Weil er durch seinen leicht bitteren Geschmack dem Appetit-Modul im
Gehirn eine Freude bereitet? Sicher auch. Der Hauptgrund liegt darin, dass Kaffee
und die von ihm angesprochenen Motiv- und Emotionssysteme fast den ganzen
Emotionsraum der Limbic® Map abdecken. Abbildung 26 zeigt wie Kaffee-Motive
und Emotionen zusammenhängen und untrennbar miteinander verknüpft sind.

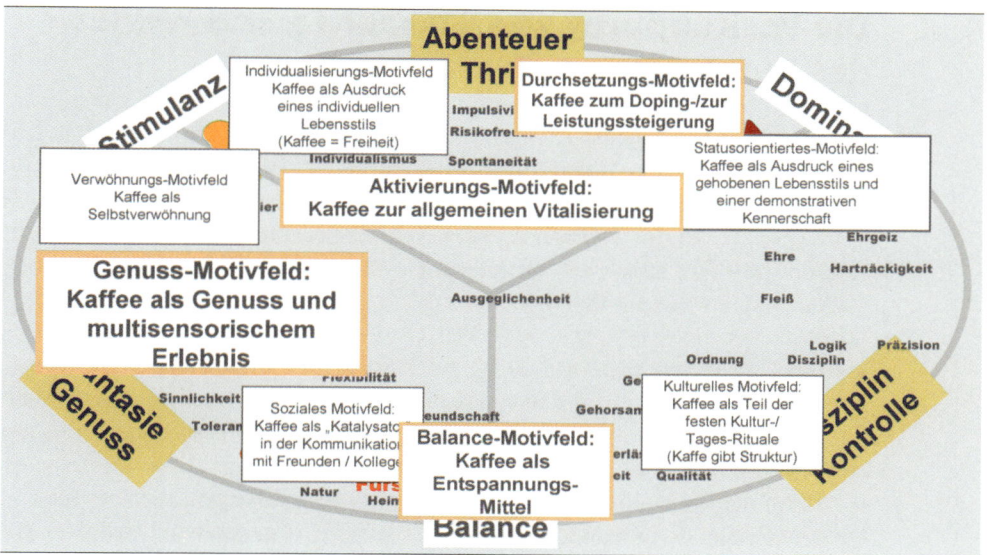

Abbildung 26: Die Motivstrukturen des Kaffeegenusses

Kaffee ist zunächst einmal ein Genuss, der durch die vielen Sorten und Zubereitungsformen ein weites Genuss-Spektrum erschließt (= Genuss-Motivfeld). Aber das ist noch lange nicht alles: Kaffee aktiviert und belebt die Lebensgeister (= Aktivierungs-Motivfeld). Für manche ist Kaffee ein richtiges Dopingmittel, um mehr zu leisten als die Konkurrenz (= Durchsetzungs-Motivfeld). Andere dagegen nehmen sich mit einer Tasse Kaffee eine kurze Entspannungsauszeit aus der Hektik des Alltags (= Balance-Motivfeld). Neben diesen Kernmotiven, die Kaffee bedient, gibt es eine Reihe zusätzlicher Motive die mit und durch Kaffee erfüllt werden: Selbstverwöhnung, Ausdruck eines individuellen Lebensstils z.B. durch Latte Macchiato oder Kaffeespezialitäten, Ausdruck eines anspruchsvollen Lebensstils durch den Konsum besonders teurer und exklusiver Sorten, Kaffeegenuss als Ritual das den Tag oder die Woche strukturiert (Nachmittagskaffee, Festtagskaffee mit Tante Frieda und Onkel Anton) und schließlich Kaffee als sozialer Kitt, indem man gemeinsam mit Freunden bei einer Tasse Kaffee über die kleinen Sorgen und großen Freuden dieser Welt plaudert. Jedes Produkt, jeder Markt wird von spezifischen Motiven getrieben. Hinter diesen Motiven, stehen aber immer die Emotionssysteme, die wir bereits kennengelernt haben.

4.11 Die Positionierung von Marken mit Limbic®

Erfolgreiche Marken unterscheiden sich von weniger erfolgreichen dadurch, dass sie einen festen Platz im menschlichen Emotions- und Werteraum einnehmen und sich vom Wettbewerb neben anderen Merkmalen in einem von ihnen markentypisch besetzten Emotionsraum unterscheiden. Als Beispiel nehmen wir zwei in Deutschland bekannte Biermarken, nämlich Beck's und Radeberger. Beide Marken werben seit vielen Jahren mit den jeweils gleichen Sujets, die prototypisch für die Markenpositionierung sind.

- Radeberger stellt die Dresdner Semper Oper in den Mittelpunkt seiner Kampagne. Dieser Auftritt ist vor allem durch Tradition, aber auch durch etwas Exklusivität gekennzeichnet. Der emotionale Markenkern sitzt allerdings eindeutig im Bereich Balance/Tradition.
- Beck's dagegen wirbt mit seinem Dreimaster und jungen aktiven Menschen (im Mittelpunkt: junge Männer), die die Welt entdecken und den Stürmen trotzen. Der emotionale Markenkern sitzt hier im Bereich Abenteuer.

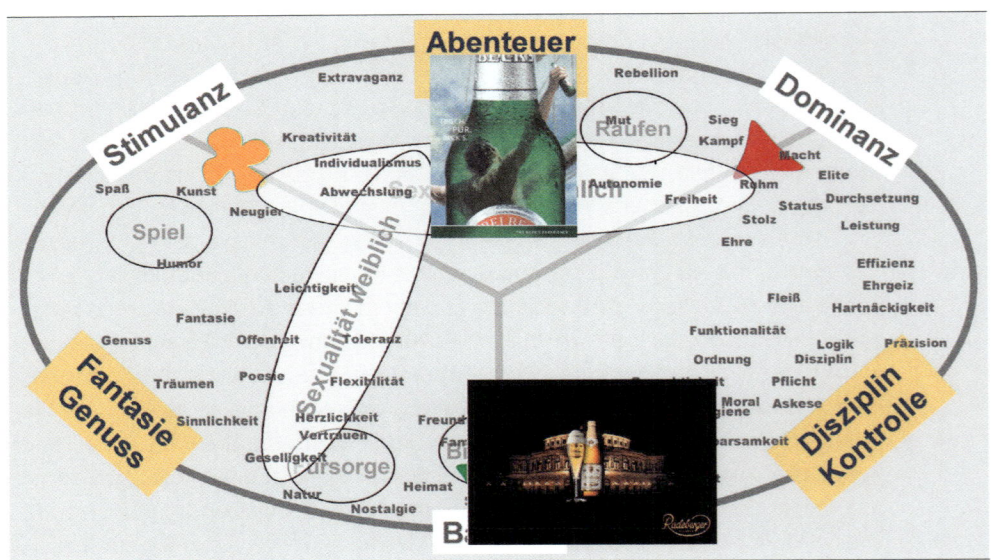

Abbildung 27: Die Positionierung zweier Marken auf der Limbic® Map

Daraus ergeben sich klare Positionen auf der Limbic® Map (Abb. 27). Für Marketing- und Werbefachleute stellt sich jetzt die Frage, ob diese beiden Marken auch die gleichen Konsumenten ansprechen (Antwort: Nein!). Oder noch etwas allgemeiner formuliert: Gibt es Zielgruppen? (Antwort: Ja!).

4.12 Zielgruppen – Mythos und Wahrheit aus Sicht der Hirnforschung

Gibt es überhaupt so etwas wie Zielgruppen, also Konsumenten- und Kundengruppen, die dauerhaft stabilere Konsummuster zeigen? Oder hängt das, was der Kunde wünscht und vorzieht, letztlich nur von seiner momentanen Stimmung, Situation oder Verfassung ab? In der Psychologie ist diese Frage längst beantwortet. Man unterscheidet hier nämlich zwischen „Trait", das sind dauerhafte und stabile Persönlichkeitseigenschaften, und „State", als momentane Stimmungen, die von der Tageszeit, aktuellen Situationen und Erlebnissen abhängig sind. Beide spielen hinsichtlich des Konsums eine wichtige Rolle. Wenn jemand abends müde und abgespannt nach Hause kommt, trinkt er vielleicht entsprechend seiner Stimmung ein Glas Bier, Wein oder eine Tasse Tee zur Entspannung. Eine andere Konsumentin steht an einem strahlenden Sommermorgen gut gelaunt auf und greift unbewusst aufgrund ihrer Stimmung zu einem besonders bunten Outfit. Ist es nun aber so, dass es keine stabilen Persönlichkeitseigenschaften mehr gibt und dass der sogenannte multioptionale Konsument nur noch ein Spielball seiner momentanen Stimmungen ist?

Hätten die Vertreter des Stimmungsmarketings Recht, gäbe es keinen Unterschied zwischen Klosterfrau-Melissengeist-Konsumenten und Red-Bull-Konsumenten. Tatsache aber ist: Diese beiden Konsumenten-Gruppen sind, wie ein Blick in den Alltag zeigt, aber nicht die Gleichen. Offensichtlich gibt es Persönlichkeitseigenschaften, die über die Zeit relativ konstant bleiben. Wie kommt das? Dazu müssen wir uns klar machen, was die Grundsäulen des Temperaments und der Persönlichkeit des Menschen und damit natürlich auch des Konsumenten und Kunden genau sind. Die Antwort ist relativ einfach: Die Grundsäulen unserer Persönlichkeit sind die Motiv- und Emotionssysteme in unserem Gehirn. Also Dominanz, Stimulanz und Balance mit ihren Submodulen. Bei allen Menschen sind alle diese Motiv- und Emotionssysteme vorhanden. Aber sie sind individuell unterschiedlich stark ausgeprägt. Das tragende Fundament unserer Persönlichkeit ist also nichts anderes als ein individueller Mix der Motiv- und Emotionssysteme in unserem Gehirn. Die sogenannte Verhaltensgenetik geht nun davon aus, dass ca. 50% der Persönlichkeit angeboren sind. Die verbleibenden 50% werden durch Erziehung, Lebenserfahrungen und Kultur geprägt. Die entscheidenden und für das Gehirn besonders prägenden Jahre sind die ersten Lebensjahre und die Pubertät.

4.13 Die meisten Konsumenten haben klare Motiv- und Emotionsschwerpunkte

Wenn die Persönlichkeit des Konsumenten und Kunden etwas vereinfacht aus einem Mix unterschiedlicher Stärken der Big 3 und ihrer Submodule besteht, dann ergeben sich rein rechnerisch eine Vielzahl von unterschiedlichsten Kunden-Typen. Bei einem Konsumenten ist beispielsweise das Stimulanz-System sehr schwach, das Dominanz-System etwas stärker und das Balance-System sehr stark ausgeprägt. Ein anderer zeichnet sich durch ein extrem stark ausgeprägtes Stimulanz-System aus, während Dominanz und Balance im mittleren Bereich liegen. Man sieht schnell, dass auf diese Weise viele, viele Persönlichkeitstypen möglich sind. Würde man zusätzlich noch die Motiv-Submodule in die Betrachtung aufnehmen, wäre die mögliche Anzahl der Typen noch höher. Diese Komplexität würde einen Persönlichkeitsforscher an der Universität begeistern. Für einen Marketing-Praktiker ist sie allerdings frustrierend und wenig hilfreich. Offenbar ist aber die Natur eher auf der Seite der Marketing-Praktiker. Die meisten Konsumenten haben nämlich ganz deutliche Schwerpunkte in ihren Emotions- und Motivsystemen. Auf diese Weise lassen sich dann praxisnah typisieren. Man muss sich dabei allerdings bewusst sein, dass jede Typisierung immer eine Vereinfachung darstellt. Das aber ist erlaubt, solange man der von Albert Einstein aufgestellten Regel „Mache alles so einfach wie möglich — aber nicht noch einfacher" folgt.

4.14 Limbic® Types – die neurobiologische Zielgruppen-Segmentierung

Wenn es nun bei jedem Konsumenten Emotionsschwerpunkte gibt, dann fragt man sich natürlich wo diese liegen. Die Antwort ist einfach: entlang der neurobiologischen Hauptachsen der Limbic® Map. Entsprechend dieser Hauptachsen kann man sieben Limbic® Types festmachen (s. Abb. 28).

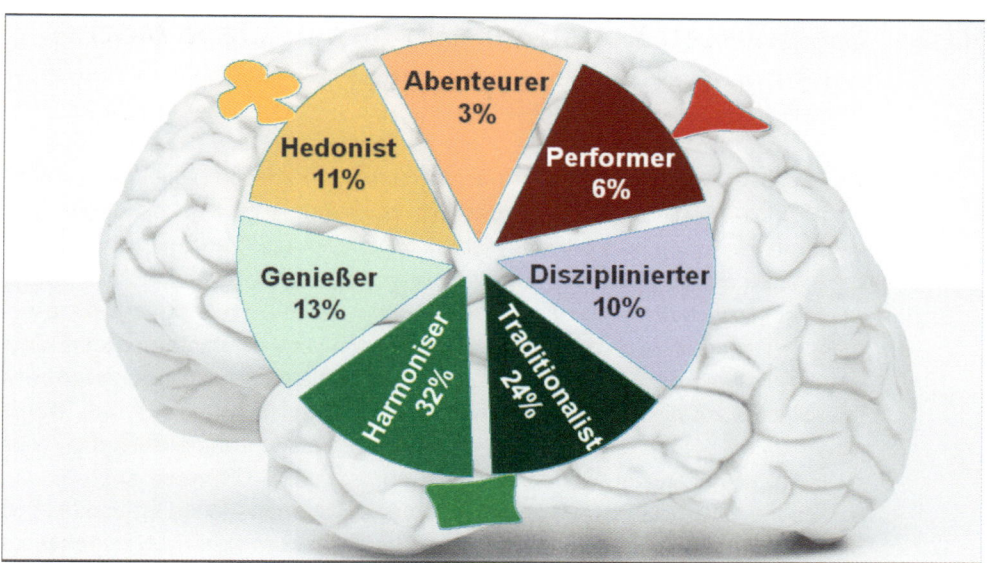

Abbildung 28: Limbic® Types (m+w; gemeinsam erhoben mit Burda TdWI 2006/07). Repräsentativ wurden in Deutschland ca. 20.000 Konsumenten gemessen

Diesen Typen wurden nun Namen gegeben, die versuchen, das Kernemotionsfeld das den jeweiligen Typus bestimmt, in einem Begriff zu beschreiben. Diese sieben Limbic® Types sind:

- Harmonisier(in)
  (Hohe Sozial- und Familienorientierung; geringere Aufstiegs- und Statusorientierung)
- Genießer(in)
  (Offenheit für Neues, Freude am sinnlichen Genuss)
- Hedonist(in)
  (Aktive Suche nach Neuem, hoher Individualismus, hohe Spontaneität)
- Abenteurer(in)
  (Hohe Riskobereitschaft, geringe Impulskontrolle)
- Performer(in)
  (Hohe Leistungsorientierung, Ehrgeiz, hohe Statusorientierung)
- Disziplinierte
  (Hohes Pflichtbewusstsein, geringe Konsumlust)
- Tradionalist(in)
  (Geringe Zukunftsorientierung, Wunsch nach Ordnung und Sicherheit)

Auf Basis des Limbic® Ansatzes hat die Gruppe Nymphenburg mit dem Limbic® Types-Test einen sehr effizienten und aussagefähigen Persönlichkeitstest entwickelt, der die emotionalen Schwerpunkte eines Konsumenten und Rezipienten misst. Der Limbic® Types-Test wurde im Jahr 2005 erstmals in die Typologie der Wünsche (TdW) von Burda integriert. Auf diese Weise wurden über 20.000 Konsumenten in Deutschland repräsentativ gemessen. Dadurch ist es nun möglich, die Erkenntnisse der Hirnforschung einer empirischen Validierung im Markt zu unterziehen. Weit wichtiger ist aber die Verknüpfung neurobiologischer Persönlichkeitsprofile mit konkretem Konsumverhalten, Einstellungen und Markenpräferenzen in allen wichtigen Konsumbereichen und deren Nutzbarmachung für Zwecke der strategischen Mediaplanung. Ausgehend von der Marketingfragestellung des Werbungtreibenden sowie der daraus abzuleitenden Kommunikationszielsetzung können tatsächliche bzw. potenzielle Verwenderschaften einer Marke oder eines Produktes bevölkerungsrepräsentativ in der TdW nach Limbic® Types qualifiziert werden. Man erfährt so, welche Potenziale des einen oder anderen Neuro-Typus in der (potenziellen) Verwenderschaft liegen.

Einige Abschnitte vorher hatten wir die Frage aufgeworfen, ob die beiden Biere Radeberger und Beck's die gleichen Zielgruppen, also die gleichen Limbic® Types ansprächen? Die Antwort lautete: Nein! Der Grund: Der emotionale Persönlichkeitsschwerpunkt des Konsumenten beeinflusst in hohem Maße, welche Marken mit ihren emotionalen Botschaften sein Interesse auslösen. Beispielsweise sind Konsumenten mit einer stärkeren Ausprägung des Balance-Systems besonders empfänglich für Produkte und Marken, die Sicherheit und Geborgenheit versprechen. Eine stärkere Ausprägung des Dominanz-Systems auf Seiten des Konsumenten sorgt dagegen für mehr Aufmerksamkeit und Involvement für Marken, deren emotionales Versprechen „Macht, Status und Leistung" lautet. Diese Aufmerksamkeits- und Involvementprozesse sind für den Konsumenten selbst unbewusst, weil er keinen oder nur geringen Einblick in sein emotionales Betriebssystem im Gehirn hat. In Abbildung 27 haben wir gesehen, wo Radeberger und Beck's-Anzeigen auf der Limbic® Map positioniert sind. Beck's findet sich eher im Bereich Abenteuer, Radeberger liegt mehr im Balance-/Traditionsbereich. Die TdW-Auswertung der Konsumenten von Beck's und Radeberger unterstützt die postulierte Beziehung zwischen der emotionalen Botschaft einer Anzeige und der Rezipientenpersönlichkeit.

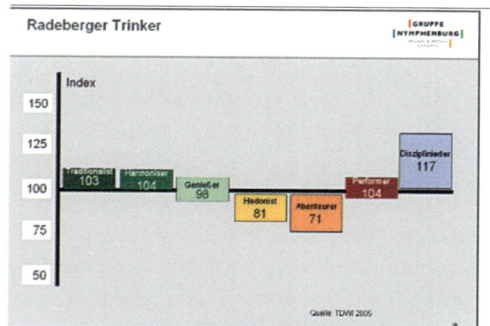
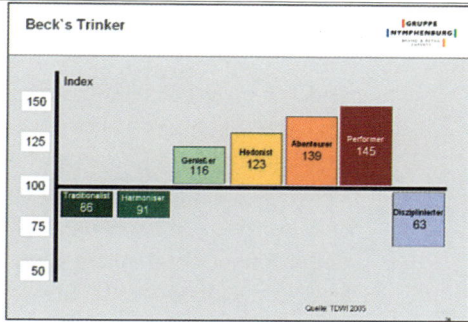

Abbildung 29: Die indizierten Verteilungen der Limbic® Types (m+w) von Radeberger und Beck's sind völlig unterschiedlich

Die indizierten Werte zeigen, dass „Abenteurer" unter den Beck's-Konsumenten weit überdurchschnittlich (Durchschnitt = Index 100) vertreten sind, auch die emotional benachbarten Zielgruppen wie „Hedonisten" und „Performer" haben eine stärkere Affinität zu Beck's. Völlig unterschiedlich zu Beck's ist das Limbic® Types-Profil von Radeberger. Entsprechend der Traditionsausprägung sind es vor allem die Balance-Typen „Traditionalist" und „Disziplinierter", die eine überdurchschnittliche Affinität zu Radeberger haben und deshalb dieses Produkt stärker kaufen.

4.15 Alter und Geschlecht verändern die Emotionssysteme im Konsumentenhirn

Wenn man über ein neurobiologisch basiertes Zielgruppenmarketing spricht, dürfen zwei wichtige Faktoren nicht vernachlässigt werden: Alter und Geschlecht. Vor dem Hintergrund einer alternden Gesellschaft sind die Erkenntnisse der Hirnforschung zu neurobiologischen Altersveränderungen von extremer Bedeutung. Genauso wichtig sind aber auch Geschlechtsunterschiede im Gehirn: Die Ausgaben-Entscheidung über 70% des freiverfügbaren Einkommens eines Haushalts liegt nämlich in den Händen von Frauen.

Age on the Brain

Zunächst zu den Altersveränderungen im Gehirn: Im Laufe des Lebens verändert
sich die Struktur des Gehirns. So ist das jugendliche Gehirn erst mit etwa 18 bis 20
Jahren ausgereift. Leider macht es sich ab 25 bis 30 Jahren langsam auf den Rück-
zug, weil es aufgrund von Nervenzellenverlust zu schrumpfen beginnt. Gleichzeitig findet auch eine Veränderung in der Zusammensetzung der im Gehirn zirkulie-
renden Nervenbotenstoffe statt. Die Folge: Auch die Motiv- und Emotionssysteme
im Gehirn verändern sich. Beispielsweise nehmen das Dominanzhormon Testosteron und der Stimulanz-Neurotransmitter Dopamin mit dem Alter stark ab. Dadurch
lassen Neugier und Risikobereitschaft stark nach, Status wird weniger wichtig. Im
Gegenzug nimmt die Konzentration des Stresshormons Cortisol mit dem Alter im
Gehirn zu (s. Abb. 30). Mit fortschreitendem Alter versucht man deshalb Unsicher-
heiten zu vermeiden.

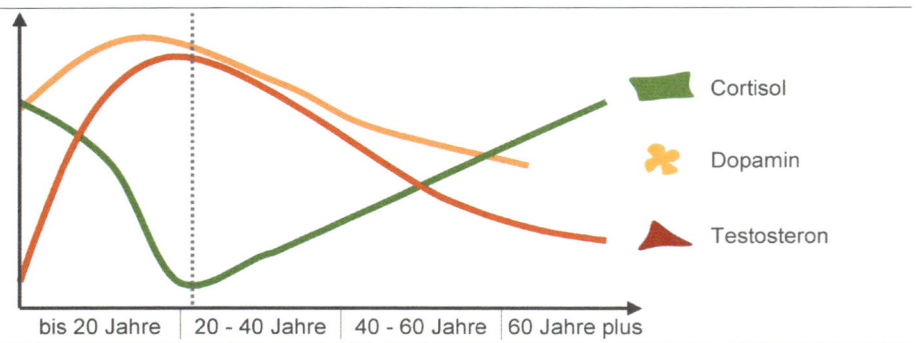

Abbildung 30: Mit dem Alter verändern sich die Konzentrationen der an den Emotionssystemen beteiligten Botenstoffe

Ein Blick in die empirische Konsumforschung bestätigt diese neurobiologischen
Zusammenhänge eindrucksvoll. Beispielsweise nimmt die Offenheit für neue Produkte mit dem Alter genauso ab wie das Interesse an Mode (beide Bereiche sind
Stimulanz, aber auch Dominanz getrieben). Dagegen gewinnen Gesundheit und
Garten enorm an Bedeutung (beide Bereiche sind Balance getrieben). Es gibt aber
auch eine Reihe von Konsumbereichen in denen es zu interessanten Mischformen
kommt. Beispiel: Wellnessprodukte und höherwertige Lebensmittel. Beide haben
ihre Höhepunkte zwischen 50 bis 60 Jahren. Der Grund: Auf der einen Seite sucht
man noch Genuss — gleichzeitig sollte der Genuss aber sanft und sicher sein. Diese
neurobiologischen Veränderungen mit dem Alter zeigen sich auch in der Verteilung
der Limbic® Types eindrucksvoll. Vergleicht man die Verteilung der 18 bis 25-Jährigen
mit der Verteilung der 60 bis 70-Jährigen liegen Welten dazwischen.

Interessant ist in diesem Zusammenhang die Frage nach den „Neuen Alten". Dieser Begriff suggeriert ja, dass die heutigen Alten völlig andere seien als die Alten vor zehn oder 20 Jahren. Zweifellos sind die heutigen Alten gesünder als ihre Vorgänger; gleichzeitig sind sie auch in einem hedonistischeren Lebensstil aufgewachsen als beispielsweise die Kriegsgeneration. Trotzdem: Auch die heutigen Alten können sich den neurobiologischen Veränderungen im Gehirn nicht entziehen! Die 50- bis 70-Jährigen von Heute sind zwar etwas modebewusster als ihre Vorgänger, aber die Grundtendenzen sind für beide Altersgruppen fast identisch.

Sex on the Brain

Nun zum Geschlecht. Es würde den Rahmen dieses Beitrags sprengen, die vielfältigen Verknüpfungen zwischen sozialen, kulturellen und biologischen Geschlechtseinflüssen darzustellen. Beispielsweise müsste man wissenschaftlich korrekt unterscheiden zwischen: Sexuellem Phänotyp (Welche körperlichen Merkmale habe ich?); Sexueller Orientierung (Welche Geschlechtspartner bevorzuge ich?); Geschlechtsidentität (Fühle ich mich als Mann oder Frau?); Geschlechtsrolle (Spiele ich eine maskuline oder feminine Rolle?). Man erkennt die Komplexität, die in diesem Thema steckt. Trotzdem: Was hier wissenschaftlich sauber auf dem Seziertisch der Theorie liegt, hat immer einen gemeinsamen Ursprung: Und der liegt im Gehirn.

Inzwischen wurden von der Hirnforschung mehr als 200 Unterschiede zwischen Mann und Frau im Gehirn nachgewiesen. Neben anatomischen Unterschieden (bestimmte Gehirnbereiche sind z.B. bei Männern und Frauen unterschiedlich groß) und funktionalen Unterschieden (gewisse Hirnbereiche spielen unterschiedlich zusammen), sind es vor allem die neurochemischen Unterschiede, die sich im Fühlen, Denken und Handeln und damit auch im Konsumverhalten bemerkbar machen. Besonders wichtig ist der unterschiedliche Mix der Sexualhormone bei Mann und Frau, denn diese haben einen enormen Einfluss auf die Motiv- und Emotionssysteme im Gehirn. Während im männlichen Hirn eine stärkere Konzentration der Sexualhormone Testosteron und Vasopressin zu finden ist, wird das weibliche Hirn stärker von Östrogen/Östradiol, Prolactin und Oxytocin bestimmt. Testosteron beispielsweise verstärkt im emotionalen Gehirn das Dominanz-System und die benachbarten Felder Abenteuer und Disziplin/Kontrolle. Östrogen & Co. verstärken das Balance-System, insbesondere aber die beiden Sozialmodule „Fürsorge" und „Bindung". Da fast alle Produkte immer ein generisches Emotionsfeld haben, ist es deshalb kein Wunder, dass die Produktpräferenzen von Männern und Frauen aufgrund dieser hormonellen Treiber sehr unterschiedlich sind. Für Frauen sind Produkte rund um Soziales, Familie, Wohnen und Harmonie von großer Bedeutung. Männer dagegen haben eine hohe Affinität zu Produkten die Macht und Kontrolle beinhalten, also beispielsweise Autos und Technik. Abbildung 31 zeigt diese Zusammenhänge auf.

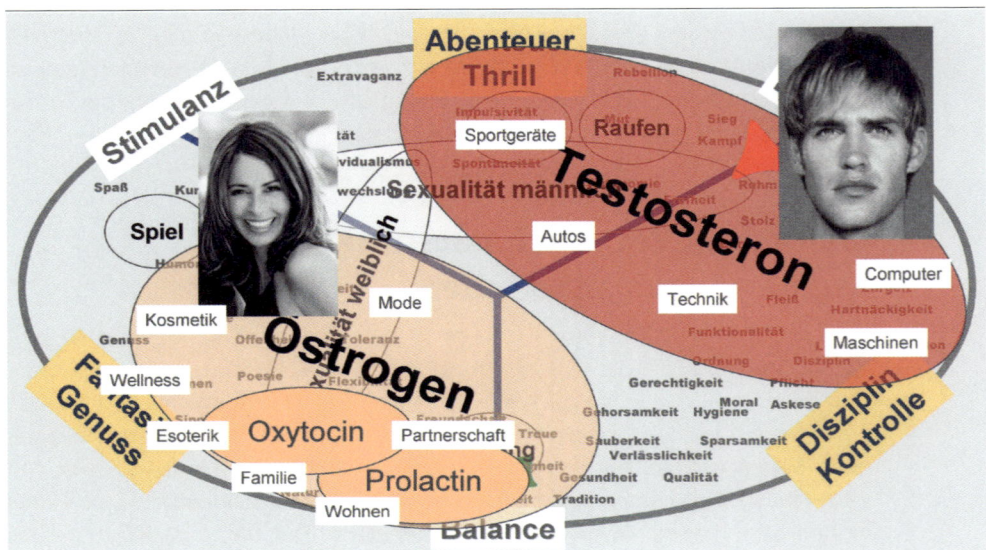

Abbildung 31: Hormone determinieren zwar nicht, sie verstärken aber Emotionsschwerpunkte und verändern damit unbewusst Neigungen und Interesse für Produkte

Diese neurobiologisch postulierten Differenzen werden auch empirisch bestätigt, wie die TdW-Index-Auswertung in der nachfolgenden Abbildung 32 zeigt.

	Index Mann	Index Frau
Interesse Autos	**160**	**44**
Interesse Wohnaccessoirs, Heimtextilien Dekoration	**60**	**137**

Quelle: Limbic in TDWI 2006

Abbildung 32: Unterschiedliche Hormonverteilungen im Gehirn führen zu unterschiedlichen Produktinteressen

Auch bei der Limbic®-Types-Verteilung kommen diese Differenzen sehr deutlich zum Ausdruck. Bei Frauen beispielsweise ist der Harmoniser-Anteil doppelt so groß als bei Männern. Im Gegensatz dazu sind unter Abenteurern, Performern und Disziplinierten doppelt so häufig Männer zu finden. Allerdings muss man sich von einem geschlechtsbezogenem Schwarz-Weiß-Denken hüten. Es gibt sowohl weibliche Performer und Abenteurer, wie es auch männliche Harmoniser gibt. Das bedeutet, dass die neurobiologischen Unterschiede im Gehirn nicht als „Entweder-oder" zu sehen sind, sondern auf unterschiedliche sich überdeckende Verteilungskurven hinweisen. Genauso wie es Frauen gibt, die größer als Männer sind, gibt es auch Frauen deren Testosteron-Komponente stärker als bei Männern ist. Im Durchschnitt sind Männer Macht und Dominanz orientierter, Frauen dagegen harmoniebedürftiger und sozialer.

4.16 Limbic® im Vergleich mit anderen Segmentierungsmodellen

In der Marketingpraxis werden heute Modelle verschiedenster Anbieter benutzt, um die Motive, Emotionen, Werte und Lebensstile von Konsumenten sichtbar und greifbar zu machen. Beispiele dafür sind die Semiometrie® von TNS Emnid, die Sinus® -Milieus von Sinus Sociovision® oder der rb-Profiler® von Roland Berger. Obwohl alle vom gleichen Konsumenten ausgehen, unterscheiden sich die Modelle in ihrer Struktur und ihren Dimensionen erheblich. Der Grund dafür liegt darin, dass diese Modelle alle auf empirisch-sozialwissenschaftlichen Methoden basieren. Während der rb-Profiler® den Emotionsraum in die Dimensionen Solidarity, Stimulation, Price & Solution gliedert, sind die Hauptachsen der Semiometrie® „Individualität versus Sozialität" und „Pflicht versus Lebensfreude". Sinus® dagegen gliedert sein Modell in die zwei Dimensionen „Soziale Lage und Wertorientierung", in denen dann verschiedenste Milieu-Zielgruppen Platz finden.

Zweifellos bilden alle diese Modelle einen Teil der beschriebenen Emotionssysteme und ihrer Dynamik im menschlichen Hirn ab. Insbesondere das Spannungsfeld „Balance versus Stimulanz" kommt mehr oder weniger deutlicher heraus. Trotzdem haben alle Modelle erhebliche Lücken, weil sie nur einen Teil der tatsächlich im Gehirn vorhandenen Emotionssysteme erfassen — auch die gesamte Motiv- und Emotionsdynamik im Gehirn kommt nicht oder nur teilweise zur Geltung. Ein weiteres Problem liegt in der konzeptionellen Unschärfe mancher Modelle. Während beispielsweise im Roland Berger-Modell „Solidarity und Stimulation" als Emotions- und Motivdimensionen eine gewisse Annäherung an die Balance- und Stimulanz-Kraft darstellen und im Gehirn deshalb auch ihre Entsprechung haben, bleibt unverständlich was die Dimensionen „Price und Solution" mit Basis-Emotionen und Motiven zu tun haben sollen. Im Semiometrie®-Modell kann man bei sehr großzügiger Betrachtung neurobiologische und psychologische Motivkorrelate für die Dimensionen finden, die gewählten Begriffe sind aber trotzdem eher irreführend als hilfreich.

Welche Vorteile hat die Limbic® gegenüber allen anderen heute im Markt befind-
lichen Verfahren und Modellen?

1. Limbic® beruht auf einem Multiscience-Ansatz, der die Erkenntnisse der Hirnforschung und Psychologie zu einem praxisorientierten Modell verknüpft. Kein
   anderes Modell hat eine derart breite wissenschaftliche Fundierung.
2. Durch diese umfassende Erklärungsstruktur ist es möglich, die Ergebnisse von
   qualitativen und quantitativen Marktuntersuchungen auf eine einheitliche Er-
   klärungsplattform zu stellen. Auch die Ergebnisse aller anderen Marktmodelle
   lassen sich problemlos auf Limbic® übertragen und damit nutzen. Gleichzeitig
   kann so aber auch aufgezeigt werden, wo Erklärungslücken und Schwächen
   der Modelle vorhanden sind.
3. Während die Konstruktionsprinzipien und der wissenschaftliche Hintergrund
   von Limbic® transparent und überprüfbar sind, ist das bei allen anderen Modellen weniger der Fall.
4. Marketing- und Produktmanager erhalten mit Limbic® eine einheitliche Plattform für Emotionen, Motive und Werte. Auf dieser Plattform können Märkte
   strukturiert, Zielgruppen formuliert und TV-Spots, Packungen und Werbetexte
   verbessert werden. Kein anderes Verfahren bietet so viele Anwendungsmög-
   lichkeiten für die Praxis.
5. Schon nach einer kurzen Schulung können Marketing- und Produktmanager
   das Instrument in ihrer täglichen Praxis selbstständig einsetzen.
6. Die Verknüpfung mit wichtigen Media- und Konsumdaten-Panels erlaubt Ziel-
   gruppen-, Marktpotentials- und Medienoptimierungen. Damit verknüpft Lim-
   bic® quantitative und qualitative Marktforschung.
7. Die Zusammenarbeit mit verschiedenen Marktforschungsinstituten mit speziellen Forschungsinstrumenten und die Verknüpfung dieser Tools mit Limbic®
   ermöglicht eine einzigartige Forschungssynergie und Ergebnisverknüpfung.

Die enormen Vorteile von Limbic® haben inzwischen viele namhafte internationale
Automobilhersteller, Markenartikler, Handelskonzerne, Banken und Telekommuni-
kationsanbieter erkannt. Sie nutzen heute das innovative Instrument in vielfältiger Weise. Besonders wichtig: Für Vorstand, Geschäftsführung, Marketing- und
Produktmanager ist Limbic® heute die gemeinsame Verständigungsbasis, wenn es
darum geht, Produkte, Services und die Kommunikation noch besser auf Kunden
und Konsumenten auszurichten.

4.17 Rechtehinweis

Limbic® ist ein patent- und urheberrechtlich geschütztes Verfahren. Jede Nutzung bedarf der schriftlichen Zustimmung bzw. der Lizensierung durch Dr. Hans-Georg Häusel; Gruppe Nymphenburg; München.

4.18 Ausgewählte Literatur

Gesamtüberblick über Limbic® und die wissenschaftlichen Hintergründe:

Häusel, Hans-Georg (2004), Brain Script — Warum Kunden kaufen, Freiburg 2004, Haufe

Die Bedeutung der Emotionen für menschliche Entscheidungen:

Roth, G. (2003): Fühlen, Denken, Handeln, Frankfurt/M. 2003, Suhrkamp

Damasio, A. (2004): Descartes Irrtum, Berlin 2004, List

LeDoux, Joseph (2001): Im Netz der Gefühle; München 2001, dtv

Struktur und Dynamik der Emotionssysteme im Gehirn:

Panksepp, J. (1998): Affective Neuroscience, Oxford-University Press

Gray, J.A. (2000): The Neuropsychology of Anxiety, Oxford Medical Publications

5 Die Neuro-Logik erfolgreicher Markenkommunikation

von Dr. Christian Scheier & Dipl.-Psych. Dirk Held, decode Marketingberatung GmbH

EINFÜHRUNG DES HERAUSGEBERS

Die Frage, warum Werbung wirkt und vor allem wie Werbung wirkt, beschäftigt Werber und Marktforscher seit jeher. Kein Wunder, dass es in der Werbewirkungsforschung eine Vielzahl von Wirkmodellen und theoretischen Konstrukten gibt, mit denen man versucht „Werbewirkung" zu erklären. Genauso zahlreich wie die Theorien, sind die Instrumente, um die Wirkung zu messen. Die bis dato verwendeten Theorien und Instrumente entstammen weitgehend der klassischen Psychologie. Doch was läuft im Gehirn wirklich ab? Was wird bewusst, was wird unbewusst verarbeitet- und besonders wichtig, wie kann man auch die unbewussten Wirkkomponenten messen? Diese spannenden Fragen beantworten uns Dr. Christian Scheier und Dirk Held. Scheier hat viele Jahre als Hirnforscher am renommierten Caltech-Institut in Kalifornien gearbeitet, Held ist Spezialist für Medien- und Werbewirkungsforschung. Aus dem Zusammenschluss dieser beiden Profis entstand eine neue Form der Marktforschung, weil aktuellste Erkenntnisse der Hirnforschung in konkrete und praxisnahe Forschungstools mit faszinierenden Ergebnissen umgesetzt werden.

DIE AUTOREN

Dr. Christian Scheier

Studium der Psychologie mit Schwerpunkt Neuropsychologie und -physiologie sowie Methodenlehre an der Universität Zürich. Promotion zum Thema „Künstliche Neuronale Netzwerke"; drei Jahre Postdoctoral Fellow am California Institute of Technology (CALTECH), Pasadena, USA. Gründer und fünf Jahre Geschäftsführer der MediaAnalyzer Software & Research GmbH. Seit 2007 Gründer und Geschäftsführer der decode Marketingberatung GmbH, einem Spezialisten für Implizites Marketing und neuropsychologische Markenführung. „Best Speaker" und „Best Presentation"-Award an der ESOMAR Technovate Konferenz. Autor von zahlreichen wissenschaftlichen Publikationen, des Standardwerks der Neuen Künstlichen Intelligenz (MIT Press) sowie eines Financial Times Bestsellers zum Thema Neuromarketing („Wie Werbung wirkt", Haufe Verlag, 2006).

Dirk Held

Diplom-Psychologe mit einem Master of Business Administration an der renommierten Business School der Universität Bradford (England). Dirk Held ist ausgewiesener Experte für psychologische Marketingforschung und berät namhafte Unternehmen der Konsumgüter- und Telekommunikationsbranche. Seit 2007 ist der Mitbegründer und Geschäftsführer der decode Marketingberatung GmbH. Daneben ist er Dozent an der Psychologischen Fakultät der Johannes-Gutenberg-Universität und an der Steinbeis-Hochschule in Berlin.

Kontakt: **www.decode-online.de**

5.1   Werbung wirkt

Werbung wirkt. Allen Unkenrufen und stetig sinkenden Erinnerungswerten zum Trotz. Wie sonst könnte eine Werbekampagne für eine hautstraffende Lotion (Dove) den Marktanteil der Marke um 77% anheben, eine Kampagne für einen Kräuterlikör (Jägermeister) den Absatz im Einzelhandel um über zehn Prozent steigern? Diese Kampagnen bewegen Tausende Konsumenten zu einer Verhaltensänderung — plötzlich wird der Jägermeister auch in Clubs getrunken, die Lotion landet neu im Einkaufswagen, man investiert in einen VW Touareg, statt sich ein anderes oder kein Sports Utility Vehicle (SUV) zuzulegen.

Da stellt sich — zumindest uns Forschern — die Frage, ob wirksame Werbung bestimmten Mustern, Regeln oder gar Gesetzen folgt, sich die Erfolge verstehen und auf andere Produkte und Marken anwenden lassen. Scheinbar ein Widerspruch in sich, denn kreative und effektive Werbung zeichnet sich doch gerade durch Andersartigkeit aus! Kreativität entzieht sich Regeln, ist in erster Linie Bauchgefühl und braucht vor allem Mut zum Neuen, um „Momentum" zu erzeugen. Analyse führt da nur zur Paralyse. Oder?

In diesem Beitrag zeigen wir, welche Erkenntnisse die Hirnforschung und die moderne Psychologie zum Verständnis von Werbewirkung beitragen. Was können wir über das Neuromarketing darüber lernen, wie Werbung wirkt, und vor allem: Wie können wir Werbung wirksamer gestalten, mithin den Return on Invest in Werbemaßnahmen optimieren?

Genau hier liegt der Grund für das große Interesse an der Hirnforschung: die Hoffnung nämlich, die Wirkung von Marken und Markenkommunikation objektiv und unvermittelt zu entschlüsseln. Hirnforschung mit Werbung in Verbindung zu bringen, braucht zugegebener Maßen erst einmal ziemlich viel Mut. Trotzdem: Werbung wirkt im Gehirn von Konsumenten und verändert das Verhalten von Millionen von Konsumenten. Wir wollen deshalb die für die Wirkung von Kommunikation relevanten Erkenntnisse der neuropsychologischen Forschung beleuchten. Dabei steht die Frage im Vordergrund, wie die Erkenntnisse in die konkrete Marketing- und Werbepraxis umgesetzt werden können.

5.2   Die Implementierungslücke

Werbemaßnahmen sollen die Positionierung einer Marke implementieren. Das ist einfacher gesagt als getan. In der Praxis zeigt sich, dass die Umsetzung von Positionierung, Strategie und Konzept in konkrete Markenkontaktpunkte (z.B. Werbung, Verpackung, Broschüren) eine der größten Herausforderungen im modernen Marketing darstellt. Das folgende Zitat von Franz-Rudolf Esch bringt das Thema auf den Punkt:

Die Umsetzung der Markenpositionierung durch Kommunikation ist der zentrale Engpass beim Aufbau starker Marken. Zwischen Konzept und Umsetzung klafft meist eine Implementierungslücke. (F-R. Esch, S. 232)

Kennzeichen der Implementierungslücke sind unter anderem austauschbare Markenauftritte, also die mangelhafte Differenzierung in den Markenauftritten und damit hohe Verwechslungsraten. In einer Meta-Analyse über mehrere Tausend Werbemittel aus den Jahren 2003 bis 2006 haben wir herausgefunden, dass bei etwa der Hälfte (48%) aller Werbemittel falsche oder keine Marken zugeordnet werden, wenn das Markenlogo abgeblendet wird. Das bedeutet enorme Wirkungsverluste im realen Werbemittelkontakt. Im Gehirn werden durch die falschen Signale die Markennetzwerke der Wettbewerber aktiviert und aktualisiert. Zudem erschweren austauschbare Markenauftritte die Identifikation der Mitarbeiter mit dem jeweiligen Leitbild. Weitere Aspekte der Implementierungslücke sind:

- Inkonsistente Kommunikationsmuster (z.B. geringe intermediale Verschränkung). Das Gehirn zahlt aber ein Premium für Muster, welche über alle Sinneskanäle hinweg konsistent denselben Inhalt transportieren, die Neuronen feuern bis zu 10fach stärker als bei inkonsistenten Mustern (neuronaler Multiplier-Effekt).
- (Zu) häufige Wechsel im Auftritt. Da bei jedem Wechsel im Markenauftritt neue neuronale Netzwerke aufgebaut werden müssen, sind häufige und vor allem komplette Veränderungen im Auftritt ein sehr kostspieliger Fehler, zumal das Gehirn einmal gelernte Markensignale nur sehr ungern und deshalb langsam umlernt (Zeitraum von mindestens zwei Jahren). Es gilt deshalb beispielsweise nur sehr selektiv und mit viel Umsicht auf Trends zu reagieren.
- Unklarheit darüber, welche kommunikativen Inhalte konstant gehalten werden sollen, und was im Markenauftritt verändert werden kann und muss. Die Hirnforschung zeigt eindeutig, dass das Gehirn am besten lernt, wenn schon bekannte Inhalte mit Neuem integriert werden. Veränderungen im Auftritt sind also wichtig. Es ist deshalb entscheidend zu wissen, welche Markensignale beibehalten werden müssen, welches die Gore Signals der Marke sind (Brand Codes), und was verändert werden kann. Es geht im Kern also um ein Management der Markensignale bzw. Brand Codes.
- Wenig bedeutsame und relevante Key Visuals. Austauschbare oder wenig bedeutsame Key Visuals führen zu einer diffusen, wenig effizienten neuronalen Aktivierung, verzögern oder behindern das Lernen von Botschaften und führen zu Wirkungsverlusten. Umgekehrt aktivieren relevante Key Visuals die Emotions- und Belohnungszentren im Gehirn, was unter anderem die Speicherung der Botschaften begünstigt.

Dazu kommen die berühmten „Endlos-Diskussionen" um das richtige Kampagnenkonzept, zum Beispiel die Frage, was beibehalten werden soll, welche Strategie die Marke am wirksamsten weiter bringt, welches Storyboard den Markenkern und die intendierte Botschaft am besten transportiert und vieles mehr. Allgemeine Werte wie „Sympathie", „Sicherheit" oder „Lifestyle" sind zu offen, die Anzahl möglicher Umsetzungen ist nahezu unbeschränkt.

Wenn wir also eine Marke mit „Frische", „Stimulanz" oder „Lifestyle" aufladen wollen, bleibt oft völlig offen, wie genau die Frische, die Stimulanz oder der Lifestyle inszeniert und umgesetzt werden soll. Welches Konzept zeigt die „richtige" Frische, die also zur Marke passt, von der Zielgruppe erkannt wird, als relevant erlebt wird, und gleichzeitig vom Wettbewerb differenziert? Wie soll die Frische auf der Verpackung inszeniert werden und wie im TV-Spot? Welche bisherigen Botschaften müssen beibehalten, und wo muss verändert werden? Welches Storyboard und welche Idee implementieren den richtigen Lifestyle, der zum Markenkern passt und differenzierend ist und welche Konzepte gehen zu weit? Das sind in der Praxis die zentralen Fragen. Und sie bestimmen letztlich auch den Erfolg von Positionierungsstrategien — denn die erwünschte Positionierung einer Marke können Kunden nur indirekt über die wahrnehmbaren Signale, die Umsetzung also, lernen.

Der Markenauftritt ist das Gesicht einer Marke, bestimmt ihre vom Kunden wahrgenommene Persönlichkeit und das neuronale Markennetzwerk im Kopf der Kunden. Um eine Markenpositionierung also nachhaltig in den Köpfen der Kunden zu verankern, muss die Implementierung entsprechend konsistent mit der erwünschten Positionierung und stringent umgesetzt sein, sonst verwässert oder erodiert die Marke. Das wahrscheinlich bekannteste Beispiel ist der werbliche Auftritt von Camel, dessen häufige Wechsel und jahrelang wenig bedeutsame Botschaften zu massiven Marktanteilsverlusten geführt haben. Auch die häufig übereilten Wechsel aufgrund von Trends können zu Konsequenz haben, dass eine Marke ihre Identität verliert, weil z.B. die zum Markenkern gehörende mütterlich-fürsorgliche Frau plötzlich zur lifestyligen Karrierefrau wird und damit die Kernzielgruppe nicht mehr anspricht.

Dazu kommt, dass wir Kunden nicht einfach befragen können, ob etwa ein Kampagnenkonzept zur Marke passt oder die richtige Umsetzung von „Frische" darstellt. Denn Marken entfalten ihre Wirkung in Hirnregionen, auf die Menschen meist keinen expliziten Zugriff haben. Hier sind neue, implizite Messverfahren gefragt, welche dieser Tatsache Rechnung tragen. Das Neuromarketing muss sich daran messen lassen, ob es diese zentralen Probleme in der Markenführung lösen kann und neue Ansätze für die Praxis bietet.

5.3 Werbung im 21. Jahrhundert: Sekunden-Kommunikation

Zunächst müssen wir uns der Herausforderung stellen, wie unsere Botschaften beim Kunden trotz der Reizüberflutung ankommen. Tatsächlich gilt ja der „Kampf um die Aufmerksamkeit" der Kunden als das zentrale Problem im Marketing des 21. Jahrhunderts. Was also sagt das Neuromarketing zu diesem Problem?

Abbildung 33: Täglich überrollt unser Gehirn eine Flut von Informationen

Schauen wir uns zunächst einige Zahlen an, um die Situation zu verdeutlichen:

- Alleine in Deutschland werden über 50.000 Marken aktiv beworben.
- Der Supermarkt „um die Ecke" führt im Durchschnitt 10.000 Artikel.
- Jedes Jahr kommen 26.000 neue Produkte auf den Markt.
- Allein auf der Frankfurter Buchmesse werden jährlich 75.000 neue Bücher vorgestellt.
- 500 Millionen Webseiten wollen besurft werden.

Und dann sind da noch die über 3000 Pro-Kopf-Werbebotschaften durch jährlich 350.000 Printanzeigen, zwei Millionen Werbespots, zusätzlich die Mailings, Plakate, Online-Banner und Events, die um die Gunst der Kunden buhlen. Die Konsequenz dieser Reizüberflutung: Die Dauer pro Werbemittelkontakt ist äußerst beschränkt und bewegt sich bei allen Werbemitteln im Sekunden-Bereich:

- Anzeige in Publikumszeitschriften: 1,7 Sekunden,
- Anzeige in Fachzeitschriften (zum Beispiel „Ärzte"): 3,2 Sekunden,
- Plakat: 1,5 Sekunden,
- Mailing (erster Relevanzcheck): 2 Sekunden,
- Banner: 1 Sekunde.

Diese Situation wird häufig als „Information Overload" bezeichnet. Die Schlussfolgerungen sind vielfältig und reichen von „Die Konsumenten sind überfordert" über „Konsumenten interessieren sich nicht für Werbung" bis hin zu „Werbung wirkt nicht". Alle diese Sichtweisen werden unter dem Begriff „geringes Involvement" (Low Involvement) zusammengefasst. Mit Involvement ist die Bereitschaft gemeint, sich mit einem Thema zu befassen. Werbeforscher gehen davon aus, dass 95% aller Werbemittelkontakte Low-Involvement-Kontakte sind. Die zentrale Herausforderung ist es also, die Markenpositionierung so zu implementieren, dass trotz des geringen Involvements auf Seiten der Kunden ein Lernprozess stattfindet und die Werbung trotzdem wirkt. Um das besser zu verstehen, müssen wir eine besonders relevante Erkenntnis der neuropsychologischen Forschung genauer betrachten.

5.4   Die zwei Systeme im Gehirn

Auf den ersten Blick mag es erschreckend sein, dass Werbung heute nur einige Sekunden pro Kontakt zur Verfügung hat. Aber ein Blick ins Gehirn zeigt: Zwei Sekunden können völlig ausreichen — wenn die Botschaften die richtigen Hirnregionen ansprechen. Denn das Gehirn nimmt in einer Sekunde eine gewaltige Menge an Informationen auf. Wenn wir zum Beispiel den Satz „Die Sonne scheint." hören, dauert das etwa eine Sekunde. Was in dieser Sekunde in unserem Gehirn alles passiert, ist aber weit mehr als die Verarbeitung dieser einfachen Botschaft. Genau in dieser Sekunde verarbeitet das Gehirn mit allen seinen Sinnen sage und schreibe elf Millionen Sinneseindrücke (Bits). Aber nur 40 Bits davon — das entspricht in etwa diesem Satz — finden Eingang ins Arbeitsgedächtnis, und werden damit soweit bewusst, dass wir darüber nachdenken können. Der große Rest wird unbewusst verarbeitet. Jede nonverbale Reaktion, die Wärme auf der Haut, blauer Himmel, Ihre fröhliche Stimmung etc. gelangt unbewusst, also implizit in Ihr Gehirn. Genau so verhält es sich mit Markenkommunikation: der Großteil wird implizit verarbeitet.

Wir nehmen den ganzen Tag unzählige Informationen auf und speichern sie bewusst oder unbewusst in unserem Gehirn ab. So entsteht ein unglaubliches Datenmaterial, ein implizites Wissen. Wer nachdenkt, ruft ein anderes, deutlich geringeres Datenmaterial ab, das „nur" aus den Informationen besteht, die bewusst gespeichert wurden. Diese können aber sehr verzerrt sein, weil oft nur Auffälliges gespeichert wird.

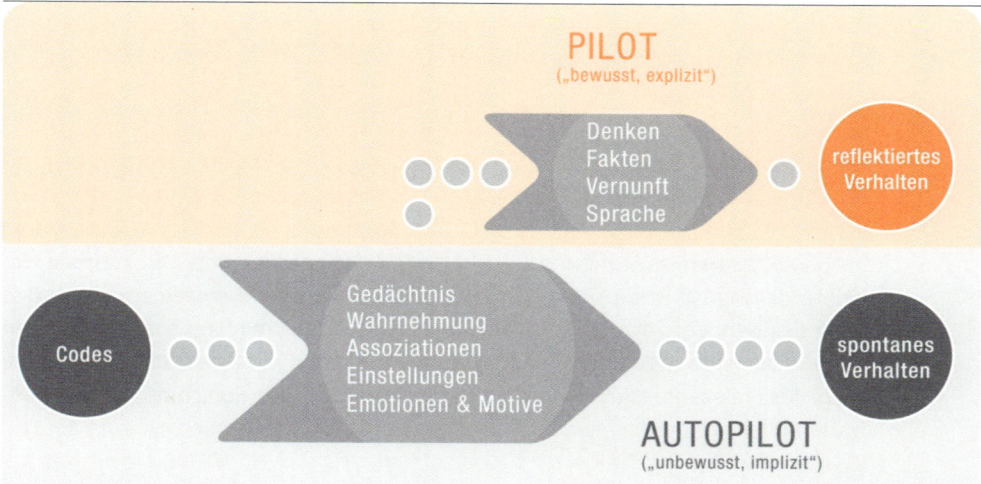

Abbildung 34: Der Autopilot im Kopf steuert spontanes Verhalten, der Pilot sorgt für reflektiertes Verhalten

Kurz gesagt es gibt im Gehirn zwei fundamental verschiedene Systeme. Das eine, evolutionär ältere System, verarbeitet pro Sekunde 11 Millionen Bits und ist in erster Linie für effiziente Entscheidungen und Handlungen gebaut. Der Code dieses Systems ist „Action". Daneben gibt es ein zweites System, das nur 40 Bits verarbeitet und in erster Linie dem Nachdenken („Think") dient. Der Psychologe und Nobelpreisträger Daniel Kahneman nennt diese beiden Systeme „System 1" und „System 2".

1. **Das implizite System** — der Autopilot (System 1): Dieses System arbeitet hoch effizient und weitestgehend unbewusst. Dazu gehören die Sinneswahrnehmung, viele Lernvorgänge (z.B. bei Werbung), Emotionen, Faustregeln, Stereotypen, Automatismen, Marken-Assoziationen, unbewusste Markenimages, spontanes Verhalten und intuitive Entscheidungen. Das implizite System beinhaltet also neben den Emotionen auch eine ganze Reihe kognitiver Prozesse. Es regelt unter anderem die gesamte nonverbale Kommunikation, das Lernen und Speichern von Markenbotschaften und hier entfalten (starke) Marken ihre Wirkung. Um sich von älteren Konzepten des Unbewussten (z.B. von Freud) abzugrenzen, sprechen Forscher heute lieber von „impliziten" Vorgängen. Letzt-

lich bedeutet aber „implizit", dass ein Vorgang vor- bzw. unbewusst, automatisiert und sehr schnell abläuft.

2. **Das explizite System** — der Pilot (System 2): Mit dem expliziten System denken wir nach (Arbeitsgedächtnis), verarbeiten den Satz „Die Sonne scheint.", erstellen Kosten-Nutzen-Analysen und planen in die Zukunft. Dieses System gibt bei Konsumenten-Befragungen die Antwort „Ich habe Preise verglichen und mir das beste Angebot rausgesucht" oder „Ich verstehe diese Werbung nicht".

Die Bedeutung des impliziten Systems — des unbewussten Autopiloten im Kopf — wurde lange unterschätzt, heute jedoch ist klar: dieses System ist entscheidend für Verhalten, seine Bedeutung für das Marketing und die Wirkung von Werbung ist enorm. Denn das implizite System übernimmt das Steuerrad im Kopf, wenn Konsumenten a) unter Zeitdruck, b) mit Informationen überlastet (Overload), c) wenig interessiert und d) unsicher hinsichtlich einer Entscheidung sind, zum Beispiel weil sich zwei Marken stark ähneln oder die Entscheidung sehr komplex ist und damit die begrenzten Kapazitäten des expliziten Systems nicht ausreichen. Kurz: der Autopilot ist beim Kontakt mit Marken (z.B. Werbung), bei der Markenwahl und bei Kaufentscheidungen insgesamt entscheidend. Dies gilt zum Beispiel auch für den Buchmarkt, bei dem aufgrund der Angebotsfülle inzwischen 70% der Kaufentscheidungen am POS, also spontan und intuitiv, erfolgen. Der renommierte Harvard-Professor Gerald Zaltman geht davon aus, dass das implizite System bis zu 95% des (Kauf-)Verhaltens steuert.

Das explizite und das implizite System im Gehirn greifen auf unterschiedliche neuronale Strukturen und Netzwerke zurück. Beide Systeme können deshalb jeweils andere Dinge über eine Marke lernen. Die Konsequenz: Explizite und implizite Einstellungen und Assoziationen zu einer Marke klaffen oft auseinander. Eine Meta-Analyse über 126 Studien zeigt, dass explizite und implizite Einstellungen nur sehr gering korrelieren ($r = .24$). Abweichungen zwischen impliziten und expliziten Marken-Präferenzen und -Assoziationen entstehen, weil Probanden ihre „wahren" Einstellungen nicht preisgeben wollen, weil sie ihnen peinlich sind, weil sie keinen bewussten Zugriff auf sie haben oder weil der Autopilot im Kopf beispielsweise über die Werbung andere Dinge über eine Marke gelernt hat als der Pilot. So finden wir häufig, dass explizite Markenimages wenig differenzieren, implizite Markenimages aber deutliche und signifikante Unterschiede herausstellen.

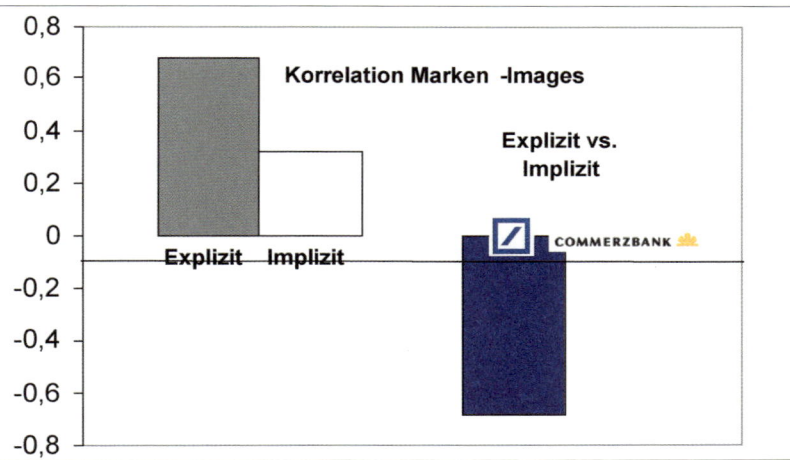

Abbildung 35: Explizite und implizite Korrelation der Marken Deutsche Bank und Commerzbank

In einer Studie haben wir etwa das explizite und implizite Image der Deutschen Bank sowie der Commerzbank erhoben (s. Abb. 35). Dabei zeigt sich, dass die expliziten Image-Profile der beiden Marken doppelt so hoch korrelierten (r = .64, grauer Balken) wie die impliziten Profile (r = .30, weißer Balken), die implizite Messung also eine deutlich stärkere Differenzierung zwischen den Marken aufzeigt. Vergleicht man das explizite und implizite Image-Profil pro Marke zeigt sich: Während bei der Commerzbank beide Profile massiv voneinander abweichen (r = —0.05, gelber Balken), korrelieren sie bei der Deutschen Bank signifikant, aber mit negativem Vorzeichen (r = —0.78, blauer Balken). Das negative Vorzeichen macht deutlich, dass die Deutsche Bank implizit genau umgekehrt beurteilt wird als explizit. Während die Marke explizit vergleichsweise negativ beurteilt wird, wohl auch aufgrund der vielen Presseberichte im Mannesmannprozess um Josef Ackermann, hat die Marke Deutsche Bank implizit keinen Schaden genommen und gilt als deutlich erfolgreicher, angesehener, seriöser und sogar vertrauensvoller als die Commerzbank.

Werbung, die am impliziten System vorbeizielt, hat keine Chance nachhaltig zu wirken. Der Versuch der Fastfood-Branche etwa, ein „gesundes Image" aufzubauen und zu vermitteln, muss als gescheitert angesehen werden. Trotz aller werblichen Botschaften hin zum gesunden Image waren laut Russ Klein, Marketingleiter von Burger King, weiterhin diejenigen Produkte besonders erfolgreich, die mit nichts zurückhielten, z.B. der Angus Steak Burger. „Verbeißen Sie sich in Schichten über Schichten aus Fleisch, Käse und Speck", lockt Burger King in seinen aktuellen TV-Spots. Das Burger-Haus Hardee's hatte schon Ende 2004 seinen Monster Thickburger präsentiert: 700 Gramm Angus-Beef, drei Scheiben Käse, vier Bacon-Streifen auf einem gebutterten Brötchen (1420 Kalorien, 107 Gramm Fett). Die Aktie des Hardee's-Mutterkonzerns CKE ist seither um fast 50% angestiegen.

Fastfood kommt in expliziten Befragungen und Images schlecht weg. Implizit sieht es aber anders aus, wie eine von uns mit Hilfe impliziter Messverfahren durchgeführte Analyse zeigt. Dabei müssen wir insbesondere bei dieser Art von Produkt fragen, was die ersten Erlebnisse mit dem Produkt waren, denn frühe Lernerfahrungen sind besonders nachhaltig im impliziten System eingespeichert.

Was sind die prägenden Ereignisse, wenn Menschen an Hamburger und Pommes Frites denken? Das Ergebnis: es war etwas Besonderes, gegen die Routine, auf das sich auch die Erwachsenen immer gefreut haben. Und auch damals schon glaubte keine Mutter, dass Hamburger, Pommes und Ketchup gesund seien. Aber das war egal, denn es war ja etwas Besonderes, eine Ausnahme. Ein anderes Erlebnis ist, dass Hamburger und Pommes auch als Belohnung eingesetzt wurden: „Wenn du aufräumst, dann gibt es später Pommes Frites". Speziell McDonald's hat sich bei Vielen tief ins implizite System eingebrannt. Dazu eine Werbung, die den familiären Charakter der Marke etablierte. Implizit sind Burger, und vor allem die Marke McDonald's, also (nach wie vor) eine Belohnung. Niemand erwartet, dass Fastfood gesund ist. Salat bei McDonald's erfordert Selbstkontrolle und -disziplin (Aufgaben des Piloten im Kopf), fördert aber die kindliche Regression und den Wunsch nach einer besonderen Belohnung, also die im Autopiloten relevanten Dinge, in keiner Weise. Das Thema Gesundheit ist bei Fastfood „off Code". Es passt nicht zu unserer kulturell gelernten Prägung, die in den ersten sieben Lebensjahren erfolgt ist und tief im impliziten System gespeichert ist. Gegen diese Prägung anzukämpfen ist ein aussichtloser Kampf.

Vor diesem Hintergrund möchten wir einen Spot aus einer neueren Mc-Donald's-Kampagne näher betrachten. In diesem Spot — so die Idee — soll gezeigt werden, wie qualitativ hochwertig die Nahrung bei McDonald's ist.

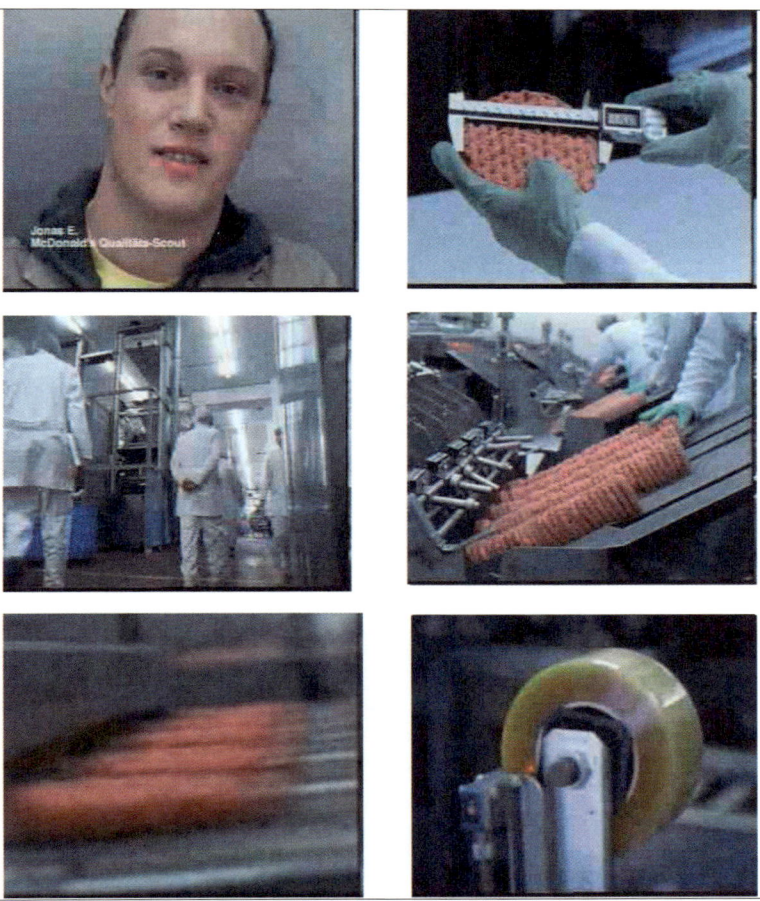

Abbildung 36: Ausschnitte aus einem McDonald's-Spot, der eine hohe Qualität der Nahrung zeigen soll

Fragt man nun Konsumenten nach der Kernbotschaft des Spots, können sie diese problemlos beschreiben „Hier wird alles genau kontrolliert". Aber was lernt das implizite System? Entsprechende Analysen zeigen, dass das implizite System in erster Linie die Konzepte „Massenfertigung" und „Sterilität" lernt und diese wenig zielführenden Aspekte des Markennetzwerks durch den Spot gestärkt werden. Die Bilder sind weit vom zentralen Belohnungsaspekt entfernt. Dasselbe gilt auch für das Testimonial Heidi Klum, die als Model für Askese, nicht aber für Belohnung steht. Implizite Vorurteile über ein Produkt und eine Marke zu kennen, hilft, teure Fehlinvestitionen zu vermeiden, denn gegen implizite Vorurteile anzukämpfen ist ein sehr teures Unterfangen und funktioniert nicht über explizite Argumente, wie im McDonald's-Spot.

Aufgrund der teilweise massiven Abweichungen zwischen explizitem und implizitem „Wissen" und aufgrund der großen Bedeutung des impliziten Systems im Marketing müssen wir also in der Markenführung und in der Werbung die implizite Wirkung messen und steuern.

5.5 Werbung wirkt auch ohne bewusste Aufmerksamkeit

Die neuropsychologischen Erkenntnisse, insbesondere über die Macht des impliziten Systems, stellen einige der Grundannahmen über die Wirkung von Werbung in Frage. So gilt die bewusste, explizite Aufmerksamkeit der Kunden als das zentrale Nadelöhr der Werbung, der Kampf um das knappe Gut Aufmerksamkeit als ein zentrales Problem im Marketing des 21. Jahrhunderts.

Die „Impact-Maxime", also der Kampf um das knappe Gut der bewussten Aufmerksamkeit, geht letztlich auf das alte AIDA-Modell zurück und führt bei der Umsetzung zum Einsatz von Aufmerksamkeitswaffen (z.B. Tabubrüche, Sex, Prominente), die wenig oder nichts mit der Marke zu tun haben und die Wirkung von Markenkommunikation massiv behindern (z.B. Vampir-Effekt). Die Hirnforschung zeigt aber, dass das Gehirn Botschaften auch dann verarbeitet, wenn wir diese nicht explizit und bewusst verarbeiten, weil wir sie etwa nur peripher oder nebenbei (Low Involvement) wahrnehmen. Dann sind Werbebotschaften sogar besonders wirksam, weil der Pilot, das Nachdenken, abgeschaltet ist (z.B. wegen Überlastung, Desinteresse oder Ablenkung).

Das Gehirn verarbeitet beispielsweise Werbung am Bildschirmrand etwa auch dann, wenn Probanden die Mitte des Bildschirms fixieren. Das hat der Psychologe Stewart Shapiro in einem beeindruckenden Experiment gezeigt. Probanden sollten einen Text lesen, der über einen Computerbildschirm lief. Gleichzeitig mussten sie dem Text mit der Computermaus folgen. Man kann sich vorstellen wie viel Konzentration das erforderte. Die 40 Bits ihres Piloten, die bewusste Aufmerksamkeit, waren damit vollständig aufgebraucht, der Pilot mit dem Lesen des Textes beschäftigt. Während der Text in der Mitte des Bildschirms durchlief, wurden am linken Bildschirmrand kurz Werbeanzeigen eingeblendet. Die Probanden konnten sich auf Nachfrage nicht mehr an die eingeblendeten Anzeigen erinnern, hatten keine explizite Werbeerinnerung.

Sie wurden dann gebeten, in einer simulierten Kaufsituation Produkte auszuwählen. Die Probanden wählten dabei signifikant häufiger diejenigen Produkte, die in den Anzeigen beworben worden waren, obwohl sie die Anzeigen nicht bewusst beachtet hatten und auch keine explizite Erinnerung an die Anzeigen und ihre Botschaften hatten. Trotzdem haben die Probanden — implizit — gelernt, und das implizite Wissen hat ihre Produktwahl signifikant beeinflusst. Wie kann das sein? Lange glaubte man, dass Aufmerksamkeit ein früher Filter ist — also nur diejenigen Marketingbotschaften ins Gehirn gelangen, die auch die bewusste Aufmerksamkeit der Kunden erregen. Die bewusste Aufmerksamkeit ist aber, wie wir heute wissen, ein später Filter; das Gehirn nimmt also sehr viel mehr Informationen auf, als nach dem Aufmerksamkeitsfilter ins Bewusstsein gelangen.

Nehmen wir den bekannten „Cocktail-Party-Effekt". Wenn wir uns mitten in einer lauten Party mit einem Freund unterhalten, ist unsere bewusste Aufmerksamkeit vollständig auf das Gespräch fokussiert, alles andere blendet unser Gehirn (vermeintlich) aus. Plötzlich ruft nun jemand unseren Namen. Die Konsequenz: Wir wenden sofort und ohne Nachdenken unseren Kopf in Richtung des Rufers. Offensichtlich hat unser Gehirn also mehr als nur unser Gespräch verarbeitet, denn sonst wären wir nicht in der Lage, in der Party-Situation und mitten im Gespräch auf unseren Namen zu reagieren! Die peripheren Wahrnehmungsprozesse sorgen dafür, dass unser Gehirn die Umgebung permanent abtastet und ohne Unterbrechung lernt.

Insgesamt kann das Gehirn nur dank dieser peripheren Wahrnehmung bestimmen, wohin sich die bewusste Aufmerksamkeit (und damit z.B. die Augen) als nächstes bewegen soll. Unsere Augen bewegen sich zwei Mal pro Sekunde, ohne dass wir bewusst entscheiden, wohin, ja ohne dass wir die Blickbewegungen überhaupt registrieren. An diesen Beispielen wird deutlich, wie fundamental wichtig im Alltag die periphere Wahrnehmung ist. Diese Erkenntnisse haben eine unmittelbare Bedeutung für die Frage, wie Werbung wirkt. So geht die Medienforschung heute noch davon aus, dass Plakate explizit und bewusst fixiert werden müssen, um zu wirken. Plakate wirken aber, wie jedes andere Werbemittel, auch und gerade über die periphere Wahrnehmung. Hier gilt es also, die Definition eines Plakatkontaktes zu überdenken. Ein Blickkontakt und seine Dauer bestimmen allenfalls die Intensität des Werbemittel-Kontaktes, nicht aber den Kontakt selbst.

Die Evolution hat unser Gehirn also nicht mit einer so mächtigen Sensorik ausgestattet, nur um den Großteil der Informationen auf die „mentale Müllhalde" zu kippen. Das Gehirn nutzt diese Informationen vielmehr, um uns durch den Alltag zu bringen und ohne Unterbrechung implizit zu lernen. Der bekannte Hirnforscher Manfred Spitzer formuliert das so:

Wir nehmen zwar nicht immer alles wahr, aber wir sind nicht in der Lage, unser Wahr-nehmungssystem daran zu hindern, immer so viel wie möglich wahrzunehmen. (Spit-zer, M., 2002, S. 146)

Das Cocktail-Beispiel zeigt zudem, dass unser Gehirn auch die Bedeutung von Sprache implizit verarbeiten kann. Forschungen des französischen Neurowissen-schaftlers Dehaene zeigen, dass unser Gehirn sogar „unbewusst rechnen" kann. Ferner zeigt das Beispiel, dass relevante Reize (z.B. unser eigener Name), auch in der größten Reizüberflutung wirken. Womit sich die Frage stellt, wie das Gehirn die Relevanz in Mustern bestimmt. Dazu gleich mehr.

5.6 Werbung wirkt auch ohne explizite Erinnerung

Genau wie der explizite Blickkontakt bzw. die explizite Aufmerksamkeit keine Vo-raussetzung für die Wirkung von Werbung ist, kann Werbung auch ohne explizite Erinnerung wirken. Nach wie vor ist jedoch die explizite und bewusste Werbe- und Markenerinnerung ein zentrales Maß für die Werbeerfolgskontrolle und die Mar-kenführung. Dabei werden heute allerdings weniger als zehn Prozent aller Wer-bespots überhaupt erinnert, Werbung dürfte heute also kaum noch wirken. Die bewusste, explizite Erinnerung ist nach neurowissenschaftlichen Erkenntnissen aber nur ein geringer Teil der Marken- und Werbeerinnerung. Denn neben dem ex-pliziten Gedächtnis gibt es ein implizites Speichersystem im Gehirn, das zudem viel relevanter für (Kauf-)Verhalten ist als das explizite Gedächtnis. Werbung wirkt also auch dann, wenn sich Verbraucher nicht explizit an sie erinnern können.

Das folgende Fallbeispiel, eine TV Kampagne der Food-Marke Amory, zeigt eine sol-che „unsichtbare" Werbewirkung. Der Spot „Straight to Wok" (STW) bewirbt Amory Nudeln und zeigt in einem Close-up, wie ein Nudelgericht in einem Wok zubereitet wird. Die Zugabe der STW-Nudeln wird in Slow Motion gezeigt. Die Kernbotschaft ist: Mit den STW-Nudeln kann man ein leckeres Gericht so schnell zubereiten, dass man den Vorgang in Slow Motion zeigen muss. Die Erinnerungswerte an den Spot waren katastrophal. Die Werbeerinnerung betrug 15% und lag deutlich unter der Amory-Benchmark. Auch nach Vorlage von Key Visuals aus dem Spot stieg die Erin-nerung nicht erheblich an (20%). Anders sah es bei den Verkaufszahlen aus: Wäh-rend der Spot geschaltet war, stiegen die Verkäufe signifikant um 17% an. Und zwar nach jeder Ausstrahlung. Auch der zentrale Markenwert „authentisch" stieg signifikant an, genauso wie die Markenbekanntheit.

Diese Zahlen zeigen, dass die Zielgruppe etwas über die Marke bzw. das Produkt gelernt hat, nur der Zugriff auf die Quelle (den Spot) ging verloren. Der Grund: Das Gehirn speichert gelernte Inhalte und Bedeutungen an anderer Stelle als die Quelle, von der die Inhalte stammen. Inhalte werden im semantischen Gedächtnis, die Quellen im episodischen Gedächtnis gespeichert. So kann es leicht zu einer Quellen-Amnesie kommen, also dass wir uns an etwas erinnern, aber vergessen, woher wir dieses Wissen haben. Obwohl wir alle wissen, dass 1 plus 1 die Summe 2 ergibt, erinnern sich die wenigsten, von wem und wann sie diese Regel gelernt haben. Werbung ist also um ein Vielfaches wirksamer als die üblichen Umfragen und Studien nahe legen.

Abbildung 37: In der Plessner-Studie galt es nur vordergründig Werbespots zu bewerten. In Wirklichkeit interessierte die Forscher aber die Erinnerung an die Börsenkurse

Das belegt auch das folgende Experiment des Heidelberger Psychologen Henning Plessner. Er setzte Testpersonen vor einen Bildschirm auf dem Werbespots zu sehen waren. Während die Testpersonen diese Spots bewerwie bei n-tv oder Bloomberg — Gewinne und Verluste von Aktienwerten entlang. Die Bitte, die Spots zu beurteilen, war nur eine Ablenkungsaufgabe. Tatsächlich interessierte den Forscher, ob die Teilnehmer trotz der Ablenkung die Aktienwerte verarbeiteten. Die Teilnehmer sollten deshalb anschließend angeben, von welchen der im Info-Band genannten Firmen sie Aktien kaufen würden. Tatsächlich waren die meisten der Teilnehmer, allesamt börsenunkundige Studenten, spontan in der Lage, diejenigen Unternehmen mit den höchsten Gewinnen auszuwählen. Diese Auswahl war jedoch intuitiv, denn keiner der Teilnehmer konnte sich explizit an die Börsenkurse erinnern. Werbung wirkt also auch ohne explizite Erinnerung — wir brauchen demnach Messverfahren, mit denen diese implizite Wirkung abgebildet und damit gesteuert werden kann.

Auch die Forscher haben inzwischen die potenzielle Macht der impliziten Lernprozesse im Gehirn erkannt. Der anerkannte deutsche Werbeforscher Ulrich Lachmann beschreibt die „subtile Nebenbeiwirkung" von Werbung als besonders wichtigen Wirkmechanismus. Auch Daniel Schacter, Gedächtnis-Experte, Professor und Vorsitzender des psychologischen Instituts der Harvard Universität schreibt:

Implizite Einflüsse auf unsere Urteile und unser Verhalten können besonders schädlich sein, weil sie auftreten, ohne dass uns das bewusst wird. Sie könnten denken, dass weil Sie der Werbung im Fernsehen oder der Zeitung wenig Aufmerksamkeit schenken, Ihre Urteile über Produkte nicht beeinflusst werden. Niemand von uns möchte glauben, dass unsere Kaufentscheidungen von Werbung beeinflusst werden, die wir kaum wahrnehmen. Aber gerade die Tatsache, dass wir uns der Quelle der Beeinflussungen nicht bewusst sind, macht uns so anfällig für mentale Verunreinigungen. (Schacter, D., In Search For Memory, 1997, S. 124)

Der Werber würde statt „Verunreinigung" Werbewirkung sagen. Schacter spricht hier auch das in der Marketingpraxis besonders relevante Problem an, dass wir häufig wenig bis nichts darüber wissen, was Werbung eigentlich in uns bewirkt.

5.7 Kunden können über Werbewirkung wenig sagen

In einer Umfrage der Beratungsfirma Cap Gemini Ernst & Young unter amerikanischen Verbrauchern im Jahr 2003 sagten 82 Prozent, dass Werbung sie beim Autokauf nicht beeinflusse. Daraus schlossen die Berater, dass Autowerbung Geldverschwendung sei. Das ist aber aus zwei Gründen die völlig falsche Schlussfolgerung. Erstens merken Kunden meistens nicht, ob und wann Werbung sie beeinflusst. Denn sie lernen Werbung und Marken — genau wie die meisten anderen Dinge des Alltags auch — implizit. Zweitens wirkt auch Werbung für kostenintensive Produkte wie ein Auto viel subtiler, als wir das in einer Befragung vielleicht vermuten würden. Die Befragung spricht nämlich immer mit dem expliziten System, dem Piloten, dabei ist jedoch gerade bei Werbung der Autopilot am Werk.

Obwohl viele Marketer sich der Beschränkungen herkömmlicher Befragungen bewusst sind, und diese Unzufriedenheit mit ein Grund für das große Interesse am Neuromarketing ist, basiert die Mehrheit der Marktforschungsinstrumente in der Markenführung auf expliziten Konsumentenbefragungen (z.B. Fokusgruppen, Pretests, Marken- und Kommunikationstrackings). Gleichzeitig hat die Forschung jedoch nachhaltig gezeigt, dass Menschen nur wenig Relevantes über die Gründe ihrer Kaufentscheidungen und Markenpräferenzen berichten können. Einen guten Überblick über die Tatsache, dass Menschen insgesamt wenig über die Gründe ihres Handelns berichten können, bietet das Buch „Strangers to Ourselves" von Timothy D. Wilson, einem der führenden Sozialpsychologen. Auf die Frage etwa „Warum haben Sie sich in Ihren Lebenspartner verliebt" können Menschen in der Regel nur Austauschbares berichten und Dritte wissen in der Regel besser und schneller, ob ein Paar zusammenpasst, als die Betroffenen selbst. Wenn Menschen aber schon wenig über die wohl wichtigste Entscheidung ihres Lebens sagen können, wie sollen sie Auskunft über ihre Kaufgründe und Markenpräferenzen geben können?

Konsumenten können auch im Werbetest nur beurteilen, ob sie ein Werbemittel etwa mögen oder nicht; wie das Werbemittel aber wirkt, darüber können sie nur wenig Aussagekräftiges sagen. Werbung wirkt wie Marken insgesamt in erster Linie implizit, ihre Wirkung kann der Konsument deshalb nicht in herkömmlichen, expliziten Fragebögen wiedergeben. Jugendliche finden einen Werbespot vielleicht „cool" ohne jedoch angeben zu können, was der Spot bei ihnen tatsächlich bewirkt. Vielleicht finden sie den Jägermeister-Spot lustig oder gar albern, das ist aber nicht (Verhaltens-) relevant, weil das nur die expliziten Reaktionen sind. Viel relevanter sind die impliziten Lernvorgänge, die letztlich auch dazu führen, dass Jägermeister mit einer neuen Bedeutung aufgeladen und plötzlich auch auf Partys getrunken wird. Auch bei Innovationen wird (zu) häufig auf das explizite Verbraucherurteil gesetzt. Trotz zahlreicher einschlägiger Forschungstools wurden die monetären Folgen der weiterhin hohen Produktflopraten allein für 2006 auf zehn Milliarden Euro beziffert (GfK-Studie).

Zusammenfassend zeigt sich, dass uns die Hirnforschung und die Psychologie aufgrund neuer Erkenntnisse in relevanten Bereichen der Markenführung, zum Beispiel der Werbung, einen wichtigen Schritt weiterbringen können. Dabei gilt es nun, die Erkenntnisse in die Marketingpraxis umzusetzen und nutzbar zu machen. Das ist der Fokus der folgenden Abschnitte, wobei wir zunächst einige der wichtigsten Erkenntnisse für die Werbung erläutern, um dann den Brand-Code-Management-Ansatz anhand konkreter Praxisbeispiele darzustellen.

5.8 Wie das implizite System funktioniert

Schauen wir uns nun die Hirnstrukturen im Autopiloten näher an. Dabei ergeben sich relevante Einblicke in die Art und Weise, wie die Implementierungslücke mit Hilfe neuropsychologischer Erkenntnisse geschlossen werden und Werbung hirngerecht gestaltet werden kann. Wichtig ist festzuhalten, dass die genannten Hirnregionen nie isoliert arbeiten, sondern in Form neuronaler Netzwerke organisiert sind, also in permanentem und dynamischem Austausch stehen. Es geht uns im Folgenden deshalb nicht darum, einzelne „Werbewirkungs-Areale" zu postulieren, sondern ein Gefühl für die Funktionsweise derjenigen Hirnareale zu geben, die für das implizite System und damit für Marken und Werbung von entscheidender Bedeutung sind.

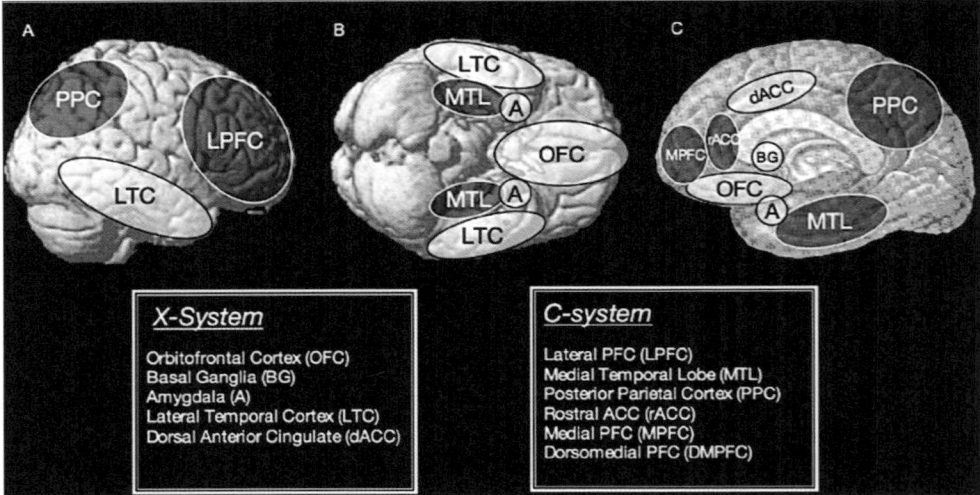

Abbildung 38: Hirnregionen sind in Form von neuronalen Netzwerken organisiert und stehen in permanentem Austausch

Basalganglien (BG): Die Basalganglien sind Muster-Experten und für das implizite Lernen von großer Bedeutung. Diese Hirnstruktur ist, zusammen mit dem unteren Stirnhirn, auch die Basis für das, was wir gemeinhin als „Intuition" oder „Bauchgefühl" bezeichnen. Der Kern von Intuition ist das (implizite) Erkennen von Mustern. Experten etwa sind letztlich Muster-Experten, sie zeichnen sich dadurch aus, dass sie besonders viele Muster kennen bzw. erkennen, und so schnell und intuitiv die Bedeutung von Mustern dekodieren können. Das gilt für Ärzte genauso wie für Schachexperten, die bis zu 10.000 Muster (Konfigurationen) speichern. Aber auch Konsumenten sind Experten — sie sind Konsumexperten, die täglich mit mehreren Tausend Werbekontakten und Dutzenden von Produkt- und Markenangeboten umgehen müssen. In Folge davon erkennen sie intuitiv und in Sekundenbruchteilen, ob ein Produkt oder eine Marke nun die richtige Wahl ist oder was ein Werbemittel kommuniziert. Diese Vorgänge bleiben jedoch implizit und können in der Regel nicht verbalisiert bzw. expliziert werden.

Lateraler Temporal-Kortex (LTC): Der laterale Temporal-Kortex verarbeitet die Bedeutung (engl. Meaning) von Sinneseindrücken. Er weist der Farbe Blau in einer Anzeige die Bedeutung „Kühle", und „Sachlichkeit" zu, oder der Farbe Magenta die Marke Telekom. Diese Zuordnung erfolgt implizit, wir müssen nicht erst nachdenken, die Farbe entfaltet ihre Bedeutung unmittelbar. Eine der wichtigsten Funktionen klassischer Werbung ist es, auf diese Weise Marken mit relevanter Bedeutung aufzuladen. Es geht im Gehirn also um die Bedeutung von Signalen (Codes) und nicht darum, ob die Botschaft über Text bzw. Bild übermittelt oder explizit verstanden wird. Gelernt werden die Bedeutungen von Sinneseindrücken über implizites Kulturlernen. So steht der Hirsch in der Jägermeister-Werbung für Erhabenheit, aber auch für Tradition und Heimatverbundenheit. Diese Bedeutung haben wir nicht explizit in der Schule gelernt, sondern implizit durch unsere Einbettung in eine Kultur. Der große Fehler vieler Forschungsinstrumente ist es, die Bedeutung von Markensignalen nicht abzubilden. Ob Konsumenten die blaue Farbe erinnern ist aber wenig relevant, nur wenn die durch die Farbe kommunizierte Bedeutung, etwa „Kühle" oder „Frische", relevant ist, wirkt sie.

Amygdala (A): Der so genannte Mandelkern ist Teil der Emotionszentren im Gehirn. Emotionen sind ein wichtiger Teil des impliziten Systems. Die Amygdala reagiert auf die emotionale Bedeutung von Mustern, erkennt ihren emotionalen Gehalt. Sie verändert zudem direkt die Wahrnehmung von Signalen, färbt unsere Wahrnehmung also je nach Motivlage und Stimmung anders ein. Emotionen und Wahrnehmungen beeinflussen sich gegenseitig. Sie reden sozusagen miteinander. Wissenschaftler gehen davon aus, dass Informationen, bevor sie unser Langzeitgedächtnis erreichen, mit einem Gefühls-Marker ausgestattet werden. Wenn diese Informationen abgerufen werden, dann reproduziert der Marker die Gefühle, die wir bei der Speicherung erlebt haben. So kann eine Verpackung am POS (bzw. jedes andere Markensignal) die in der Werbung vermittelten Emotionen und Bedeutungen aktivieren und so eine intuitive Entscheidung auslösen. Die Amygdala ist Teil des limbischen Systems, in dem die zentralen Motive des Menschen reguliert werden (s. dazu im Detail den Beitrag von Hans-Georg Häusel, S. 69). Das limbische System und damit die Motive des Menschen sind die wahren Treiber des (Kauf-) Verhaltens. Sie versorgen Markennetzwerke mit der nötigen Energie und damit Marken mit Relevanz. Die Dekodierung der Bedeutung in Mustern reicht nicht aus. Auch ein Rocker kann die Bedeutung der Kochschürze bei Maggi — ein symbolischer Code für „Tradition" — implizit dekodieren, aber das führt noch lange nicht zum Kauf. Solche Signale sind nur dann verhaltensrelevant, wenn sie eines oder mehrere der impliziten Motivsysteme im limbischen System ansprechen.

dACC: Das dorsale anteriore Cingulum überprüft die Passung von Mustern zum bisher Gelernten und zu den Erwartungen. Diese Hirnstruktur ist für unser Bauchgefühl verantwortlich, dass etwas irgendwie nicht stimmt und gibt bei Turbulenzen Alarm, so dass sich das explizite System — das Nachdenken — zuschaltet („conflict monitoring"). Störungen dieser Art aktivieren in der Regel eine kritische Verfassung, ein Störgefühl, das in der Marktforschung häufig zur Ablehnung kreativer Werbekonzepte führt. Die Ablehnungen im Werbetest steigen und werden zum „Kreativitäts-Killer". Aber nicht nur bei besonders kreativen Ansätzen, die mit Erwartungen brechen, reagiert das dACC. Jede Abweichung vom Status quo, jede wahrnehmbare und relevante Veränderung der Markenpositionierung und des Markenauftrittes aktiviert diese kritische Hirnstruktur. Deshalb laufen Kunden Sturm, wenn das Gesicht auf der Kinderschokolade-Packung ausgetauscht wird oder die „FAZ" eine kleine rote Fläche auf ihrer Titelseite einführt. Ohne diese Irritation, ohne das Durchbrechen erwarteter Muster, findet aber kein Umlernen statt: wird der Autopilot nicht gestört, macht er weiter wie bisher. Die Konsequenz ist, dass wir sehr vorsichtig mit Verbrauchermeinungen sein müssen — im schlimmsten Fall führt das zur Zementierung einer Marke, weil die Widerstände beim Verbraucher gegenüber Veränderungen der Marke zu groß sind und alle abweichenden Konzepte in der Marktforschung durchfallen.

Unteres Stirnhirn (orbitofrontaler (OFC) und ventromedialer Kortex (VMPC)): Dieser Teil des impliziten Systems ist ein inneres Belohnungssystem, das vorne im Gehirn, direkt hinter den Augen im unteren Stirnhirn sitzt und zum Beispiel beim Betrachten starker Marken aber auch beim Anblick von Fotos der eigenen Kinder aufleuchtet. Markeninszenierung, die für den Betrachter eine wie auch immer geartete Belohnung bedeutet, aktiviert diese Hirnregion. Starke Marken aktivieren das untere Stirnhirn, wahrsten Sinn des Wortes anziehend. Das untere Stirnhirn ist gleichzeitig eine der wichtigsten Hirnregionen für sozialen Austausch. Fällt diese Hirnregion etwa durch einen Unfall oder eine Krankheit aus, können sich die Betroffenen nicht mehr sozial angepasst verhalten, ihre Persönlichkeit verändert sich dramatisch. Dass Marken von diesen sozialen Netzwerken reguliert werden zeigt: Marken haben in erster Linie eine soziale Bedeutung, sie sind soziale nicht individuelle Konstrukte. Marken erhalten ihre Kraft dadurch, dass sie kulturell und über sozialen Austausch mit Bedeutung aufgeladen werden und dadurch die sozialen Netzwerke im Kopf der Kunden aktivieren.

Beim Anblick von Coca-Cola etwa leuchten diese Netzwerke auf, bleiben bei Pepsi aber stumm. In England hat das Unternehmen diese soziale Bedeutung kürzlich untersucht und daraus den Claim „Group Hug" (Gruppenumarmung) und eine entsprechende Werbekampagne entwickelt. Es zeigte sich, dass die (junge) Zielgruppe die Marke vor allem mit „Geselligkeit mit Freunden" verbindet. Deshalb ist Coca-Cola die stärkere Marke als Pepsi, die soziale Bedeutung der Marke Coca-Cola ist relevanter als der leicht bessere Geschmack von Pepsi.

Abbildung 39: Mit dem Claim „Group Hug" unterstreicht Coca-Cola die soziale Bedeutung der Marke

Insgesamt sind die Motive im limbischen System sozialer Natur, auch das Bedürfnis nach Abgrenzung ist ein soziales Motiv. Der Mensch ist ein Herdentier, der Autopilot und das implizite System mit seinen Motiven und Mustererkennungsnetzwerken sind letztlich und in erster Linie für den sozialen Austausch gebaut. Genau wie in der zwischenmenschlichen Kommunikation erfolgt der Großteil des Mustererkennens und -lernens nonverbal, also implizit. Und genauso spontan, wie wir die Bedeutung eines Gesichtsausdrucks erkennen, „verstehen" wir die Bedeutung von Kommunikationsmustern in Medien und Werbung.

Fassen wir zusammen: (starke) Marken und Kommunikation wirken zu 95% im impliziten System. In diesem System werden nicht die einzelnen Bestandteile, sondern die Bedeutung des gesamten Kommunikationsmusters verarbeitet. Deshalb ist das implizite System für die Implementierung von Markenstrategien entscheidend. Relevant wird eine Marke bzw. die von ihr transportiere Bedeutung, wenn sie an die Motivsysteme im limbischen System anschließt. Da diese Motive sozial sind, haben starke Marken eine soziale Bedeutung, einen sozialen Mehrwert (social value).

Diese Erkenntnisse haben fundamentale Konsequenzen für die Entwicklung von Innovationen und die Führung von Marken. Um sie im Marketingalltag nutzbar machen zu können, haben wir mit dem Brand Code Management einen Ansatz zur effizienten Markenführung und zur Schließung der Implementierungslücke entwickelt.

5.9   Brand Code Management

Das Brand Code Management (BCM) ist ein Ansatz zur Markenführung, der auf den eben beschriebenen neuropsychologischen Erkenntnissen basiert. BCM dient der systematischen Steuerung der impliziten Bedeutung von Marken und von Markenkommunikation. Es integriert in einem Modell die Strategieformulierung, Umsetzung und Evaluation und sichert somit eine effiziente Implementierung.

Basis für das BCM ist die neuropsychologische Sichtweise, dass Marken in neuronalen Netzwerken abgelegt und somit dynamisch sind. Aber anders als bei anderen Markenmodellen ist die Marke in diesem Ansatz nicht statisch, sondern das Markennetzwerk und die darin angelegte Bedeutung kann durch neue Verknüpfungen gezielt verändert und damit gesteuert werden. Markenführung bedeutet in diesem Kontext die Steuerung des Markennetzwerks und der darin enthaltenen Bedeutung. Die Relevanz und Einzigartigkeit des Markennetzwerks bestimmt den Erfolg der Marke. Die folgende Grafik zeigt ein solches Markennetzwerk.

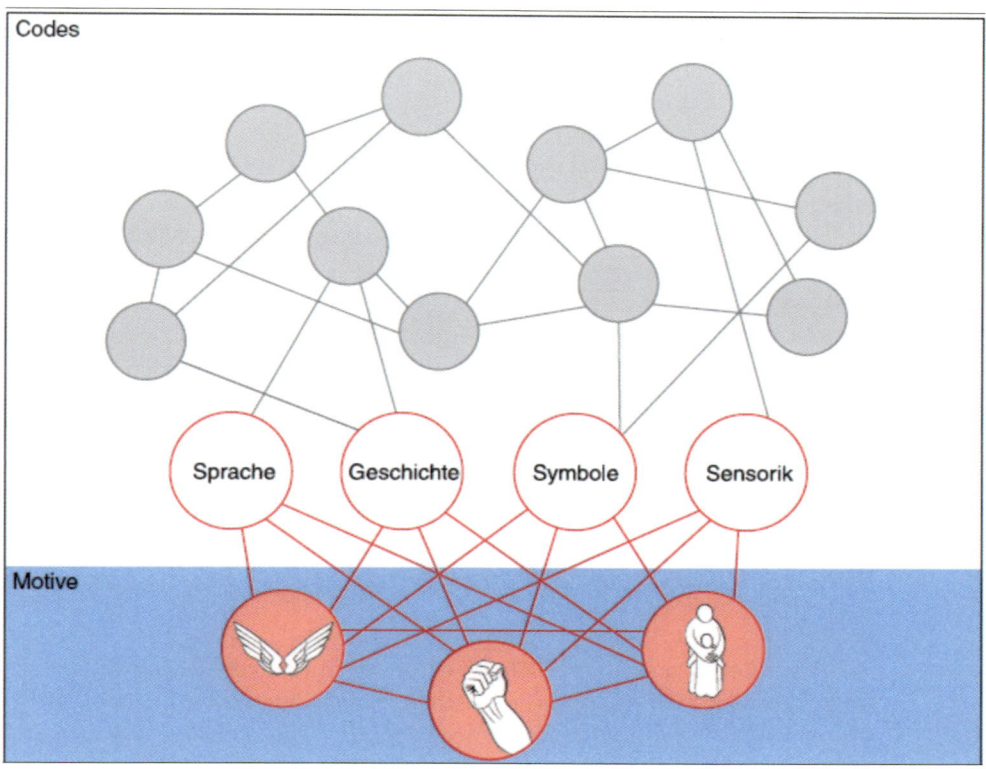

Abbildung 40: Ein Markennetzwerk und seine Verknüpfungen

Das Markennetzwerk besteht aus zwei Ebenen: die Ebene der Motive (Amygdala, limbisches System), die für die differenzierende Positionierung und die Relevanz der Positionierung notwendig sind und die Ebene der in der Kommunikation gesendeten Markensignale (Brand Codes), die durch ihre implizite Bedeutung eine Brücke zu den Motiven bilden. Die indirekte Ansprache der Motive über die Brand Codes ist notwendig, da eine direkte Ansprache der Motive zu Widerständen führen würde: Kein Verwender von Blackberry möchte wirklich hören, dass er sich damit für den Businesskrieg rüstet und kein Porschefahrer möchte sich seiner tieferliegen den Motive bewusst werden.

Das Brand Code Management basiert auf drei zentralen Prinzipien, die wir im Folgenden zusammenfassen und anhand von konkreten Beispielen erläutern.

Prinzip 1: Die Markenpositionierung erfolgt auf Motiven und Emotionen

Emotionen und Motive sind die wahren Treiber des Kaufverhaltens. Sie entfalten ihre Wirkung im Autopiloten und steuern unbewusst unser Verhalten, Psychologen sprechen deshalb auch von impliziten Motiven. Eine Markenpositionierung ist nur dann nachhaltig relevant — also verhaltenssteuernd — wenn sie auf den grundlegenden, impliziten Motiven beruht. Der Grund dafür liegt in der eigentlichen Funktion von Konsum.

Wir konsumieren, um unsere Motive zu regulieren. Produkte und Marken, die unsere Motive und Bedürfnislagen bedienen, lösen neuronale Belohnungsreaktionen aus. Deshalb leuchten beim Anblick starker Marken die Belohnungszentren im Gehirn auf. Die neuroökonomische Forschung belegt, dass es dabei einen Widerstreit zwischen zwei Tendenzen gibt: das „Haben-Wollen" (Motive, limbisches System) und eine kritische Prüfung des Preisniveaus (Insula). Ist das Haben-Wollen (die Marke) stark genug, werden auch höhere Preise akzeptiert. Eine Marke, die keines der Motive regulieren kann, ist nicht relevant oder wird nur aufgrund von Preisvergleichen gekauft. Sie hat keine Bedeutung für den Konsumenten. Die Relevanz der Marken-Muster (z.B. in der Werbung) ist auf drei grundlegende Motivklassen zurückzuführen (siehe auch Häusel in diesem Buch):

- Balance (Geborgenheit, Fürsorge, Zusammensein, Tradition)
- Stimulanz (Abwechslung, Neugier, Spieltrieb)
- Dominanz (Abgrenzung, Macht, Kontrolle, Leistung)

Die Aufgabe der Markenführung ist es, durch Kommunikation aufzuzeigen, welche Motive mit diesem oder jenem Produkt reguliert werden können. Die Positionierung der Marke in diesem Motivraum bildet die Basis für das Brand Code Management. Dazu wird im ersten Schritt analysiert, wie sich die Motive in der relevanten Produktkategorie ausgestalten, d.h. wie und wodurch die Produktkategorie die Motive reguliert. Jede Kategorie reguliert die Motive unterschiedlich. Dominanz bedeutet bei Kosmetik etwas anderes als bei Automobilen. Balance kann bei einem Automobil eine „sichere Hülle" oder eine „Quelle von Geselligkeit" sein, bei Getränken ein „gemeinsam mit Freunden" oder „sich fallen lassen" sein, und bei Zahnbürsten „Verlässlichkeit" und „Vertrauen".

Im Mobilfunk wird das Dominanz-Motiv im Sinne einer Ausrüstung, eines Sich-Rüstens reguliert. Ein Beispiel dafür ist der Blackberry-Service und das Blackberry-Handy. Telefonieren per se ist ein Verhalten, das Distanzen überwindet, ein persönliches Gespräch mit Bekannten ersetzt, also das Balance-Motiv anspricht. Allerdings wird das Handy auch dafür genutzt, sich zu distanzieren, schlechte Nachrichten oder Terminabsagen per SMS zu versenden. Das Handy zu nutzen ist aber natürlich auch einfach praktisch (Funktionalität). Durch die Musik, immer neue Features und/oder Fotofunktionen wird das Stimulanz-Motiv angesprochen.

Diese Motivdynamik der Produktkategorie legen wir mit Hilfe tiefenpsychologischer Verfahren offen, wobei die zentralen Konstrukte in einem zweiten Schritt quantitativ überprüft werden. Die quantitative Analyse nutzt implizite Messverfahren und zeigt auf, wie wichtig die verschiedenen Motive in der Produktkategorie sind. Der Motivraum ist ein idealer Referenzrahmen, um die Marke nicht nur zu verorten (IST) sondern sie darin auch zu bewegen, d.h. die Marke zu führen.

Da der Fokus in diesem Artikel auf der Implementierungslücke liegt, wollen wir uns nun der Frage zuwenden, wie die Implementierung einer Positionierung im Brand Code Management umgesetzt wird.

Prinzip 2: Die Implementierung erfolgt über Codes.

Die Ebene der Codes ist das Gesicht der Marke, der Markenauftritt mit allen vom Kunden wahrnehmbaren Signalen. Die Codes bilden die Schnittstelle zum Kunden. Über die Codes werden die Bedeutungen transportiert, über sie muss der Kunde die erwünschte Positionierung „lernen".

Insgesamt zeigt die neuropsychologische Forschung, dass es vier Träger von Bedeutung gibt, die als Codes bei der Implementierung einer Markenpositionierung zur Verfügung stehen:

- Sensorische Codes: alle sensorischen Erlebnisse, die in der Kommunikation vermittelt werden: die Farben, Formen, Geräusche, Lichtverhältnisse, die Typografie, die Haptik — also alles, was wir ganz konkret wahrnehmen, was unsere Sinne unmittelbar stimuliert.
- Episodische Codes: die erzählten Geschichten und gezeigten Episoden.
- Symbolische Codes: die Protagonisten (zum Beispiel Herr Kaiser), die Figuren, Gesten, Handlungsplätze (zum Beispiel das offene Meer), die Markenlogos und vieles mehr.
- Sprachliche Codes: das geschriebene oder gesprochene Wort.

Jeder Brand Code, jedes Markensignal, hat eine in unserer Kultur durch Sozialisation gelernte Bedeutung. Die Implementierung der Markenpositionierung muss an diese kulturell gelernten Bedeutungen anknüpfen. Die Biermarke Beck's nutzt beispielsweise die implizite, kulturell gelernte Bedeutung des Dreimasters, um die Bedeutung „Neues entdecken" und damit das Abenteuer-Motiv in das Markenetzwerk zu integrieren. Der Dreimaster ist also ein symbolischer Code, der an das Abenteuermotiv anschließt. Ein anderes Beispiel für einen symbolischen Code ist das rote Telefon auf Rädern im Markenlogo des Kfz-Versicherers Direct Line.

Abbildung 41: Das rote Telefon auf Rädern im Markenlogo des Kfz-Versicherers Direct Line ist ein Beispiel für einen symbolischen Code

Es geht um Autos und den direkten Draht — Direct Line ist ein Direktversicherer. Gleichzeitig kommuniziert das Bild vom Telefon auf Rädern implizit aber auch das Konzept der schnellen Reaktionszeit („Feuerwehr"), also dass das Unternehmen sofort reagiert, wenn etwas passiert. Die Werbespots zeigen, wie das Auto im Notfall angefahren kommt. Auf dieser impliziten Bedeutungsebene signalisiert das Markenlogo also eine wichtige Assoziation für ein Versicherungsunternehmen. Denn für Kunden, die an einer Kfz-Versicherung interessiert sind, ist eine schnelle Unterstützung im Bedarfsfall natürlich von erheblicher Bedeutung. Dazu kommt: Hotlines und damit Direktversicherungen wecken nicht nur positive Assoziationen. Direct Line verstärkt die Wirkung des Telefons noch durch den Einsatz eines weiteren Signals: Das Unternehmen verknüpft das Geräusch eines hupenden Autos mit dem Telefon. Der große Vorteil: Die Assoziation „Schnelle Hilfe bei Problemen" wird auch dann verstärkt, wenn Kunden nicht auf den Werbespot schauen, sondern nur das Hupen hören. Oder das Hupen nur nebenbei im Radio mitkriegen.

Die entscheidende Frage ist nun, ob die in der Werbung genutzten Codes die für die Marke und ihre erwünschte Positionierung relevanten, impliziten Bedeutungen kommunizieren. In der Regel analysieren wir die implizite Bedeutung der Brand Codes in ein bis drei zentralen Werbemitteln der Vergangenheit. Über diese Bedeutungsanalyse wird erklärt, warum die Marke eine bestimmtes Motiv-Profil aufweist, welche Signale beibehalten werden müssen (Brand Codes) und welche Codes verändert werden können. So kann zum Beispiel deutlich werden, dass der episodische Code, die erzählte Geschichte, gleich bleiben soll, weil dieser Code zum Markenkern gehört, etwa „Freude am Fahren" bei BMW. Nun kann diese Geschichte über veränderte und differenzierende symbolische Codes neu erzählt werden, zum Beispiel über Kermit, den Frosch aus der Muppet Show, der in Spots von Jung von Matt erfolgreich für BMW eingesetzt wurde. Kermit überträgt als kulturell gelerntes Symbol eine für BMW, als Marke auf dem Stimulanz-Motiv positioniert, relevante Bedeutung und differenziert zudem von anderen Markenauftritten.

Fallbeispiel Toyota

Die Marke Toyota bedient vor allem das Disziplin-Motiv, durch den Kauf dieser Marke reguliert der Kunde also das Motiv, sich selbst zu disziplinieren, sich als Vernunftmensch zu markieren. Der Spot des Modells Corolla zahlt ideal auf diese Motivpositionierung ein. Im Mittelpunkt steht dabei der episodische Code, d.h. die Geschichte, die erzählt wird.

Abbildung 42: Der Corolla-Spot kommuniziert auf ideale Weise die für die Marke Toyota relevante Bedeutung

Zwei Männer fahren in einer schönen, aber verlassenen Landschaft. Sie bemerken ein liegen gebliebenes Auto. Die Fahrerin des Autos ist aufreizend angezogen und sehr attraktiv. Die beiden Männer drosseln das Tempo, es scheint, als würden sie anhalten, der Fahrer aber startet kurz vor dem Auto durch. Der Beifahrer schaut ihn verdutzt und ungläubig an. Der Fahrer begründet selbstsicher und überlegen, dass das liegen gebliebene Auto ein Corolla war und der Vorfall deshalb eine Falle sein musste, denn „ein Corolla hat keine Panne". Dass dies tatsächlich eine Falle war, wird abschließend gezeigt, da sich die attraktive Frau als Mann entpuppt. Was sagt diese Geschichte (episodischer Code) im Kern über den Fahrer aus? Er widerstand der Schönheit und ließ sich nicht täuschen. Er war vernünftig, logisch und handelte rational. Mit anderen Worten: Der Spot kommuniziert die für die Marke Toyota relevante Bedeutung. Anders sieht es bei der folgenden Anzeige für dasselbe Modell aus — hier zielen die Codes am Kern der Marke vorbei.

Abbildung 43: In der Corolla-Anzeige zielen die Codes am Kern der Marke vorbei

Zerlegt man diese Anzeige in die vier Code-Arten wird deutlich, dass dieses Werbemittel im Unterschied zum Spot kein Motiv ausreichend bedient, sondern motivisch in der „toten Mitte" liegt. Dabei hilft es, die Codes zunächst nur zu beschreiben:

- **Sprache:** Die Headline „Der Beginn einer wunderbaren Freundschaft. Nichts ist unmöglich." und die Copy „Der Toyota Corolla. Aufregend gut."
- **Geschichte:** Ein Auto mit einer Panne ist nicht mehr fahrtüchtig. Ein anderes Auto nähert sich dem Auto. Es scheint so, als wolle der Fahrer des heranfahrenden Fahrzeugs helfen.
- **Symbolik:** Die Protagonistin ist attraktiv und in Abendgarderobe. Sie trägt hohe Schuhe und ein schwarzes Kleid. Sie trägt eine Steckfrisur. Insgesamt erscheint sie sozial sehr gut gestellt zu sein. Welches Auto sie fährt, ist nicht zu erkennen. Der Fahrer des anderen Wagens ist nicht zu erkennen.
- **Sensorik:** Die Sonne steht sehr tief, d.h. sie geht entweder auf oder gerade unter. Vor dem Hintergrund, dass die Protagonistin Abendkleidung trägt, scheint es sich eher um Abenddämmerung zu handeln.

Bei dieser — wenn auch sehr verkürzten — Beschreibung der verwendeten Codes stellt sich nun die Frage nach der impliziten Botschaft. Welches Motiv wird hier angesprochen? Schon über die sprachlichen Codes werden zwei Motive angesprochen: zum einen Freundschaft (Balance) und zum anderen Aufregung (Stimulanz). Aufregend kann es eigentlich nur für den Fahrer des heranfahrenden Wagens sein, denn für die Fahrerin des anderen Wagens ist die Situation eher ärgerlich als aufregend gut. Zusammen mit der Headline bekommt „Freundschaft" und „nichts ist unmöglich" eine eher sexuelle Konnotation. Diese Anzeige zahlt in ihrer impliziten Botschaft nicht in Vernunft und Disziplin ein.

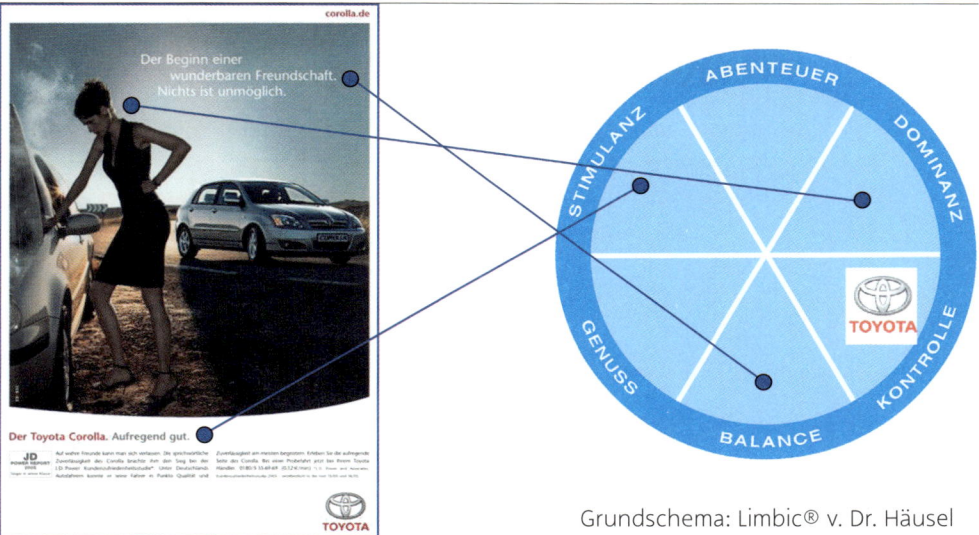

Grundschema: Limbic® v. Dr. Häusel

Abbildung 44: Das Motiv-Profil der Toyota-Anzeige belegt: Diese Anzeige zahlt nicht in Vernunft und Disziplin ein

Fallbeispiel Vodafone

Anhand von TV-Spots der Marke Vodafone zeigen wir nun, wie in einem weiteren Analyseschritt Storyboards und finale TV-Spots quantitativ auf ihre Ansprache des Soll-Motivprofils hin überprüft werden können. Dabei haben wir exemplarisch zwei Spots untersucht den Spot „Nähe schenken" und den Spot „Eintagsfliege" (Zugriff: **www.decode-online.de/neuromarketing-buch**).

Eintagsfliege:

Nähe schenken:

Abbildung 45: Ausschnitte aus den Vodafone-Spots „Eintagsfliege" und „Nähe schenken"

Die implizite Wirkung der beiden Spots wurde mit einem Priming-Paradigma (implizites Testverfahren) analysiert (s. nächsten Abschnitt). Die Veränderungen, welche die Spots im Vodafone-Markennetzwerk hervorgerufen haben — mithin die relevante Werbewirkung — sind in der Abbildung 46 dargestellt. Das Code-Muster des Spots „Nähe schenken" transportiert vor allem Bedeutungen, die in das Balance-Motiv einzahlen, der Spot „Eintagsfliege" aktiviert dagegen vor allem das Stimulanz-Motiv.

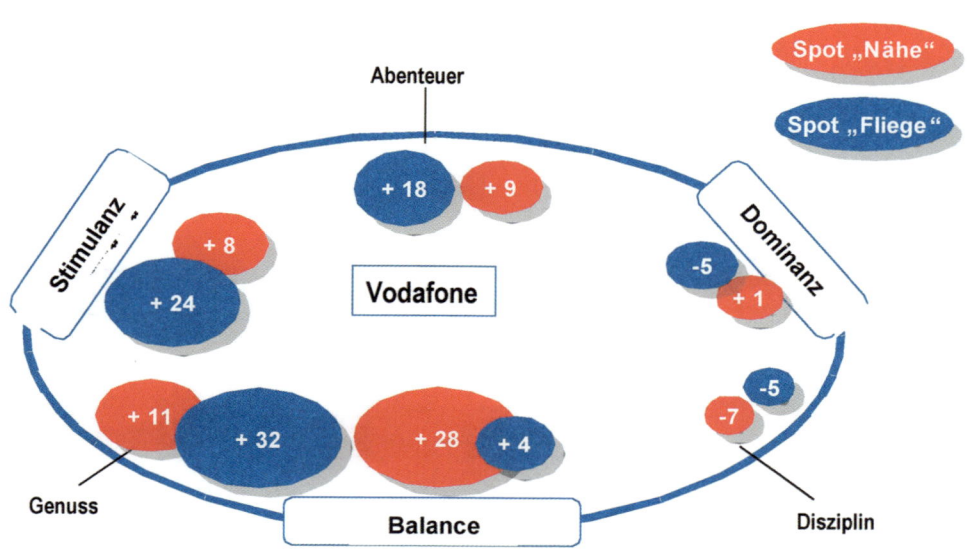

Abbildung 46: Das Motiv-Profil der Spots zeigt die Veränderungen, die sie im Vodafone-Markennetzwerk erzeugt haben

Die interessante Frage ist nun, wodurch, also durch welche Codes diese Wirkung entstanden ist. Grundlage für das Warum der Wirkung, das in gängigen Pretest-Verfahren meist offen bleibt, ist die Brand-Code-Analyse(tm), ein integratives Verfahren, das kulturwissenschaftliche Verfahren mit psychologischen Verfahren kombiniert. In einem ersten Schritt wird mit Hilfe der objektiven Hermeneutik die kulturelle Bedeutung der Codes offen gelegt. Zum Beispiel welche implizite Bedeutung die Musik, die Geschichte, der Protagonist oder das Voice-over in einem TV-Spot transportieren. Weil die Bedeutung dieser Codes kulturell gelernt ist, werden an dieser Stelle im Brand Code Management kulturwissenschaftliche Verfahren wie die objektive Hermeneutik eingesetzt. Anschließend werden zur Verifikation der hermeneutischen Analyse qualitative Interviews mit der Zielgruppe geführt. Dieser Prozess sichert die objektiv hermeneutisch analysierte, implizite Bedeutung der Codes ab und ist sensibel gegenüber kulturellen Unterschieden, die zum Beispiel zwischen Hausfrauen und Jugendlichen existieren, sowie Veränderungen von Bedeutungen über die Zeit hinweg (z.B. die Trends in der Bedeutung von Farben, Formen, Symbolen).

Die Brand-Code-Analyse (hier stark verkürzt dargestellt) differenziert die Bedeutung des Spots „Nahe schenken" in die vier Codes und zeigt, wie die Gesamtwirkung entsteht.

- Sprache: Der Protagonist wünscht „Eine wunderbare Zeit" und einen „gran dio sen Tag". Geschrieben steht „Für alle, die gerne unbegrenzt Nähe schenken"; „Mit der SuperFlat 30 Mio. Vodafone-Kunden erreichen". Alle diese sprachlichen Signale bedienen das Balance-Motiv. Die Verbindung zu 30 Mio. Kunden entspricht sehr genau der psychologischen Triebfeder dieses Motivs: die Nähe zur eigenen Herde.
- Geschichte: Die Geschichte „Nähe schenken" spricht das Balance-Motiv an. Das unkonventionelle Verhalten des Protagonisten transportieren die Motive Stimulanz und Abenteuer.
- Symbole: Der Protagonist selbst wirkt natürlich, die Handlungsplätze sind aus dem Alltag gegriffen und dem Betrachter vertraut, was die Gesamtwirkung unterstützt.
- Sensorik: Die Stimme des Protagonisten klingt weich und sanft. Auch sie zahlt — wie die Musik — in das Sicherheitsmotiv ein.

Über diese Art der Code-Analyse wird deutlich, welche Codes das in der quantitativen Verortung des Spots etablierte Motiv-Profil bestimmen. Die für eine Marke zentralen Brand Codes (z.B. Key Visuals, Musik, Branding-Signale) werden darüber hinaus quantitativ auf ihre implizite Wirkung hin untersucht. So wird deutlich, welche Codes die Wirkung entscheidend bestimmen und welche eher unwichtig sind. Zur Illustration haben wir als sensorischen Code die Musik des Spots „Nahe schenken" analysiert. Dass die Musik ein wichtiger Bedeutungsträger ist, ist offensichtlich. Aber wie wichtig ist die Musik? Um diese Frage zu beantworten, haben wir den Spot ohne Musik getestet und konnten so das Gewicht der Musik für die Gesamtwirkung feststellen. Fazit: Ohne Musik wird das Balance-Motiv signifikant weniger aktiviert als mit der Musik. Die Musik passt also nicht nur zur Geschichte, sie ist in diesem Fall für die implizite Wirkung des Spots sogar von zentraler Bedeutung.

Insgesamt ermöglichen diese Analysen die gezielte Steuerung des Markennetzwerkes, sowohl im Vorfeld (Konzeptphase, Pretest) als auch nach der Schaltung (Posttest, Tracking) der Markenkommunikation. Durch den Abgleich der Kommunikationsmuster (z.B. TV-Spots) bzw. des Markenkerns mit den Soll-Motivprofilen ist zu jedem Zeitpunkt sicher gestellt, dass die entsprechende Implementierung zielführend und effizient ist. Die zugrunde liegenden analytischen Verfahren beschreibt der nächste Abschnitt.

Prinzip 3: Die Erfolgskontrolle erfolgt über implizite Messverfahren.

Die Erfolgskontrolle erfolgt im Brand Code Management durch verschiedene, implizite Messverfahren. Das Ziel ist sicher zu stellen, dass Positionierung und Implementierung konsistent sind und die Markenführung damit effizient ist. Ein besonders relevantes Verfahren sind dabei die so genannten Reaktionszeit-Verfahren, die in der neuropsychologischen Forschung genutzt werden, um implizite Wirkung zu messen, die aber bislang noch keinen Eingang in die Markenführung gefunden haben.

Stellen Sie sich vor, Sie sitzen am Rechner und haben folgende Aufgabe: Sie sollen per Tastendruck spontan und schnell angeben, ob ein Bild und ein Wort zusammen passen.

Reaktionszeit:

„Mann"

Abbildung 47: Kurze Reaktionszeit bei einem stimmigen Bild-Wort-Paar wie „Brad Pitt" und „Mann"

„Mann"

Abbildung 48: Das Wort-Bild-Paar passt weniger gut zusammen und verlängert dadurch die Reaktionszeit

Wird ein Bild von Brad Pitt und darunter das Wort „Mann" gezeigt, werden Sie sehr schnell reagieren — weil das Bild-Wort-Paar stimmig ist. Wird dagegen das Foto von Boy George mit der Bezeichnung „Mann" präsentiert, wird Ihre Reaktionszeit länger — weil das Bild-Wort-Paar weniger gut zusammenpasst. Eine Software misst die Reaktionszeit, also wie lange es dauert, bis Sie die Taste drücken. Je enger zwei Konzepte im Gehirn miteinander assoziiert sind, desto geringer ist die Reaktionszeit. Der Grund hierfür sind assoziative Netzwerke im Gehirn. Ein solches Netz besteht aus Knoten, die durch einzelne, unterschiedlich stark ausgeprägte Verknüpfungen miteinander verbunden (assoziiert) sind. Je enger zwei Bedeutungen — zum Beispiel „Brad Pitt" und „Mann" — miteinander assoziiert sind, desto schneller werden sie gemeinsam aktiviert und desto geringer ist die Reaktionszeit. So können wir offen legen, welche Assoziationen im entscheidenden impliziten System (dem Autopiloten) mit einer Marke verbunden sind, zum Beispiel welche der Motive — operationalisiert durch standardisierte Begriffsysteme — mit einer Marke verknüpft sind.

Der entscheidende Vorteil von Reaktionszeiten ist: sie „unterlaufen" den Piloten, das explizite System, weil hier spontan und intuitiv entschieden werden muss und keine Zeit zum Nachdenken besteht. Ferner haben Reaktionszeiten, im Unterschied zu herkömmlichen Skalen, Intervallskala-Niveau und sind sehr hoch aufgelöst und damit bei entsprechenden Testdesigns deutlich sensitiver als übliche Befragungsinstrumente. Im Gegensatz zu „langsamen" Verfahren wie klassischen Ratingskalen und projektiven Methoden messen implizite Messverfahren also das spontane, unkontrollierte Verhalten der Probanden (Autopilot) ohne „Beteiligung" des expliziten Systems (Pilot). Auf diese Weise können wir erstmals quantitativ die spontanen, unbewussten Assoziationen, Einstellungen und Bewertungen zu einer Marke messen und damit steuern.

Zur Analyse eines Werbemittels nutzen wir ein Untersuchungsdesign, in dem über Reaktionszeiten die implizite Wirkung des Werbemittels auf das Markennetzwerk erhoben wird. Mit einem so genannten Priming-Paradigma wird das Werbemittel als Reiz in das Markennetzwerk hineingegeben und die Wirkung wird mittels Reaktionszeiten abgegriffen. Bedeutungen, die durch das Werbemittel gebahnt bzw. aktiviert werden („priming"), werden schneller mit der Marke assoziiert. Die Reaktionszeit sinkt also nach Betrachten des Spots. Bedeutungen, die durch das Werbemittel aus dem Markennetzwerk entfernt werden, lassen die Reaktionszeiten nach oben schnellen.

Eine weitere Anwendung ist die Bestimmung des Brandings einer Anzeige. Anzeigen müssen binnen zwei Sekunden wirken, d.h. sehr schnell das Markennetzwerk aktivieren und mit neuer Bedeutung aufladen. Im Test wird deshalb das Werbemittel ohne jegliche explizite Markensignale (z.B. das Markenlogo) gezeigt. Die Aufgabe der Probanden besteht darin, eine Taste zu drücken sobald die Marke erkannt wird. Anschließend wird erhoben, welcher Marke das Werbemittel zugeordnet wird und die Begründung dafür abgefragt. Starke Marken werden nicht nur schneller erkannt, sondern auch zuverlässiger richtig zugeordnet. Solche Marken sind in der Lage, das Markennetzwerk eindeutig auch ohne Markenlogo zu aktivieren. Sie verwenden dazu subtile, implizite Markensignale (Brand Codes), die von unserem Gehirn sofort erkannt und der Marke zugeordnet werden, zum Beispiel der Dreimaster von Beck's, das Magenta der Telekom oder die rote Tomate von Dr. Best. Durch die Analyse der falschen Zuordnungen werden diejenigen Codes identifiziert, die die Effizienz einschränken. Das steigert die Effizienz jedes Markenkontaktes und damit des eingesetzten Budgets.

Neben den quantitativen Reaktionszeit-Verfahren kommen im Brand Code Mangagement, wie schon beschrieben, eine Reihe von kulturwissenschaftlichen und tiefenpsychologischen Verfahren zum Einsatz. Erst die Kombination impliziter qualitativer und quantitativer Daten ermöglicht die vollständige und zielführende Analyse, da nicht nur die Wirkung analysiert, sondern auch offen gelegt wird, welche Codes für die Wirkung verantwortlich sind.

Fazit

Der neuropsychologische Ansatz im Marketing wird den aktuellen Hype im Neuromarketing überdauern und zu einem festen Bestandteil des Marketinginstrumentariums werden. Die Fülle der vorliegenden Erkenntnisse über das Gehirn und seine Funktionsweise ermöglichen schon heute eine neue Herangehensweise an Marken, Markenkommunikation und Marktforschung. Letztlich muss sich der neue Ansatz an zentralen Fragen des Marketings messen lassen. In diesem Beitrag haben wir am Beispiel der Implementierungslücke gezeigt, welche neuen Möglichkeiten sich hier bieten, wenn man auf neuropsychologische Konzepte und Tools zurückgreift. Konkret haben wir das Brand Code Management skizziert, eine auf neuropsychologischen Erkenntnissen basierende Plattform von der Strategieentwicklung, über die Exekution bis hin zur Evaluation, mit der die Implementierungslücke geschlossen werden kann. Der Prozess sichert eine zielgenaue Implementierung der Strategie und ist durch die impliziten Messverfahren sensitiv genug, die implizite Wirkung der Kommunikation abzubilden. Es ermöglicht zudem, die Markenkommunikation ganz gezielt — zum Beispiel je nach Zielgruppe, Verfassung oder Kanal — zu steuern. Mit dem Brand Code Management steht damit ein zugleich innovativer wie valider Ansatz für die Marketingpraxis zur Verfügung.

III. Neuromarketing – Inspirationen

Zusammenfassung

Im heutigen Marketing gibt es viele Methoden, Instrumente und Einsichten, die sich auch ohne Hirnforschung als erfolgreich erwiesen und bestens bewährt haben. Trotzdem bedeutet das nicht, dass in diesen Fällen eine Beschäftigung mit der Hirnforschung nutzlos wäre. Das Gegenteil ist der Fall: Die Erkenntnisse der Hirnforschung können nämlich dazu beitragen, zu wissen, warum Bewährtes funktioniert; sie können dabei helfen, Dinge und Zusammenhänge noch klarer zu sehen und schließlich liefert die Hirnforschung wichtige Anregungen und Argumente, das Gute und Bewährte noch besser zu machen. In diesem Teil wird deutlich, wie umfassend die Hirnforschung die Marketingpraxis bereits befruchtet und in wie vielen unterschiedlichen Praxis-Bereichen die Hirnforschung Antworten liefern kann:

- Dr. Werner Fuchs macht uns deutlich, warum das Gehirn Geschichten liebt und warum Storytelling ein immer wichtigeres Marketinginstrument wird.
- Martin Lindstrom verdeutlicht uns die Wichtigkeit der Multisensorik in der Markenführung und Produktentwicklung.
- Michael Pusler und Dr. Marc Mangold geben einen Einblick, wie Erkenntnisse der Hirnforschung im heutigen Medienmarketing genutzt werden können.
- Mit Dr. Hanne Seelmann lernen wir das interkulturelle Marketing kennen und erfahren, warum und wo asiatische Konsumentengehirne anders ticken.

6 Storytelling: Wie hirngerechte Marketing-Geschichten aussehen

von Dr. Werner Fuchs, Propeller Marketingdesign, Schweiz

EINFÜHRUNG DES HERAUSGEBERS

„Über den Grundnutzen zum Sinn" so beschreiben Konsumphilosophen wie Norbert Bolz oder Wolfgang Ullrich die Entwicklung von Produkten und Marken. Die Produkt- und Markenstars des 21. Jahrhunderts unterscheiden sich von grauen Mäusen, die ihre Existenz ihrem Grundnutzen und dem emotionalen Mehrwert durch Marke verdanken, durch eine zusätzliche Spiritualität. Spiritualität wird in diesem Zusammenhang nicht als religiöses Sektierertum verstanden, sondern als Sinnstruktur, die entsteht, weil das Produkt und die Marke eine Geschichte erzählt. Auf Seiten der Hirnforschung weiß man nun, dass eine Hauptaufgabe des Gehirns darin besteht, die verschiedensten Empfindungen und Wahrnehmungen, die gleichzeitig auf das Gehirn einströmen, zu einer schlüssigen Geschichte zusammenzubinden. Aber wie funktioniert das genau? Und wie sehen gute Geschichten aus? Diese Frage beantwortet uns Dr. Werner Fuchs. Er ist ein profunder Kenner der unterschiedlichsten Disziplinen der Hirnforschung, er ist ein erfolgreicher Werbe- und Marketingspezialist, er ist darüber hinaus aber auch ein äußerst kluger und belesener Geisteswissenschaftler. Wer seine Rezensionen als Nr. 1-Rezensent bei Amazon kennt, schätzt die erhellenden Geschichten, die er über jedes seiner gelesenen Bücher schreibt.

DER AUTOR

Die persönliche Story von Werner T. Fuchs beginnt 1952 in Zürich, wo er später Germanistik und Theologie studiert, die Welt der großen Geschichtenerzähler kennen lernt und promoviert. Nach verschiedenen Tätigkeiten im In- und Ausland steigt er 1989 in die Werbebranche ein. Sein geistiger Lehrmeister ist Jacques Séguéla, der mit seiner Starstrategie den Weg zum Storytelling vorzeichnet. Das Zusammenleben mit seiner behinderten Tochter veranlasst Werner T. Fuchs Ende der Achtzigerjahre dazu, sich intensiv mit den Erkenntnissen der modernen Hirnforschung auseinander zu setzen. Um diese Forschungsresultate konkret auf den praktischen Alltag zu übertragen, gründet er Ende 1999 sein eigenes Unternehmen Propeller Marketingdesign. Seine Arbeiten erhalten immer wieder bedeutende Auszeichnungen, unter anderem die Marketing Trophy des Schweizerischen Marketing-Clubs. In seinem Buch „Tausend und eine Macht. Marketing und moderne Hirnforschung" entwickelt Werner T. Fuchs ein Instrumentarium, das die Zeichensprachen des Unbewussten sichtbar macht und die Konzeption einer guten Geschichte erleichtert.

6.1 Wie beeinflusst man das menschliche Wahlverhalten?

„Sinnlos! Ich kann es einfach nicht ...", sagt er und starrt auf seine Werkzeugkiste. „Was ist los, Charlie Brown? Du siehst so niedergeschlagen aus", fragt ihn die Freizeitpsychologin Lucy Van Pelt und bleibt selber ratlos zurück, als Charlie verzweifelt antwortet „Ich wollte mir eine Werkbank bauen ... Aber ich habe keine Werkbank, auf der ich sie bauen könnte!"

Marketingverantwortliche, denen die Botschaften der Neurowissenschaftler zu Ohren kamen, werden mit dem gezeichneten Ich von Charles M. Schulz mitfühlen. Denn die Behauptung, menschliches Verhalten werde zum größten Teil vom Unbewussten gesteuert, frisst sich wie ein Heer unersättlicher Holzwürmer in ihre bewährten Werkbänke. Plötzlich finden sich hässliche Löcher, wo vor kurzem noch Hartholz war. Marktforscher müssen sich mit der Aussage des renommierten Bremer Hirnforschers Gerhard Roth auseinandersetzen, Sprache diene vor allem zur Rechtfertigung von Verhaltensmustern. Marketingstrategen mit Vorliebe für Planung blicken ins Leere, wenn der Zufall sie zum wiederholten Mal daran erinnert, dass soziale Systeme komplex und daher mit rationalen Instrumenten kaum zu steuern sind. Spezialisten für die Besteigung der Maslow-Pyramide werden von Schwindelgefühlen erfasst, weil neuronale Netzwerke und die im Gehirn vorhandenen Emotionssysteme eine völlig andere Topographie haben. Und Werber sehen ihre Blutsbrüderschaft mit den Medienkollegen gefährdet, weil Konsumenten offenbar mehr auf Verhaltensmuster als auf plakative Idealwelten achten.

Zwar ließ Altmeister Goethe schon vor zweihundert Jahren durch Mephisto ausrichten, dass der Homo oeconomicus reine Fiktion sei. Aber die Sprengkraft seiner prägnanten Formulierung „Du glaubst zu schieben, und du wirst geschoben" war locker zu entschärfen. Etikette anhängen, mit großen Lettern „Literatur" draufschreiben und zur Tagesordnung übergehen. Mehr Fantasie erforderte der Umgang mit den Schriften Sigmund Freuds. Doch seit die Hirnforscher das Wort ergriffen haben, bleibt nur noch plumpes Verdrängen. Die Naturwissenschaften treten nicht mehr für eine Sache in den Zeugenstand, die ganz offensichtlich auf falschen Behauptungen beruht.

Im Zentrum dieses Beitrages steht weniger, was die Hirnforschung Neues entdeckte, sondern was sie bestätigt. In der Kürzestform heißt das: Unser Verhalten wird primär vom Unbewussten gesteuert. Wesentliche Informationen des Unbewussten sind im autobiografischen Gedächtnissystem gespeichert — wahrgenommen, aufbewahrt und abgerufen werden diese Informationen aber als Geschichten. Und genau hier erfolgt der Brückenschlag der Hirnforschung zum Marketing. Marketing verstanden als Beeinflussung des menschlichen Wahlverhaltens. Weil es aber Geschichten sind, die unser Verhalten wesentlich beeinflussen, ist Storytelling eine gute Werkbank und damit eines der wirkungsvollsten Marketinginstrumente.

6.2 Neurologie und Datenverarbeitung

Storytelling gelingt wesentlich besser, wenn wir wissen, was in unseren Köpfen vor sich geht. Zwar sind die Neurowissenschaftler der Meinung, die Erkenntnisse der letzten zwanzig Jahre würden knapp die Spitze eines riesigen Eisberges erkennen lassen. Aber sie verfolgen mit ihren Forschungen auch ganz andere Ziele als wir. Uns genügt vorderhand das Begreifen der wesentlichen Funktionsweisen, die menschliches Verhalten steuern. Und weil wir darüber schon sehr gut Bescheid wissen, können wir erklären, weshalb und wie Storytelling wirkt. Allerdings kommen wir nicht umhin, chemische, physikalische und biologische Prozesse in sprachliche Metaphern zu übersetzen. Selbst ein so vorsichtig formulierender Neurobiologe wie Christof Koch spricht vom nicht-bewussten Zombie-Verhalten, wenn er ausdrücken will, wie viele Reaktionen und Handlungen dem bewussten Zugriff entzogen werden. Ob wir die für das Marketing wesentlichen neuronalen Strukturen nun Geschichte, Brain Script oder Story nennen, ist unwesentlich. Wichtig ist, dass wir Vorstellungsbilder generieren, die eine allgemeine Akzeptanz haben und Vorgänge in unseren Köpfen möglichst anschaulich beschreiben.

Es ist weit hin verbreitet, unser Gehirn mit seinen über 100 Milliarden Nervenzellen und unzähligen Verknüpfungen als Datenverarbeitungssystem zu betrachten. Seine Aufgabe ist es, interne und externe Informationen so zu verarbeiten, dass sich Voraussagen treffen lassen, welche Verhaltensmuster den evolutionären Zielen der Fortpflanzung, Anpassung und des Überlebens am besten dienen. Wer an diese Stelle vermutet, das habe Ähnlichkeiten mit den Zielen eines Unternehmens, wird dem Storytelling positiver gegenüberstehen.

Vom Gehirn als Datenverarbeitungssystem zu sprechen, bringt aber die Gefahr mit sich, unser Denkorgan mit einem Computer zu vergleichen. Wie sehr dies in die Irre führt, mussten auch die Verfechter der Künstlichen Intelligenz schmerzhaft erfahren. Obwohl ein mit Computern voll gepfropfter Roboter elementare Operationen Millionen Mal schneller ausführt als unser Gehirn, schafft er es nicht, einen so einfachen Satz wie „Das hast du aber gut gemacht" als ironische Aussage zu entschlüsseln. Wir hingegen verstehen diesen Satz sofort, weil unser Gehirn ganz anders arbeitet. Wichtige Aufgaben löst unser Neokortex innerhalb einer halben Sekunde, weil er keine Resultate berechnet, sondern das Gedächtnis nach bereits vorhandenen Antworten durchforstet. Und da wir heute wissen, dass eine Information in dieser halben Sekunde nur eine Kette von hundert Neuronen Lange durchlaufen kann, nimmt man an, dass dem Gehirn hundert Schritte zur Problemlösung ausreichen. Hundert geeignete Erinnerungen, Miniskripts oder Geschichten genügen also, um zu dem Verhaltensmuster zu gelangen, das in der gegebenen Situation eine hohe Erfolgswahrscheinlichkeit vorweisen kann. Klingelt es an der

Tür und im Guckloch sehen wir ein Gesicht mit einem blau geschwollenen Auge, so müssen unserem Gehirn hundert Datenabgleichungen genügen, um unsere Reaktion zu bestimmen. Freund oder Feind? Helfen oder um Hilfe schreien? Bedauern oder belächeln? Gleichzeitig ist jede Störung auch ein Lernfeld, weil das Gehirn neue Erfahrungen in bestehende Muster integrieren muss.

6.3 Storytelling aus Sicht des Gehirns

Storytelling beruht auf der Annahme, dass unser Gehirn keine Abbilder von Objekten und Vorgängen speichert, sondern Strukturen von Unterelementen, die immer wieder gemeinsam auftauchen. Das Zauberwort heißt „Muster". Wir Menschen sind Erfolgsmodelle der Evolution, weil wir über ein Gedächtnis verfügen, das Musterfolgen speichert, Muster autoassoziativ abruft, Muster als unveränderbare Repräsentationen speichert und Muster hierarchisch ordnet.

Sie können dieses Buch nur lesen, weil Ihr Gehirn nicht rechnen muss, sondern auf Geschichten zurückgreifen kann, in denen die notwendigen Elemente vorkommen, damit aus den abstrakten Zeichen der Sprache eine neue, konkrete Geschichte wird. Die Metapher „Storytelling" dient uns dazu, das Grundinventar wiederkehrender Musterfolgen sowie die Regeln ihrer häufigsten Kombinationen besser wahrzunehmen und Kurzerzählungen, Romane oder Serien zu erfinden, die Menschen dazu verführen, sich unsere Ideen, Dienstleistungen oder Produkte anzueignen. Ob Schachspieler, Komponist, Schriftsteller oder Verkäufer, wer sich vom Durchschnitt abhebt, sieht die Strukturen von Strukturen und die Muster von Mustern besser als andere.

Die unbewusst wirkende Anziehungskraft von Geschichten lässt sich auch damit erklären, dass wir offenbar spüren, wovon unsere Identität letztlich abhängt. Der Satz, der es auf den Punkt bringt, heißt „Wir sind Erinnerung" und ist zugleich der deutsche Buchtitel von „Searching for Memory. The Brain, the Mind, and the Past" des amerikanischen Gedächtnisforschers Daniel L. Schacter. Unser Gehirn archiviert Erinnerungen nicht in riesigen Bibliotheken, zu denen wir jederzeit Zugang haben und von der Ausleihe bestimmte Bände der gesammelten Werke bestellen können. Fragen wir nach der Geschichte von unserem ersten Schultag, so muss diese Erzählung erst geschrieben werden. Und diese neurologischen „Books on demand" sind immer Originale. Wann wir die Bestellung aufgeben, ist für die ausgelieferte Fassung ebenso von Bedeutung wie unsere momentane Gefühlslage, unsere vorangegangenen Wünsche, unsere Hoffnungen oder unsere allfälligen Begleiter.

Erst wenn die Ausleihe alle Umstände unseres Besuchs registriert hat, gibt sie die Order weiter. Selbst ein Meister im Storytelling kann nicht genau voraussagen, welches Skript seine Geschichte im Kopf des Konsumenten abruft. Aber weil er den Grundplan kennt, auf dem neuronale Datenverarbeitung beruht, erhöht er die Wahrscheinlichkeit, dass die Ausleihe dem Konsumenten eine Geschichte liefert, die gewünschte Verhaltensmuster auslöst. Ebenfalls auf diesem Plan steht, dass Anfang und Schluss einer neuronalen Datenkette von besonderer Bedeutung sind.

„The first cut is the deepest": Womit Cat Stevens 1967 im gleichnamigen Song seinen Liebeskummer begründete, erhielte bestimmt den Zuspruch der Neurowissenschaftler. Denn unter dem Diktat ökonomischer Datenverarbeitung wird der Beginn einer Geschichte stärker gewichtet als der Mittelteil. Ob und wie ein Datenpaket nach dem Öffnen weiterverarbeitet wird, muss sofort entschieden werden. Weiß ich, dass der Schatten vor der Höhle ein Säbelzahntiger oder mein von der Jagd zurückkehrender Ehemann ist, kann dies den Fortgang meiner Biografie entscheiden. Die Regel, dem Beginn einer Geschichte besondere Aufmerksamkeit zu schenken, hat sich über Millionen Jahre so bewährt, dass sie noch heute zur Anwendung kommt, wenn ich die Schwelle eines Optikergeschäfts überschreite.

So wie der Anfang einer Geschichte über den Aufmerksamkeitsgrad entscheidet, den ich ihr widme, bestimmt der Schluss maßgeblich deren emotionale Markierung. Lust- oder Trauerspiel? Entlastend oder belastend? Antonio R. Damasio, Leiter des Department of Neurology an der Universität von Iowa und Bestsellerautor, vertritt die Meinung, dass unser Gehirn jeder Information einen emotionalen Wert zuordnet. Allerdings sind uns diese Markierungen nur zu einem verschwindend kleinen Bruchteil bekannt, da sie größtenteils in den ersten Lebensjahren erfolgen und sich dem Bewusstsein auch spärlich mitteilen, wenn unser autobiographisches Gedächtnis seinen Dienst längst aufgenommen hat. Trotzdem müssen wir beim Schreiben einer Schlussszene nicht im Dunkeln tappen. Denn wir wissen inzwischen einiges darüber, wo und wie emotionale Markierungen gesetzt werden. Hans-Georg Häusel hat das limbische System in der Marketingwelt nicht nur salonfähig gemacht, sondern in seinen Büchern gleich praktische Metaphern für die Funktionsweise mitgeliefert. Da sich die gespeicherten Emotionen außerdem in den konkreten Verhaltenweisen zeigen, sind gute Geschichtenerzähler auch immer gute Beobachter.

Wovon gute Geschichten handeln, wie sie aufgebaut sind und woraus das kombinierbare Grundinventar besteht, ist Gegenstand der folgenden Erläuterungen.

6.4   Geschichten von Leben und Tod

Der hierarchische Aufbau des Neokortex sorgt für Ordnung. Ziel der Evolution ist und bleibt die Sicherung der Reproduktion und das Überleben. Es ist daher alles andere als erstaunlich, wenn sich neuronale Muster, die diesen Zielen dienen, nicht ohne triftige Gründe verändern. Und an ihnen müssen sich neue Muster orientieren, um selber zu invarianten Mustern zu werden. Sicherheit durch Vorurteile. Ein Muster, das ein nächstes Muster nicht erkennt, gibt diesen Umstand als Fehlermeldung nach oben weiter. Dieser Vorgang wiederholt sich solange, bis irgendeine Region eine Vorhersage über ein mögliches Muster treffen kann. Daher können wir sagen, dass unser Gehirn keine Sinnlücken duldet. So gesehen ist der Anpassungsfaktor zweier Geschichten der Sinnwert. Ihn möglichst hoch zu halten, gehört im Marketing zu den wichtigsten Aufgaben.

Suchen wir beim Storytelling nach dem Plot, so reicht der Blick auf eine kurze Liste. Uns fesseln Geschichten von:

Leben & Tod, Ankunft & Abschied, Liebe & Hass, Gut & Böse, Geborgenheit & Furcht, Wahrheit & Lüge, Stärke & Schwäche, Treue & Betrug, Weisheit & Dummheit, Hoffnung & Verzweiflung.

Die Liste zu verlängern, bringt außer mehr Komplexität nichts. Details müssen auf einer untergeordneten Ebene behandelt werden. Dort, wo es um die kleinen Varianten, Ausstattungen der Bühne, Kulissen, Requisiten und um die handelnden Personen geht.

6.5   Geschichten vom ersten Mal

Erinnern Sie sich an Ihre erste Liebe? An den ersten Sex? An die ersten Ferien ohne Eltern? An Ihre erste eigene Wohnung oder Ihre erste Arbeitstelle? Solche Fragen stellen wir auch den Mitarbeitern eines Unternehmens, wenn es darum geht, Storytelling als Marketinginstrument einzuführen. Und die Antworten weisen jedes Mal auf das gewichtigste Argument hin, weshalb Storytelling Zukunft hat. Es ist keine komplizierte, unverständliche Theorie, sondern ein uraltes Verhaltensmuster. Neu ist nur, seine Einbettung in naturwissenschaftliche Denkgebäude. Neuronale Muster von emotionalen Erstbegegnungen müssen stärker geknüpft werden, um als Bewertungsrichtlinien für ähnliche Informationspakete zur Verfügung zu stehen. Und wenn wir statistisch auswerten, in welchen Lebensjahren Erinnerungsspuren tiefer als gewöhnlich sind, so korrespondieren diese Ergebnisse mit neuen Erkenntnissen der Hirnforschung. Denn es sind die Jahre der großen Umbrüche. Allen voran die der Pubertät. Einer Zeit, in der unser präfrontaler Kortex nochmals massiv neu verknüpft wird. Das Areal also, dem wir den Sitz der Vernunft zuschreiben.

Für die konkrete Praxis heißt das, wer auf der Bühne steht, wenn Geschichten vom ersten Mal und von Übergängen erzählt werden, ist gegenüber seinen Mitspielern im Vorteil. So gesehen, würden Investitionen in solche Auftritte wohl mehr bringen, als in der Garderobe über komplizierte Eigenkreation zu brüten. Automobilhersteller sollten lieber dafür sorgen, dass ihr Produkt zum Lieblingsspielzeug von Klein Werner wird, als ihn im Erwachsenenalter mit teuren Imagekampagnen ködern zu müssen. An welche Geschichten muss ich anknüpfen? Bei welchen Aufführungen muss ich mir unbedingt eine Rolle ergattern? Wer sind meine Mitspieler? Das sind zentrale Fragen im Storytelling.

6.6 Geschichten von Helden und ihren Taten

Nichts ist langweiliger als die Wahrheit. Man mag diese Aussage für unmoralisch halten, sie missverstehen oder als Rechtfertigung für Lügengeschichten missbrauchen. Fakt bleibt, dass Wahrheit ein Produkt des Bewusstseins ist und daher beim Knüpfen unserer Verhaltensmuster wenig zu sagen hat. Die neuronalen Netzwerke, die wirklich entscheiden, arbeiten nach dem Prinzip „passt — passt nicht." In den Alltag übersetzt heißt dies: Entweder wir glauben eine Geschichte oder wir glauben sie nicht. Wer sich für den Einsatz von Storytelling entscheidet, findet und erfindet passende Geschichten, nicht wahre. Das ist allerdings anspruchsvoller.

Die Grundstruktur jeder Geschichte setzt sich aus den Elementen Kernbotschaft, Handlung, Störung und Figuren zusammen. Dieses Ordnungsmuster reduziert Komplexität, ermöglicht das Andocken anderer Geschichten und erleichtert Prognosen.

Neurowissenschaftler lokalisieren keine Heldenareale im Gehirn, aber sie können erklären, wieso wir Helden brauchen. In der Kürzestform lautet ihre Begründung: Ohne Helden wackelt unser Ich. Was uns als bewusster Zustand erscheint, sind Erlebnisse einer virtuellen Welt, die sich während unserer Lebensjahre zu einer Aufführung verdichten und die wir als unser Ich wahrnehmen. Für den Abgleich von Außeninformationen benötigt die Illusion vom „Ich" zudem einen Verursacher, mit dem es eigene Möglichkeiten und Handlungsspielräume ausloten kann. Dieses Vorbild muss, wie wir aus eigener Erfahrung wissen, nicht aus Fleisch und Blut sein. Ein Teddy kann uns ebenso ans Herz wachsen wie der Roboter R2-D2 aus Star Wars. Mit dem Einsatz von Storytelling bekennen wir uns dazu, den Kampf gegen den Drachen aufzunehmen, Widerstände und Rückschläge zu überwinden, nach geeigneten Helfern Ausschau zu halten und unsere Strategie permanent den vom Zufall bestimmten Situationen anzupassen. Mitarbeitern, die den Ansatz von Storytelling verinnerlicht haben, sehen Marketing weniger als neckische Zugabe, Spaßkultur oder Ausflug ins Paradies, sondern als spannende Abenteuerreise, auf der sie wichtige Aufgaben zu erfüllen haben.

6.7 Storytelling in der Praxis

„Il methodo degli svizzerroti", schnarrte ein vorbeigehender Bauer mit einem Hauch von Geringschätzung, als er mich mit einem Buch in der Hand im Geäst des Olivenbaums entdeckte. Dann sah er kopfschütteln einige Minuten zu, wie ich mit der Gebrauchsanweisung jahrelanges Wachstum wieder in eine Früchte tragende Form reduzierte, und trottete von dannen. Als er am nächsten Tag erneut vorbeischlurfte, beäugte er mein Vortageswerk, ließ sich sogar zu einem Kompliment hinreißen und meinte, er habe gar nicht gewusst, dass es Leute gäbe, die das kunstgerechte Schneiden von Olivenbäumen in Worte fassten.

Diese Szene meiner Italienjahre kommt mir in den Sinn, wenn ich in ein Unternehmen gerufen werde, um Storytelling als Marketinginstrument einzuführen. Denn auch Geschichten erzählen ist ein Handwerk, das sich ohne Bücher erlernen lässt. Und hat man die Grundregeln einmal begriffen, muss man nur noch üben. Sich den Kopf mit noch mehr Marketingwissen zu füllen, nützt wenig. Das bestätigen nicht nur erfolgreiche Praktiker, sondern auch zahlreiche Studien über die mentalen Prozesse beim Schachspielen. Was ein Genie vom Durchschnittsspieler unterscheidet, sind nicht seine analytischen Fähigkeiten, sondern sein strukturiertes Wissen. Bei dieser Wissensform geht es nicht um die Anhäufung von Fakten, die wie bei den Millionärsspielen oder in Prüfungssituationen auf Knopfdruck zur Verfügung stehen müssen. Wer auf seinem Fachgebiet zu den Besten gehört, greift unbewusst auf ein implizites Wissen zurück, das ihn die erfolgreicheren Strukturmuster erkennen lässt. Diese Erkenntnis ist deshalb so wichtig, weil es beim Storytelling wie im Schachspiel nicht um angewandte Wissenschaft, sondern um spielerische Kunst geht. Das ist einer der vielen Gründe, weshalb sich Mitarbeiter leicht für diesen Ansatz gewinnen lassen und so zur hohen Erfolgsquote bei der Umsetzung beitragen.

Das Einsatzgebiet von Storytelling ist groß, da es im Marketing um die Beeinflussung menschlichen Wahlverhaltens geht, Verhaltensmuster zum größten Teil vom Unbewussten gesteuert werden und neuronale Netzwerke bei ihren Wahrscheinlichkeitsrechungen auf den Geschichtenschatz des autobiographischen Gedächtnisses zurückgreifen. Storytelling ist ein Tool, das sich im Branding, bei der Strategiefindung, in der operativen Umsetzung und in der Kommunikation bereits in zahlreichen Unternehmen bewährte. Wie das in der konkreten Praxis aussieht, lässt sich im Rahmen dieses Beitrag allerdings nur in sehr verkürzter Form und am Beispiel eines Kleinbetriebs zeigen. Aber da es um das Verständnis der Grundregeln geht, spielt es kaum eine Rolle, wenn Sie das kleine Optikergeschäft im schweizerischen Kanton Zug noch nie betreten haben.

6.8   Fielmann und die Kleinen

Ohne Störung keine Geschichte. Als Fielmann, der Marktführer der deutschen Augenoptik, im beschaulichen Schweizer Städtchen Zug eine Niederlassung eröffnete, begannen bei „Optik am Fischmärt" die Vorbereitungsarbeiten für neue Erzählungen. Die Umsätze brachen zwar nicht wie befürchtet weg, aber auf Störungen reagiert man besser so früh wie möglich. Da der Inhaber seinen Kunden zuhört, wusste er von meiner Leidenschaft für Storytelling und den Erfolgen dieser Marketingmethode. Er lud mich ein, ich kaufte eine neue Brille — und er mein Konzept.

Die Message oder der unantastbare Kern

Bei den intensiven Diskussionen um den Glaubensinhalt, die Botschaft der Geschichte, wurden alle Aspekte klassischer Marketingtheorien berücksichtigt, ohne deren Fachbegriffe explizit zu erwähnen. Beim Storytelling geht es ja nicht um die analytische Herleitung eines Modells, das die Realität wiedergeben soll. Storytelling ist die Suche nach einer Geschichte, in der die Strukturen konstanter Verhaltensmuster zum Vorschein kommen.

„Schönheit hat viele Gesichter." Das ist die Kernbotschaft, auf die sich die wichtigsten Inhalte der Geschichte reduzieren ließen. Zu den Überlegungen, die uns zu dieser Message führten, gehörten Sätze wie: „Schönheit ist etwas Visuelles". „Sehhilfen schärfen den Blick für Schönes". „Es gibt für jedes Gesicht eine schöne Brille oder passende Linse". „Wir verkaufen keine Brillen, sondern das Erlebnis, eine schöne Brille zu kaufen". „Wir sind Experten für das Schöne". „Wir inszenieren Schönheit."

Der Widersacher oder Sieg durch Nichtbeachtung

Wir sammelten Geschichten, die über unseren größten Feind erzählt wurden, und stellten fest, dass sie vorwiegend vom Mammon Geld handelten. Die Reduktion auf günstigen Anbieter orteten wir als die Achillesferse von Fielmann, da diese Botschaft inzwischen so stark in den Köpfen der Konsumenten verankert ist, dass andere Geschichten über Fielmann kaum wahrgenommen werden. Trotz intensiver Anstrengungen von Fielmann, sich anders zu positionieren. Wir entschieden uns für die Strategie, direkten Konfrontationen aus dem Weg zu gehen und den Namen des Widersachers so wenig zu erwähnen wie Lord Voldemort in der Saga von Harry Potter.

Die Helden oder Argonauten statt Odysseus

Zu den Grundregeln von Storytelling gehört die Identifizierung des Helden. Wer sollte der Held unserer Geschichte sein? Das Produkt? Der Laden? Das Team? Der Chef? Die gefundene Antwort war banal und bedeutend zugleich. Als Held unserer Geschichte kommt nur der einzelne Mitarbeiter in Frage. Banal, weil sich die Geschichte „Schönheit hat viele Gesichter" nur in der Beziehung zwischen Kunde und Verkäufer abspielen kann — bedeutend, weil uns diese Definition vom lähmenden Mythos der Teamarbeit wegbringt. Bei der Umsetzung der neuen Marketingstrategie wurde denn auch nach Geschichten gesucht in denen der Einzelne zugleich Held und Mitglied eines Kollektivs ist. Wir machten einen Ausflug in die griechischen Sagen und erzählten von den Argonauten, worauf die fünf Optikerfrauen Beispiele aus ihrem moderneren Geschichtenschatz zum Besten gaben.

Den Helden nur zu orten, reicht jedoch nicht. Wir müssen auch nach den Eigenschaften suchen, die ihm das Potenzial zum Star geben. Dabei gehen wir nach dem System vor, das der französische Werbefachmann Jacques Séguéla vor über zwanzig Jahren entwickelte, als ihn ein Buch über Marilyn Monroe dazu verführte, sich über die grundlegenden Eigenschaften eines Stars Gedanken zu machen. Seine drei Kategorien lauten: Physik, Charakter und Stil. Unsere Heldinnen mussten sich also überlegen, was das Typische ihrer sichtbaren Existenz, ihres Äußeren ist. Sie mussten mehr über den Kern ihrer Persönlichkeit erfahren und bei der Stilfrage auf das Zusammenspiel der unzähligen Zeichen achten, die von der Außenwelt wahrgenommen werden. Storytelling delegiert Stilfragen nicht an externe Werbeagenturen, sondern beantwortet sie bei der Beschreibung der Helden.

Die Handlung oder Filmstudio mit Regisseurinnen

Unsere interne Geschichte handelt von einem kleinen, innovativen Filmstudio. Sein Besitzer, selber ein begnadeter Regisseur, ehrgeizig, großzügig, überarbeitet und mit starkem Harmoniebedürfnis, möchte sich in kleinen Schritten aus der Regiearbeit zurückziehen und sich mehr der Produktion, der Förderung von Talenten und seinen Hobbys widmen. Wer bei ihm arbeitet, findet traumhafte Anstellungsbedingungen, muss aber im Gegenzug das Versprechen ablegen, jeden Tag neue Varianten der Geschichte „Schönheit hat viele Gesichter" zu inszenieren.

Wir formulierten sieben Glaubenssätze, die für alle Regisseurinnen verbindlich sind. Die Verinnerlichung der Eigenschaften guter Geschichten wird ebenso vorausgesetzt wie die ständige Erweiterung des persönlichen Repertoires. Besonders gelungene Inszenierungen werden schriftlich festgehalten und allen zugänglich gemacht. Der Chef ist für die Koordination der Aufführungen, die Kulissen, die Requisiten, die technischen Hilfsmittel und die Finanzen verantwortlich. Jeder Regisseurin steht pro Jahr ein fester Betrag zur Verfügung, um Inszenierungen verbessern zu können. Eine Geschichte gilt dann als gelungen, wenn der Kunde sie glaubt, sie in einer Variante erneut hören will und anderen weitererzählt.

Der Gesamtauftritt oder Werbung mit Storytelling

Mit der Einführung von Storytelling wurde auch der Gesamtauftritt der neuen Strategie angepasst. Wir suchten daher bei der Konzeption des Corporate Designs nach einem Logo, das auf das Produkt und die Unternehmenskultur hinweist. Und weil es auch als Träger von Geschichten dienen sollte, setzten wir uns über die Regel hinweg, ein Logo müsse unantastbar sein. Storytelling erleichterte diesen Schritt. Denn eine Geschichte ist dann gut, wenn sie einen unverrückbaren Kern hat und an den Rändern so offen ist, dass sie Andockstelle für neue Geschichten ist.

Bei der Einführung von Storytelling mit dem Logo zu beginnen, ist alles andere als zwingend. Einer der vielen Vorteile dieser Methode besteht gerade darin, dass der Maßnahmenkatalog nicht nach einer festen Reihenfolge geschrieben werden muss. Es genügt, jede Marketingaktivität konsequent darauf zu überprüfen, ob sie den unverrückbaren Kern der Geschichte erzählt. Ist das der Fall, führt jeder Schritt zu einer Verdichtung dieser unendlichen Geschichte. Gerade für kleinere und mittlere Unternehmen ist diese Eigenheit von Storytelling ein gewichtiges Argument, sich darauf einzulassen, fürchten sie sich doch verständlicherweise vor den Kosten, Umtrieben und Abwehrverhalten, die ein flächendeckender Gesamtumbau nach festgelegtem Zeitplan mit sich bringt.

Bei unserem Beispiel verzichteten wir weitgehend auf neue Marketingmaßnahmen, da die bisherigen Aktivitäten die wichtigsten Punkte gängiger Marketingpläne abdeckten. Das Hauptgewicht lag auf geeigneten Anpassungen. Es ist ja nicht so, wie uns einige Branding-Spezialisten weismachen wollen, dass unser Gehirn hundertprozentige Übereinstimmung von erwarteten und tatsächlich eintreffenden Informationspaketen braucht, um Identität herzustellen. Perfektion kann Ziel, aber nicht Zustand sein. Zudem haben uns die Erkenntnisse der Neurowissenschaftler gelehrt, dass beobachtbares Verhalten unser Urteil stärker beeinflusst als Erscheinungsbild und sprachliche Kommunikation. Wir haben das populäre Corporate-Identity-Schema von Klaus Birkigt deshalb leicht angepasst (Abb. 49 und 50).

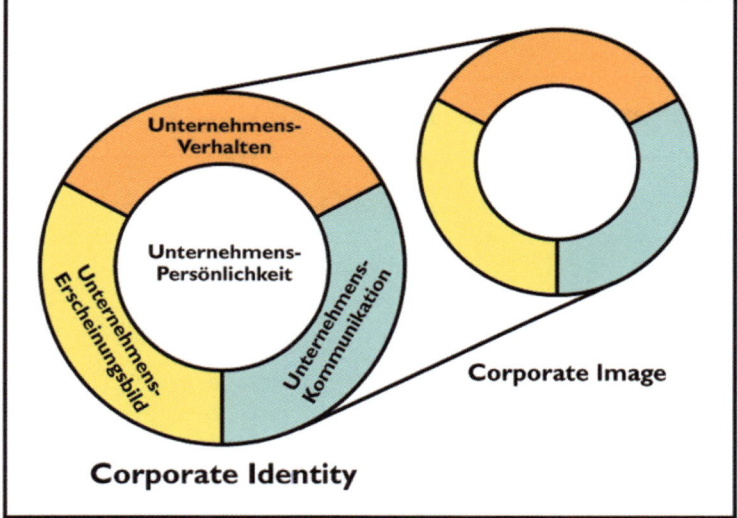

Abbildung 49: Der Zusammenhang zwischen Corporate Identity (Was sende ich aus?) und Corporate Image (Was kommt beim Empfänger an?)

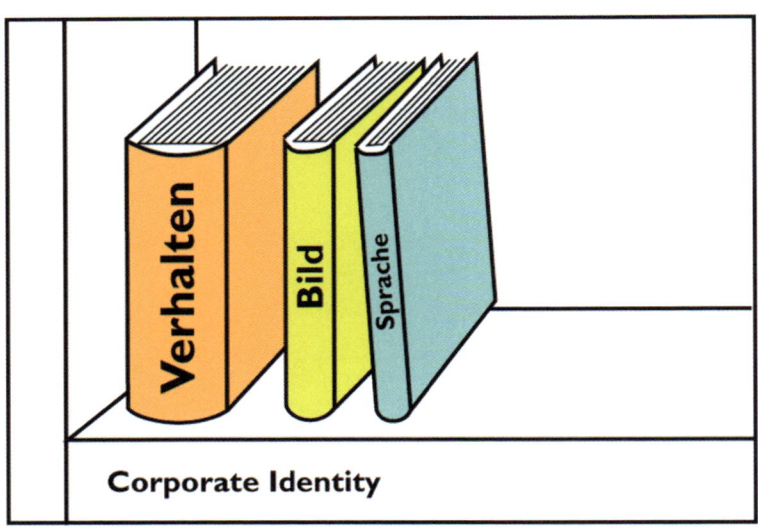

Abbildung 50: Die wesentlichen Bestandteile einer Corporate Identity

Schönheit in Aktion

Um das Vorstellungsbild des konkreten Einsatzes von Storytelling in unserem Beispiel abzurunden, skizzieren wir noch einige Aktivitäten in wenigen Strichen. Weil jede gelungene Aktion die Geschichte vom Storytelling anreichert und glaubwürdiger macht, entsteht mit der Zeit eine Denkhaltung, die automatisch neue Varianten der Kerngeschichte generiert. Die Gestaltung des Ladens während der Adventszeit war eine ideale Gelegenheit, anhand der Weihnachtsgeschichte die Strukturen und Grundregeln von Storytelling in Erinnerung zu rufen. Statt die Energie auf motivierende Maßnahmen zu verschwenden, steht sie heute zur Auswahl der besten Geschichten zur Verfügung. Marketing wurde wieder das, was es schon früher war, ein Fremdwort.

Lesebrillen in Restaurants

Wo guter Geschmack und Schönheit kulinarisch zelebriert werden, helfen wir zerstreuten Gästen aus der Patsche. Bringt ihm die Bedienung unsere edle Weinkiste mit eingebranntem Logo, findet der vergessliche Gourmet eine Lesebrille in passender Sehschärfe. Selbstverständlich nur so schöne, dass es durchaus vorkommen kann, dass seine Begleitung sich zur Anregung hinreißen lässt, sich ein schmuckeres Modell auf Dauer zu leisten, könne eine Überlegung wert sein. Den Verursacher der unverhofften Bewunderung aufzusuchen, ist die mögliche Fortsetzungsgeschichte.

Das spezielle Angebot

Ein einmaliges Event, das Fielmann nie durchführen kann, setzte Zeichen, brachte überraschende Umsätze und neue Kunden. Während einer Woche präsentierten wir die Kollektion einer exklusiven Marke. Schmuckbrillen mit Edelmetall und Diamanten in einer Preisklasse, die sechsstellige Ziffern kennt. Die Geschichte „Hollywood in Zug" signalisierte vermögenden Brillenträgern, dass sie für ihre Aufführungen nicht zwingend an die Zürcher Bahnhofstrasse müssen. Und die ganz normale Kundschaft genoss das Spektakel, bekam Erzählstoff und das gute Gefühl, Teil einer außergewöhnlichen Geschichte zu sein.

Geschichtenschatz überprüfen

Kunden mit umfangreicheren Brillenkollektionen laden wir alle zwei Jahre dazu ein, mit ihrem ganzen Sortiment vorbeizukommen, damit wir eventuelle Anpassungen vornehmen können. Dabei lassen wir sie Geschichten von ihren Brillen erzählen und erfahren so, was sie künftig hören möchten. Dass unsere Einladung einen Kunden jeweils dazu verführt, fast sein ganzes Sortiment von zwanzig Brillen auszuwechseln, überrascht inzwischen nicht mehr.

Kultur als Hefter

Weil Schönheit, Gesichter und Kultur oft auf der gleichen Bühne stehen, sind wir bei ausgewählten lokalen Ereignissen dabei. Wir verbinden Individualität mit Jazz, persönliche Auftritte mit Theater, den scharfen Blick mit Erfolg im Eishockey und Akzeptanz von Brillenträger mit Kinderevents. Ohne uns durch plumpes Werbegeschrei in den Vordergrund zu bringen, sondern einfach durch sympathische Präsenz.

**Optik
am Fischmärt**
Thorsten Schneider

Abbildung 51: Das Logo des Optikergeschäfts: Raum für Fantasie

Fazit

Storytelling im Marketing ist Instrument und Denkhaltung zugleich. Verstehen wir unter Marketing die Beeinflussung menschlichen Wahlverhaltens, so ist Storytelling alles andere als neu. Neu hingegen ist die Ausweitung des Begründungskatalogs für die Wirksamkeit. Denn seit die Erkenntnisse der modernen Hirnforschung öffentlich zugänglich sind, wissen wir, dass unser Gehirn alle Informationen in Musterfolgen strukturiert, die wir umgangssprachlich als Geschichten bezeichnen. Und weil Verknüpfungsmuster neurologischer Netzwerke unser Verhalten steuern, ist Storytelling alles andere als eine seltsame Marotte.

Geschichten geben Hinweise auf strukturiertes Wissen, reduzieren Komplexität und erleichtern Voraussagen möglicher Handlungen. Marketing ist keine Wissenschaft, sondern die Kunst, Strukturen von Strukturen zu erkennen, um dann eine Geschichte zu erfinden, an die individuelle Geschichten der Konsumenten andocken können. Das lässt sich auch mit traditionellen Methoden bewerkstelligen, wenn man diese nicht buchstabengetreu verfolgt. Doch der Umweg über unnötigen theoretischen Ballast kostet Zeit, Energie und Geld.

Das gewichtigste Argument für den Einsatz von Storytelling zeigt sich bei der Umsetzung. Denn was eine Geschichte ist, wissen alle. Das ist ein Vorteil, den keine andere Methode vorweisen kann. Nach welchem System mit welchen Metaphern, die Grundregeln vermittelt werden, ist nebensächlich, solange das Begriffsinventar im Alltag verankert ist. Ich habe mich in „Tausend und eine Macht" für einen Werkzeugkasten entschieden, in dem die zwölf Instrumente „Bild, Geschichte, Sinn, Einfachheit, Schönheit, Helden, Rituale, Lächeln, Sprache, Kitsch und Netz" zur Einführung bereit liegen.

7 „Quality of Media": Wie das Medienmarketing Erkenntnisse aus den Neurowissenschaften nutzt

von Michael Pusler und Dr. Marc Mangold

EINFÜHRUNG DES HERAUSGEBERS

Neue Medien und Werbeformen treten in den Markt, gleichzeitig splitten sich vorhandene Mediengattungen immer segmentspezifischer auf. Die Konsequenz: Die Werbeeffizienz nimmt ab, weil es immer schwieriger wird, den Konsumenten zu erreichen. Da die Werbebudgets aber nicht im gleichen Maß steigen, wie die Effizienz zurückgeht, wird der Kampf um Werbebudgets zunehmend härter. Zum einen zwischen den Mediengattungen, also beispielsweise Print, TV, Online, aber auch innerhalb der Mediengattungen. Für ein Medienhaus wie Burda ist es wichtig, in seinem Medienmarketing die Werbewirkung seiner Medien nachzuweisen und da der Schwerpunkt des Hauses im Printbereich liegt, zudem den Nutzen und die Vorteile von Print zu argumentieren.

Die klassische Werbewirkung wird in Kontaktkosten gemessen und gezählt. Diese Zahl sagt aber nichts darüber aus, welche Wirkung beim Konsumenten damit erzielt wird. Burda Media war eines der ersten Verlagshäuser, das erkannt hatte, dass die Hirnforschung in ihren vielen Disziplinen vielfältige neue Erkenntnisse über emotionale und kognitive Verarbeitungsprozesse erbringt. Deswegen engagiert sich das Unternehmen aktiv in der Hirnforschung. Michael Pusler und Dr. Marc Mangold geben nachfolgend einen Einblick, in welchen Bereichen des Medienmarketings Erkenntnisse der Hirnforschung von großem Nutzen sind.

DIE AUTOREN

Michael Pusler wurde 1964 in Münster geboren. Nach einem Studium der Psychologie (Wirtschaftspsychologie) und Betriebswirtschaftslehre in Konstanz, Köln und Mannheim arbeitete er zunächst als Marktforschungstrainée, dann als Projektleiter in der Infratest Burke Wirtschaftsforschung mit dem Schwerpunkt Werbeforschung. Seit 1998 ist er Mitarbeiter von Hubert Burda Media, zunächst in der Kommunikationsforschung als Projektierter (u.a. Entwicklung der Media-Markt-Studie „Communications Networks"), von 2002 bis 2004 war er Leiter des Marketing Support, seit 2004 ist er stellvertretender Leiter der Markt-Medien-Forschung. Aufgabenschwerpunkt: die forschungsbasierte Unterstützung der Profit-Center von Hubert Burda Media für das Werbeträger-Marketing sowie die konzeptionelle und evaluative Begleitung von strategischen Themen wie z.B. Brain Sciences, integrierte Kommunikationslösungen, Medien- und Werbe Wirkungsforschung. Seit 2007 leitet er die unternehmensinterne Entwicklung neuer Forschungsmethoden.

Dr. Marc Mangold war von 2001 bis 2004 wissenschaftlicher Mitarbeiter am Institut für Marketing der Ludwig-Maximilians-Universität München und promovierte zum Thema „Mehrpolige Markensysteme". Bis 2004 war er auch als Project Coordinator am Center on Global Brand Leadership in New York und München tätig, einem internationalen Zusammenschluss führender Universitäten zur Erforschung des Markenwesens. Von 2004 bis 2005 leitete er bei der Strategieberatung The EX Group in New York und München das deutsche Büro. Seit 2005 ist er als Head of Corporate Development im Stab von Dr. Hubert Burda bei Hubert Burda Media tätig.

Kontakt:**michael.pusler@burda.com**

Medienforschung wird in Deutschland intensiv seit über 50 Jahren betrieben, primär unter Hinzuziehung diverser verhaltenswissenschaftlicher Forschungsdisziplinen (Soziologie, Psychologie etc.). Insbesondere mit der Erforschung des Leseverhaltens sowie der quantitativen Bestimmung der Leser verschiedener Publikationen für Zwecke der Werbeträgerforschung hat sich die Printmedienforschung ein hohes Niveau erarbeitet. Was kann die Hirnforschung, was können Neurowissenschaften da noch Neues bieten?

Bereits ein oberflächlicher Einstieg in die Materie zeigt, dass die Berücksichtigung neurowissenschaftlicher Erkenntnisse in der Medienforschung offenbar gar nicht so neu ist. Die Psychologie hat hierüber bereits seit langem Erkenntnisse beigetragen. Eine nähere Betrachtung offenbart: Insbesondere aus dem Bereich der Einstellungsforschung oder aber der Kognitionswissenschaften (z.B. Involvement-Theorien) fließen bereits seit Jahren Erkenntnisse aus Disziplinen der Neurowissenschaften in die Medienforschung mit ein.

Im Folgenden wird aufgezeigt, wie die Erkenntnisse der Hirnforschung für das Medienmarketing eines Medienunternehmen genutzt werden können.

7.1   Warum das Gehirn Print liebt

Da Werbebudgets nur einmal ausgegeben werden, steht Print im Wettbewerb — insbesondere zu TV. Als Medienunternehmen mit Schwerpunkt Print interessiert uns natürlich die Frage, wie Print im Gehirn wirkt und welche Vorteile aus dieser Perspektive Print gegenüber TV hat. In Abbildung 52 haben wir unter „Quality of Media" die verschiedenen Forschungsschwerpunkte, die sich mit dieser Fragestellung beschäftigen aufgeführt. Im Folgenden werden wir die einzelnen Punkte etwas vertiefen.

		„Quality of Media": Forschungsfelder der Brain Sciences	
		Disziplinen in Stichworten	
bio-logy	1.	**Time structure/"Zeitsouveränität" der Medien** (zeitliche Struktur menschlicher Informationsverarbeitung)	Reiz-Darbietung
psychology	2.	**Change blindness** (Fähigkeit, Veränderungen des betrachteten Objektes wahrzunehmen)	
	3.	**Zirkadian-Rhythmen** (tageszeitliche Leistungsschwankungen)	Reiz-Verarbeitung
	4.	**Repetition** (Effekte bei wiederholter Stimulusvorlage)	
cognitive science	5.	**Interferenz** (zu viele Information überlagern sich und schwächen die Wirkung)	Lernen
	6.	**Episodic vs. Semantic memory** (z. B. kontextabhängiges Lernen und Behaltensleistung)	
neuro economics	7.	**Involvement and brain activity/Recall vs. recognition** (Hirnstrom-Aktivität bei verschiedenen Medien)	Entscheiden
	8.	**Decision making** (Hirnaktivität in Entscheidungssituationen) —> momentanes Hauptbetätigungsfeld der „Neuroökonomie"	

Abbildung 52: Forschungsschwerpunkte, die sich mit der besonderen Wirkung von Print im Gehirn beschäftigen

Time Structure/Souveränität

Zunächst interessiert die Frage, wie Kommunikationsinhalte wahrgenommen werden. Was ist dafür erforderlich, nach welchem Muster ist dieser Prozess strukturiert? Hierzu sind im menschlichen Gehirn Mechanismen zur zeitlichen Strukturierung vorhanden. Prof. Ernst Pöppel (Pöppel 2000) konnte in seinen Forschungen nachweisen, dass das was wir wahrnehmen, auf einer kulturübergreifenden zeitlichen Grundlage der Strukturierung basiert. So erfordert eine Informations-"Einheit" einen Zeitraum von mindestens drei Sekunden. Darunter können keine sinnvollen Bezüge hergestellt werden. Eine Erkenntnis, die sehr häufig vernachlässigt wird, wenn man bedenkt, dass häufig in elektronischen Medien staccatohaft — in rascher Bildfolge — Informationsvielfalt dem Betrachter zugemutet wird.

Was die zeitliche Flexibilität anbelangt ist der Zeitschriftennutzer Souverän. Im Gegensatz zu TV ist er bei der Mediennutzung zeit- und ortsunabhängig. Er kann die Zeitschrift überall hin mitnehmen und bestimmt so freiwillig über den Zeitpunkt der Nutzung (und somit auch über den des Werbemittelkontakts). Diese Souveränität bei Print führt zu verbesserter Lern- und Behaltensleistung bei gleichzeitig geringerer Werbeablehnung. Bei TV, wo der Werbeblock zeitlich vorgegeben wird, wird Werbung häufiger als störend empfunden.

Change blindness

Forschungen zum Thema „change blindness" gehen der Frage nach, inwieweit z.B. menschliches Sehen sich auf einen (fovealen) Punkt höchster Aufmerksamkeit konzentriert und was dabei möglicherweise an Hintergrundinformation ausgeblendet wird. Es konnte hier beispielsweise gezeigt werden, dass bei starker Konzentration auf ein zentrales Merkmal (z.B. eine Person in einem Film) der Betrachter gar nicht mitbekommt, dass im Hintergrund Dramatisches passiert (daraus kann man ermessen, wie fehleranfällig Detailaussagen bei Zeugenvernehmungen vor Gericht sein können). Dennoch hat dieser Bias unter funktionellen Gesichtspunkten seinen Sinn. Das Gehirn filtert in — überlebenswichtigen — Entscheidungsmomenten für das Handeln wichtige aus unwichtigen Informationen heraus.

Zirkadian-Rhythmen

Ein weiteres, im Zusammenhang mit der Medienrezeption untersuchtes Gebiet sind tageszeitliche Leistungsschwankungen. Die Chronobiologie beschäftigt sich mit tagesperiodischen Aktivierungs- und Konzentrationsprozessen und deren Bedeutung für die (nachhaltige) Speicherung von Informationen. Es zeigen sich dabei nicht nur tages-, sondern auch jahresperiodische Schwankungen. Was kann das zur Folge haben: z. B. führt eine Erhöhung der Körpertemperatur zu einer höheren kognitiven Leistung des Gehirns. Bei tagesperiodischen Schwankungen gibt es individuelle Unterschiede, die Medienrezeption erfolgt folglich nicht nach einem fixen Zeitplan immer gleichermaßen erfolgreich.

Repetition

Repetition bezeichnet das Phänomen zufälliger und gezielter Wiederholungseffekte sowohl beim Lernen von Text als auch von Bildern oder Tönen. Befunde hierzu stammen ursprünglich aus der Lernpsychologie und Psychophysik, daraus abgeleitete Versuchsanordnungen finden aber durchaus im Marketingkontext Verwendung. Die seinerzeit viel beachtete Rochester-Studie konnte 1960 bereits zeigen, dass die Produktbekanntheit durch Anzeigenwerbung von mehrmaliger Darbietung profitiert.

Interferenz

Interferenz ist ebenfalls ein Phänomen aus der Psychophysik und verweist auf den Umstand, dass das Gehirn bei der Reizverarbeitung an natürliche Grenzen der Aufnahmefähigkeit stößt (Stichwort Multi-Sensualismus). Manchmal ist eben weniger mehr. Dies ist aber nicht zu verwechseln mit dem Grundsatz integrierter Kommunikation, wonach eine Information — medienübergreifend — in je unterschiedlichen Facetten eine Verbesserung der Lern- bzw. Behaltensleistung mit sich bringen kann (Multiplying-Effekt).

Lernen & Gedächtnis: Epsisodic & Semantic Memory

Während semantisches Lernen primär die linken Hirnareale anspricht, die der sprachlichen Informationsverarbeitung dienen, wirkt das episodische Gedächtnis holistischer, kann folglich „gespeicherte Geschichten" auch länger vorhalten und dem Arbeitsgedächtnis zuführen (s. Beitrag von Dr. Werner Fuchs in diesem Buch). In letzter Zeit setzt sich allerdings zunehmend die Erkenntnis durch, dass die klassische Hemisphären-Theorie (linke Hirnhälfte — Ratio, rechte Hirnhälfte — Emotion), wenngleich nicht völlig widerlegt, doch durch ein differenzierteres, hemisphärenübergreifendes Verständnis der Vernetzung der Hirnhälften bei der komplexen Verarbeitung von Reizen abgelöst werden muss.

Recall & Recognition

Ein aktives Aufsuchen von Informationen, ein sich damit Auseinandersetzen erhöht zwangsläufig die Wahrscheinlichkeit, dass die Inhalte langfristig hängen bleiben. Im Bereich der Werbewirkungsforschung sind das diejenigen Aspekte, die über hohen Recall (aktives Erinnern an Details) und Recognition (Erinnern nach konkreter Vorlage) genannt werden. Zeitschriften z. B. können — und werden — mehrfach in die Hand genommen, das Kontaktvolumen baut sich über einen längeren Zeitraum auf und führt so zu größerer Nachhaltigkeit in der Kommunikationswirkung. Mehrfachkontakte bei derselben Person schaffen besseres „Lernen" der Werbebotschaft; TV bietet mit der einzelnen Ausstrahlung der Sendung nur die einmalige Kontaktchance.

Multiplying Effekt

Der Multiplying-Effekt reflektiert die gängige Mediaplanungspraxis des Media-Mix (z.B. TV und Print). Dabei bietet Print eine hervorragende Wirkungsergänzung zu einer TV-Kampagne, indem z.B. Key Visuals aufgegriffen werden, die das Lernen der Botschaft beim Rezipienten fördern.

Im Hinblick auf den Einfluss des redaktionellen Umfeldes auf die geschaltete Werbung erweist sich Print als kontextunabhängiger als TV (Furnham, A.; Barrie, G.; 1987). Die Werbeerinnerung wird dort also weniger negativ beeinflusst, ist für Print stabiler bzw. verlässlicher (eine Störung hängt bei TV stark vom Grad emotionaler Aktivierung ab und ist bei hoher emotionaler Aktivierung entsprechend höher).

Entscheidungen

Printwerbung soll verkaufen — jeder Kaufakt ist aber immer mit bewussten und unbewussten Entscheidungsprozessen verbunden. Das ist das Erkenntnisfeld der modernen „Neuroeconomics" (Kenning, P., Plassmann, H., Ahlert, D.; 2007). Beispielsweise interessiert hier die Frage, wie Marken die Entscheidung beeinflussen. Grundsätzlich gilt hier für die Markenbeachtung: Alles Wahrgenommene wird im Gehirn emotional verarbeitet. Dabei werden Aspekte von hoher individueller Relevanz besser verankert. Die funktionelle Bildgebung hat — obwohl das Forschungsgebiet Neuroökonomie noch sehr jung ist — bereits interessante Ergebnisse zu Fragen der Markenwahrnehmung, zur Erklärung von Kaufentscheidungen oder aber für die Werbewirkungsforschung erbracht. Etwa für die Markenforschung: Das verantwortliche Hirnareal ist der ventromediale (prä-)frontale Kortex. Eine zentrale

Erkenntnis hieraus für Marken st: Starke Marken belohnen den Verbraucher, nur die stärkste Marke dringt bei ihm durch (Zielsetzung für das Marketing: „To be the number one").

Eine interessante Erkenntnis aus der Bildgebung sind auch Unterschiede zwischen Männern und Frauen. Frauen scheinen „starke" Marken anders zu verarbeiten als Männer (s. Abb. 53). In den Wcrten der Hirnforscher liest sich das so: Sie aktivieren Areale in den Parietallappen beidseitig sowie im medialen Frontallappen links. Männer dagegen zeigen Aktivierung vor allem im inferioren Frontallappen links, im ventralen Striatum und anterioren Cingulum beidseitig (Born et al.; Focus-Jahrbuch 2007). Das heißt, Frauen unterscheiden sich in der Nutzung und Verarbeitung visuell-räumlicher Information und der emotionalen Inhalte und berücksichtigen dabei offensichtlich weit häufiger sprachliche Informationen. Männer aktivieren mehr emotionale Verarbeitungsmuster. Für erfolgreiche Markenkommunikation ergeben sich daraus interessante Hinweise.

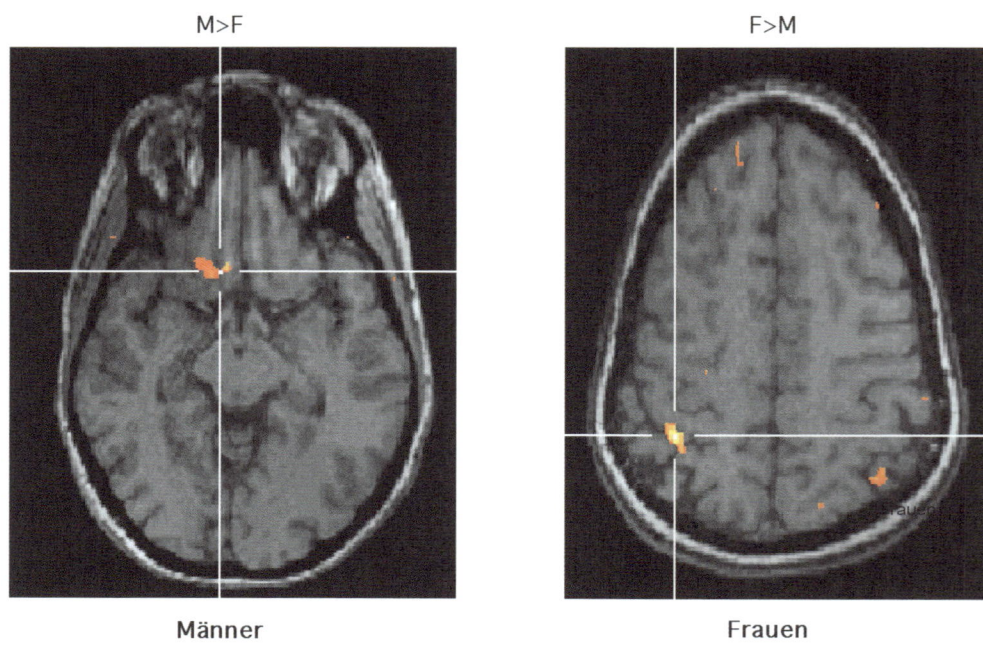

Abbildung 53: Männer entscheiden anders als Frauen

Was eine „starke Marke" ausmacht, ist unabhängig von der Produktkategorie. Es konnte Aktivierung in marketingrelevanten Arealen bei zwei unterschiedlichen

Produktkategorien (Pkw und Finanzdienstleistungen) gezeigt werden. Dies waren der orbitofrontale Kortex und der dorsolaterale präfrontale Kortex.

Zudem sind Aktivierungen in der anterioren Inselrinden, einer wichtige Region bei belohnungsassoziierten Entscheidungsfindungen, zu beobachten. Auffällig dabei ist Starke Marken zeigen vor allem linkshemisphärische Aktivierungen, schwache Marken führten zu beidseitigen Signalanstiegen in dieser Region. Diese bilateralen Aktivierungen in der anterioren Inselregion werden mit aversiv besetzten emotionalen Entscheidungen assoziiert (s. Abb. 54).

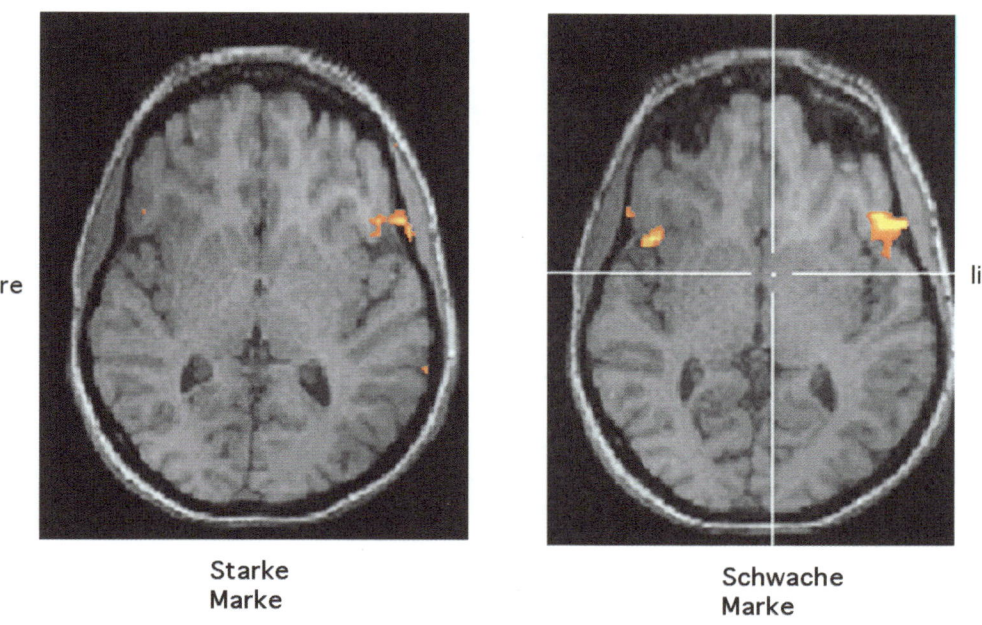

re   li

Starke Marke   **Schwache Marke**

Abbildung 54: Eine starke Marke: Konstanz über Produktkategorien

Die statistisch errechneten Unterschiede zwischen schwachen und starken Marken liegen vor allein im Orbitofrontalkortex, der bei der Steuerung von Emotionen und bei der Auswahl attraktiver (eher medial lokalisiert) oder auch unattraktiver bewerteter Stimuli (eher lateral lokalisiert) beteiligt ist.

7.2 Zusammenfassung: Was die Neurowissenschaften zur Wirkung der Mediengattungen Print und TV sagen.

Vergleicht man Zeitschriften mit dem Fernsehen im Hinblick auf Rezeptionsunterschiede, also wie sie beim Leser bzw. Seher wirken, so kann man im Hinblick auf die Werbeträgerleistung zu den oben genannten Punkten viele Unterschiede feststellen. Diese Unterschiede werden in der nachfolgenden Tabelle komprimiert dargestellt.

Forschungsthemen	Print	TV
biology		
1.) Time structure/ „Zeitsouveränität" der Medien Menschliche Informationsverarbeitung unterliegt zeitlichen Zyklen der Wahrnehmung: alle 3 Sekunden wird ein solches Zeitlernen geöffnet, darunter können kleine sinnvollen Einheiten gebildet werden	*Frei wählbare, der individuellen Empfänglichkeit anpassbare Nutzungs- und Kontaktzeiten: Werbung wird intensiver verarbeitet*	*Technisch vorgegebene Darbietung schränkt bedarfsgerechte Informationsverarbeitung deutlich ein: Werbung wird weniger intensiv verarbeitet*
2.) Change blindness (Veränderung der Objekten/ Szenen) Wahrgenommen wird zumeist nur der Aspekt, der unmittelbar von Relevanz ist, das Gehirn filtert so automatisch Überflüssiger heraus	*Durch die aktive, konzentrierbare Aufmerksamkeit kann man bei Print besser Relevantes erkennen. Dies ermöglicht, Informationen besser zu lernen*	*Vielzahl der visuellen Eindrücke bei Bewegtbildern führt zu Vergessen vieler Details*

Zusammenfassung:
was die Neurowissenschaften zur Wirkung der Mediengattungen Print und TV sagen.

7

Forschungsthemen	Print	TV
psychology		
3.) Zirkadian-Rhythmen Die Chronobiologie beschäftigt sich mit endogenen, tagesperiodischen Aktivierungs- und Konzentrationsprozessen und deren Bedeutung für die nachhaltige Speicherung von Informationen. Es zeigt sich nicht nur Tages- sondern auch jahresperiodische Schwankungen. Höhere Körpertemperatur führt zu höherer kognitiver Leistung.	*Leser wählt den Zeitpunkt der Zeitschriftennutzung selbst und steuert so seine mentale Verarbeitungsleistung*	*Der starre Zeitplan der Sendung lässt dem Seher keine Wahl, unabhängig ob der Körper empfangsbereit ist oder nicht*
cognitive science		
4.) Repetition Es gibt zufällige und gezielte Wiederholungseffekte, sowohl beim Lernen von Texten als auch Bildern. Die Befunde stammen hierbei aus der Lernpsychologie und Psychophysik (Sequenz- und Interferenzprozess)	*Frei gewählte, zeitlich individuell strukturierbare Wiederholungsrate bei Print ermöglicht gute Behaltensleistung*	*Behaltensleistung aufgrund der wenig selbst strukturierbaren Einflußgrößen geringer*
5.) Interferenz Die Aufnahmefähigkeit des Gehirns ist gekoppelt an die Anzahl der vorgegebenen Informationselemente; ist diese zu hoch, kann Lernen nicht mehr stattfinden.	*Geringere Interferenz im Hinblick auf emotionale Überstimulierung: neutrales Rezeptionsklima begünstigt Lernen von (Werbe-)Botschaften*	*Insbesondere bei hoch emotionalen Formaten findet die Interferenz auf Werbung statt, die das Erinnern behindern*
6.) Episodic vs. Semantic memory Kontextabhängiges Lernen	*Kontextabhängigkeit ist bei Print überwiegend geringer; besseres Lernen von Werbung möglich*	*Hohe Kontextabhängigkeit vom Programmumfeld erschwert teilweise Lernen von Werbung, insbesondere wenn dies hoch emotional (z.B. Sport, Filme mit Sex- bzw. Gewaltszenen)*

Forschungsthemen	Print	TV
Neuro-economics		
7.) a) Involvment and brain activity/ b) Recall and recognition Eine aktive Zuwendung erhöht die Wahrscheinlichkeit, wahrgenommenes langfristig und dauerhaft zu speichern; in Werbeträger-Kategorien ist dies „Nachhaltigkeit"	**7.) a) Aktives Lesen schafft ein Rezeptionsklima mit höherem Involvment, dies bietet Vorteile für Werbung** **7.) b) Anzeigenwerbung erzeugt hohe Hirnstromaktivität, dies unmittelbar zu höherem Marken-Recall: insgesamt wirkt Print nachhaltiger**	**Involvment wird besser akzidentell generiert- (weniger bei latenten Bedürfnissen), z.B. bei Werbung zu Genussmitteln** **Sequenzielle Abfolge von Bildern führt zu schlechterer Behaltensleistung von Informationen als statische, ebenso auditiv schlechter als visuell (Lesen)**
8.) Decision making Grundsätzlich gilt alles Wahrgenommene wird im Gehirn emotional encodiert; Dinge von hoher Relevanz können besser verankert werden; die verantwortliche Hirnregion ist der ventromediale frontale Cortex	**Gelesenes erzeugt emotionale Bilder im Gehirn, in der Markenkommunikation vernetzt Print besser kognitives und affektives Lernen und eignet sich so besser für das Lernen neuer Marken**	**Schwerpunkt auf der affektiven Seite der Informationsverarbeitung: bevorzugt in der Markenkommunikation bekannte gegenüber neuen Marken**

Abbildung 55: Viele Unterschiede in der Werbeträgerleistung zwischen Print und TV

Zusammenfassend kann man sagen: Print entfaltet seine Vorteile insbesondere bei neuen, erklärungsbedürftigen, risikobehafteten Gütern bzw. Leistungen. Bevor man sich z.B. fehlerhaft bei der Wahl einer Lebensversicherung beit in Kauf. Das Fernsehen (TV) besitzt hingegen mehr eine „Bestätigungsfunktion" und funktioniert auch deshalb bei bekannten, selbsterklärenden, schnelllebigen und risikoarmen Konsumgütern. Der Erfolg von z.B. Waschmittehverbung im TV liegt dabei in der häufigen Wiederholung einfacher Botschaften. Dementsprechend ist (und bleibt) Print sehr wichtig, um insbesprechen, zu interessieren und glaubwürdig zu überzeugen.

7.3   Printtitel als Marke

Im vorhergehenden Abschnitt haben wir gesehen, wie Marken insgesamt Entscheidungsprozesse beeinflussen — hier war unsere Perspektive, die in Print beworbenen Marken. Für das Medienmarketing ist aber nicht nur die Konkurrenz zu TV ein wichtiges Thema, auch Printmedientitel konkurrieeinzelnen Printtitel mehr oder weniger starke Marken. Eine für uns wichtige Frage ist, wie Printmarken im Gehirn wirken. Die Hirnforschung zeigt uns nun, dass bei Wahlentscheidungen starke Printmarken sogenannte „Belohnungsareale" im präfrontalen medialen Kortex stimulieren (s. Abb. 55) (Deppe, M. et al.; 2005). Im Abgleich mit Befragungsdaten stellt man fest, dass diese Effekte häufig nicht einer bewussten Steuerung unterliegen, über klassische verhaltenswissenschaftliche Verfahren (inbesondere Befragung) also möglicherweise gar nicht in Erfahrung zu bringen wären. Für TV sind im Übrigen bislang keine vergleichbaren gratifikatorischen Effekte nachgewiesen worden.

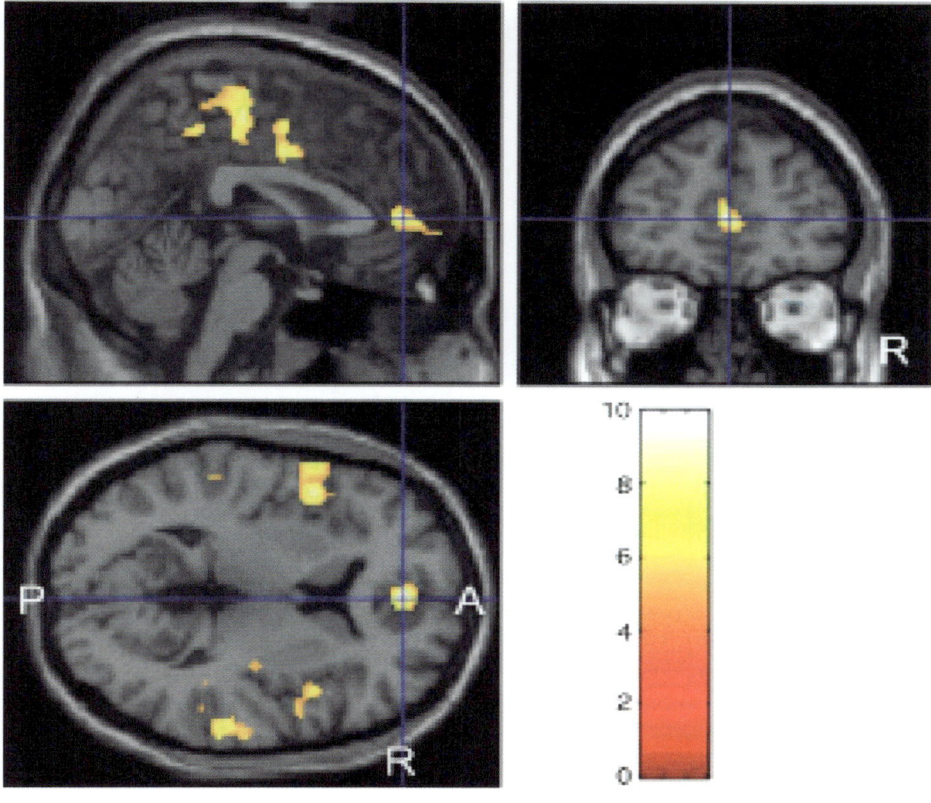

Abbildung 55: Starke Marken aktivieren das Belohnungsareal (Schnittpunkt der Linien) im Gehirn

Wenn man nun in etwa weiß, wie wichtig starke Medienmarken für die Wahlentscheidung ihrer Nutzer oder Verwender sind, stellt sich die Frage, inwieweit der Markenerfolg auch für Inserentenwerbung z.B. in Zeitschriften nutzbar ist.

Forschungen aus dem Bereich der Attributionstheorie konnten bereits in den 70er Jahren zeigen, dass glaubwürdige Medien Vorteile für Werbung bieten, die — wenn als solche erkannt — zunächst zurückhaltend bewertet wird. Die glaubwürdige Medienquelle entspricht der starken Medienmarke dann, wenn sie für einen persönlich von hoher Relevanz ist. Folglich müsste Werbung in einer starken Medienmarke mehr Erfolg haben als in einer schwachen. Neue, noch unveröffentlichte Untersuchungen deuten an, dass dieses als „Imagetransfereffekt" bekannte Phänomen tatsächlich gestützt bzw. erhärtet werden kann.

Zugleich verdichten sich die Erkenntnisse, dass Sequenzmodelle der Werbewirkung (wie die klassische AIDA-Formel) zugunsten von Simultan-Ansätzen (Wahrnehmung und Bewertung von Werbung erfolgen gleichzeitig, nicht nacheinander) abgelöst werden müssen. Eine Anzeige trägt danach z.B. bereits ihren eigenen Belohnungswert in sich und steuert so die Wahrscheinlichkeit, erinnert zu werden (Ambler, T.; Burne, T.;1999). Erfahrungen mit einer Marke bzw. einem Produkt bekommen dabei eine zentrale Rolle.

7.4 Crossmediale Medienmarken: Wie sich Sinnesvielfalt im Gehirn auswirkt

Wie wir gesehen haben, haben Medien spezifische Wirkungen auf das Gehirn. Print wirkt anders als TV. Gute Mediastrategien verknüpfen die einzelnen Medien entsprechend ihrer Wirkung. Die Hirnforschung zeigt uns aber auch, dass Medienmarken per se einen starken Einfluss auf das Entscheidungsverhalten haben. Was liegt näher, als aus starken Medienmarken „crossmediale Medienmarken" zu machen, die Print, TV und Online verknüpfen. Geht man diesen Weg, stellt sich die Frage, ob es sichtbare Effekte gibt, die im Sinne einer Markenkonvergenz einen Mehrwert bringen, getreu dem gestaltpsychologischen Grundsatz „Das Ganze ist mehr als die Summe seiner Teile"? Oder aber liefern TV- und Online-Auftritte einer Medienmarke viel oder wenig zusätzliches Markenpotenzial zur Printmarke?

Wie bereits ausgeführt, zeigen aktuelle Untersuchungen aus den Neurowissenschaften (zur Markenwahrnehmung bei Medienmarken), dass wesentlich für eine Produktwahl die erfahrene oder erwartete Belohnung ist.

Kern des Leistungsversprechens wird dabei die Medienmarke insgesamt (aggregiert über ihre Kommunikationskanäle Print, Online, TV etc.). Unter dem breit gefassten Stichwort „Medienkonvergenz" stehen künftig zunehmend nicht mehr die Mediengattungen im Wettbewerb, sondern starke (vs. schwache) Medienmarken, die über mehrere Kanäle ihre „Power" entfalten. Es gilt künftig, die Markenkraft des eigenen Angebots auszubauen. Unter Gesichtspunkten der Medienrezeption ist dies bereits unter dem Begriff „Multiplying" eingeführt und kann jetzt auch neurophysiologisch belegt werden.

Auf der Rezeptionsebene (wie gut werden Informationen über die verschiedenen Sinneskanäle gelernt) ist davon auszugehen, dass die verschiedenen Sinneskanäle unterschiedliche Beiträge der Informationsaufnahme bei Reizgegebenheiten leisten. Ein auditiv-visuelles Medienangebot ist dabei einem nur visuellen oder nur auditiven Angebot genauso überlegen, wie eine taktil angenehm anmutende Hochglanzzeitschrift einem Stück Papier überlegen ist. Zur Aufnahmefähigkeit tragen die Sinnesorgane (einzeln und in Kombination) wie folgt bei (s. Abb. 56)

- Gehör: ca. 10 — 20%
- Auge: ca. 20 — 30%
- Auge + Gehör in Kombination: ca. 40 — 50%
- Auge + Gehör + taktiles Erfassen: 80 — 90%
  (Geruchs- und Geschmacksinn sind ausgeklammert, weil sie bei Medien eine geringere Rolle spielen).

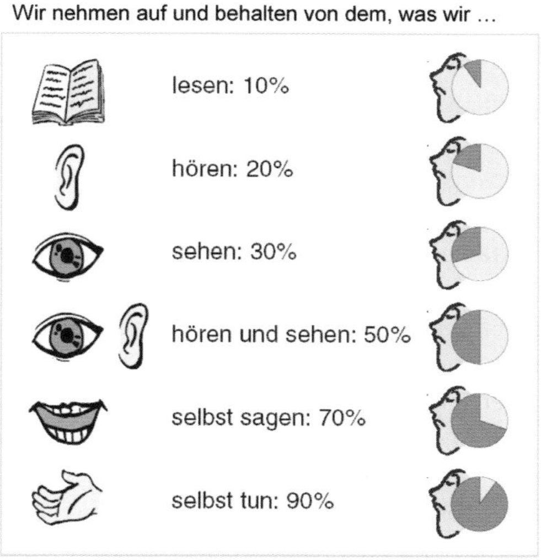

Wir nehmen auf und behalten von dem, was wir …

- lesen: 10%
- hören: 20%
- sehen: 30%
- hören und sehen: 50%
- selbst sagen: 70%
- selbst tun: 90%

Abbildung 56: Von dem was wir aktiv selbst tun behalten wir 90%

Zentrale Vorteile in seinen Kanalqualitäten weist dabei das Internet auf (s. Abb. 57). Es verbindet die Vorteile der Massenmedien (Print und TV) über den „Rückkanal" mit den Möglichkeiten der Dialogkommunikation und bildet somit die Basis immer wichtiger werdender direkter Ansprache- und Antwortmöglichkeiten („selbst tun" = für die Werbung höhere Kundenbindung) und schafft hierüber Vertrauen und letztlich Bindung. Ein offenkundiges und zugleich wachsendes Autonomiebedürfnis der Menschen, sich über Medien selbst zu inszenieren, lässt zudem die Raten selbstgenerierter Inhalte (Weblogs, Podcasts) künftig weiter in die Höhe schnellen.

Vorzüge von Online

1. **Mehrkanalige Ansprache** (visuell + akustisch; (Bewegt-)Bild und Text) **erhöht die Lernleistung**: Die Information wirkt nachhaltiger Hierüber können beide Hirnareale gleichermaßen aktiviert werden

2. **Online-Angebote** werden häufig selektiv genutzt: **hohes Involvement**

3. **Wiederholte** selektive **Nutzung** zeigt auch: **Angebote schatten Vertrauen**

4. **Orientierungsfunktion:** Online Angebote sind Navigatoren (das Internet selbst „nimmt einen bei der Hand" und führt einen zum Such-Ziel)

5. **Reduktion von Unsicherheit:** zu nahezu allen Aspekten findet sich hier etwas, das konkrete Informationsbedürfnisse befriedigt

6. **Selbst-souveränes Medium:** die vielfältigen **Möglichkeiten aktiver und passiver Medienrezeption** und -produktion schaffen eine hohe Autonomie beim Nutzer, bieten „Freiheitsgrade" zur individuellen Entfaltung des Mediennutzers

Abbildung 57: Die Vorzüge des Mediums Online

Leider liegen zur Multisensualität des Mediums Online bislang noch keine neurowissenschaftlichen Untersuchungen (insb. bei Nutzung funktioneller Bildgebung) vor, zumal sich hierbei aufgrund hoher Feldstärken der Hirnscanner die Versuchsaufbauten bei Real-life-Situationen schwierig gestalten. Dennoch darf in absehbarer Zeit auch hierzu mit neuen Erkenntnissen gerechnet werden.

7.5 Literatur

Pöppel, E.: Grenzen des Bewußtseins; Frankfurt/M. 2000. Insel Verlag.

Furnham, A.; Barrie, G.: Effects of time of day and medium of presentation on immediate recall of violent and non-violent news; Applied Cognitive Psychology, Vol. 1(4). Oct-Dec 1987; S. 255—267.

Eine gut lesbare Übersicht zum Thema für das Marketing:

Kenning, P., Plassmann, H., Ahlert, D.: Consumer neuroscience — Implikationen neurowissenschaftlicher Forschung für das Marketing; Marketing ZFP 1/2007; S. 57—68.

Untersuchungen aus

Born et al: BrainBranding. Eine neurowissenschaftliche Betrachtung starker Marken; Focus-Jahrbuch 2007 (Hrsg. W. Koschnick); Focus Magazin Verlag.

Dazu auch:

Deppe, M. et al: Evidence for a neural correlate of a framing effect: Bias-specific activity in the ventromedial prefrontal cortex during credibility judgements; Brain research Bulletin 67 (2005); S. 413—421.

Ambler, T.; Burne, T. (1999); The Impact of Affect on Memory of Advertising. Journal of Advertising Research (03/04); S. 25—34.

8 Making Sense: Die Macht des multisensorischen Brandings

von Martin Lindstrom, Autor von „BrandChild" und „BrandSense"

EINFÜHRUNG DES HERAUSGEBERS

In der Marken- und Produktkommunikation dominiert das Bild — getreu dem Motto: Ein Bild sagt mehr als Tausend Worte. Wir wissen, dass unsere Augen die wichtigste Verbindung zur Außenwelt sind. Auch in der kognitiven Hirnforschung hatte unser visueller Sinn oberste Priorität. Inzwischen verändert sich der Forschungsblickwinkel. Immer deutlicher wird nämlich, dass unser Gehirn ein multisensorisches Gehirn ist, das die verschiedenen Sinne zu einer Gesamtgestalt verknüpft — mit überraschenden Auswirkungen für das Marketing. Die Zukunft gehört deshalb dem multisensorischen Marketing. Wenn man von dieser neuen Disziplin spricht, fällt ein Name der damit untrennbar verbunden ist: Martin Lindstrom. Sein Buch „Brand-Sense" ist ein weltweiter Marketing-Bestseller. Und wer ihn auf einem Vortrag „Live on Stage" erlebt hat, kann sich der Faszination dieses Themas nicht entziehen. Im folgenden Beitrag sensibilisiert uns Martin Lindstrom — aus Gründen der Lesbarkeit wird die zugehörige multisensorische Hirnforschung in einem Infokasten dargestellt.

DER AUTOR

Martin Lindstrom wird vom Chartered Institut für Marketing (CIM) als einer der weltweit wichtigsten und einflussreichsten Branding-Spezialisten bezeichnet. Er berät viele Fortune-100-Marken wie zum Beispiel Disney, Mars, Pepsi, American Express, Mercedes-Benz, Reuters, McDonald's, Kellogg's, Yellow Pages und Microsoft. Sein letztes Buch „BrandSense", erschienen bei Simon & Schuster New York, ist ein weltweiter Marketing-Bestseller. Martin Lindstrom, in Dänemark geboren, lebt heute in Sydney.

Kontakt: **www.martinlindstrom.com**

Die Kosten, die für den Aufbau einer starken Marke anfallen, explodieren. Gleichzeitig nimmt die Aufmerksamkeit der Konsumenten ständig ab. Eine Vielzahl von kommerziellen Botschaften bombardiert die globale Bevölkerung stündlich über unendlich viele Medienkanäle. Im Laufe seines Lebens wird ein Erwachsener — je nach Land — mit 500.000 bis 1.000.000 TV-Spots konfrontiert. Gleichzeitig erscheinen jährlich 1000 neue Marken in den Regalen, die alle Kommunikation mit dem und zum Verbraucher fordern. Diese Rahmenbedingungen machen es immer schwieriger, die Aufmerk-Marke erforderlich ist. Es ist also kein Wunder, dass die Wirksamkeit jedes dramatisch sinkt. Tatsache ist, dass wirklicher Werbeerfolg immer schwieriger wird. Diese Entwicklung wird auch zukünftig weiter anhalten. Ein aktueller McKinsey-Bericht geht davon aus, dass die Werbewirkung von TV-Spots in den nächsten Jahren um weitere 40% fallen wird. Auch wenn diese Prognosen für die Vereinigten Staaten gemacht wurden, ist es mehr als wahrscheinlich, dass ebenfalls in Europa eine ähnliche Tendenz zu verzeichnen ist. Der Grund ist einfach, die Lösung aber kompliziert: Je mehr Botschaften abgesendet werden, desto weniger Wirkung hat jede einzelne Botschaft auf den Empfänger. Man kann es auch so ausdrücken: Unser Gehirn hat seine maximale TV-Spot-Aufnahmekapazität längst erreicht. Es ist also an der Zeit, umzudenken und neue Wege zu gehen.

8.1 Auf der Suche nach neuen Wegen

Markenentwickler brauchen etwas Neues. Es ist an der Zeit, die Art und Weise, wie wir eine Marke kommunizieren, neu zu gestalten. Aber wie geht das? Wie entkommen wir diesem Dilemma? Werten wir einen Blick auf die Blockaden — was fehlt dem Werber und Markenmanager in seinem Waffenschrank? Bessere Bildqualität? Wohl kaum — hervorragende Bildqualität ist heute die Norm. Noch lautere und aggressivere TV-Spots? Wohl auch nicht, denn die Grenze des Zumutbaren ist längst erreicht. Die Antwort finden wir in unserem Gehirn, genauer in unserem multisensorischen Gehirn. Bei meiner Arbeit über das Sensory Branding werde ich immer mit einer gewissen Ironie konfrontiert: Zwar nutzen wir unsere fünf Hauptsinne in jeder Sekunde, wir könnten nicht ohne sie leben oder gar überleben — aber wir wissen relativ wenig über sie. Erst dann, wenn wir durch Unfall oder Krankheit einen dieser Sinne verlieren, merken wir, wie wichtig er für uns ist. Stellen Sie sich einfach einmal vor, Sie würden nichts mehr riechen. Nicht so schlimm — werden sie zunächst sagen. Aber wenn Sie dann entdecken, dass Ihnen plötzlich das Essen nicht mehr schmeckt, dass Ihr guter Wein im Keller nur noch schal und flach durch den Mund läuft, dann merken Sie, wie ungeheuer wichtig jeder unserer Sinne für unser Leben ist.

Wie wäre es also, wenn wir unsere sensuale Gleichgültigkeit in der Marketingkommunikation ablegen und versuchen würden, mit unserer Produkt- und Markenkommunikation alle fünf Sinne anzusprechen — würde das die Blockade brechen?

Die Hirnforschung gibt uns hier eine klare Antwort — und diese lautet: Ja. Denn unser Gehirn ist in allererster Linie ein multisensorisches Gehirn (im gesonderten Infokasten habe ich für Sie die wichtigsten Erkenntnisse der multisensorischen Hirnforschung zusammengestellt). Nehmen wir an, wir würden unsere audiovisuelle Beschränkung aufheben und unsere Botschaften so gestalten, dass sie alle fünf Sinne ansprechen. Skeptiker weisen nun zu Recht darauf hin, dass die Ansprache des Geruchssinns durch Fernsehwerbung unmöglich sei. Aber diese physikalische Unmöglichkeit ist nicht das, was ich vorschlage. Mein Argument ist, dass — obwohl Geruch und Aroma einer Marke nicht über einen Fernseher transportiert werden kann — überhaupt nichts dagegen spricht, das Aroma trotzdem in die Marketingkommunikation zu integrieren.

8.2 Die Macht der vernachlässigten Sinne

Die meisten Menschen riechen ganz routinemäßig kurz an einer Milch bevor sie diese über ihr Müsli, in eine Kuchenmischung oder ein Glas gießen. Diese Vorsichtsmaßnahme läuft instinktiv ab. Sie ist meist das Ergebnis von schlechten Erfahrungen. Das Riechen nach Signalen des Verderbens bewahrt uns vor schlecht gewordenen Nahrungsmitteln. Wenn wir Fleisch und Gemüse auswählen, setzen wir Geruch, aber auch andere Sinnesmöglichkeiten ein. Obst prüfen wir auf verfaulte Druckstellen oder Wurmlöcher; bei Fleisch achten wir auf die Färbung und riechen, ob es gut abgehangen oder vielleicht schon überreif ist. Wir öffnen Marmeladengläser in der Erwartung den „Klick" zu hören, der bedeutet, dass der luftdicht versiegelte Inhalt bisher unberührt war. Offensichtlich spielen unsere Sinne lebenswichtige und komplizierte Rollen bei der Bewertung von Produkten und Marken.

Und doch haben wir uns im Marketing zwar um das Sehen und Hören, aber wenig um unsere anderen Sinne gekümmert. Mit wenigen Ausnahmen ist das Sehen — bis heute — der einzige Sinn, der durch die Werbung und die damit verbundene Grafiker- und Designergemeinschaft weiterentwickelt wurde.

Beide Seiten der Werbekommunikation — Produzenten wie Konsumenten — haben sich bisher mit der audiovisuellen Zweidimensionalität begnügt. Markenentwickler konzentrieren sich auf das Visuelle; Zuschauer vermuten, was sie sehen. Und das, obwohl wir wissen, dass in einem Buch viel mehr steckt, als durch die visuelle Titelgestaltung des Covers kommuniziert wird. Das sichtbare Äußere entspricht nicht zwangsläufig dem, was eine Person, ein Produkt oder eine Marke wirklich auszeichnet.

8.3 Kleine Signale – große Wirkung

Eine französische Studie, die für einen Hauptnahrungsmittelhersteller durchgeführt wurde, prüfte dies und erbrachte interessante Resultate. In der Studie wurden zwei unterschiedliche Packungen eines Diät-Mayonnaiseprodukts getestet. Die Versuchspersonen waren weiblich. Beide Packungen enthielten dieselbe Mayonnaise, und beide trugen sogar dasselbe Etikett. Aber die Form der Behälter unterschied sich stark. Einer war tailliert geformt (Sanduhr-Schema), während der andere dem Gegenteil entsprach. Diese Packung war rundlich und ähnelte in ihrer Formgebung einem Buddha. Sie erraten sicher, welche Verpackung von den Frauen bevorzugt wurde. Die Sanduhr-Version machte das Rennen und zwar zu 100%. So hatten die Signale, die durch die Verpackungsform kommuniziert wurden, eine erhebliche Auswirkung auf die Wahl der Versuchspersonen. Im Test — das ist wichtig — wurden die Verpackungen nicht nur gezeigt, sondern von weiblichen Versuchspersonen auch mit den Händen erkundet.

Endlich wird der Fokus der heutigen Marketing- und Markenwelt auf die vergessenen Sinne ausgedehnt. In der Vergangenheit blieb es meist weitgehend dem Zufall überlassen, wie sich eine Marke anhörte, anfühlte, wie sie schmeckte und wie sie roch. Manchmal passte alles zufällig zusammen meistens aber nicht. Alles was wir über unsere Welt aufnehmen, nehmen wir über unsere fünf Sinne auf. Unsere Erfahrungen werden über die Sinne vermittelt und unsere Erinnerungen bestehen aus emotionalen Sinngestalten, an denen alle unsere Sinne beteiligt sind.

8.4   Was wir von der Kirche lernen können

Viele von uns kennen die überwältigenden Sinneserfahrungen von religiösen Zeremonien und Ritualen. Flackernde Kerzen auf dem Altar tauchen die Kirche in ein warmes Licht und vermitteln das Gefühl der Geborgenheit. Weihrauch steigt von den schwingenden Weihrauchfässern zur Decke und verbreitet einen geheimnisvollen Geruch. Der gemeinsame Gesang der Kirchengemeinde führt zusammen, während der Priester seine Arme zum Segen ausbreitet und mit dem prächtigen Stoff seines Messgewands Autorität und Sicherheit ausstrahlt. Das Läuten der Glocken zur Wandlung ruft zur Demut auf. Was wir daraus lernen ist, dass multisensorisches Marketing gar nicht so neu ist: Die katholischen und orthodox-christlichen Kirchen haben die Macht der Sinne schon seit vielen Jahrhunderten verstanden.

Wir speichern unsere Werte, Gefühle und Emotionen an verschiedenen Stellen im Gehirn ab. Diese Speicherung funktioniert aber anders als bei einem Videorekorder, der Ton und Bild auf getrennten Spuren speichert. Unser Gehirn fügt die Spuren aus den verschiedenen Sinnsystemen zusammen — und wenn alle fünf Sinnsysteme gleichermaßen angesprochen werden, ist die Wirkung um ein Vielfaches höher als die Summe der Einzelsinne. Diesen Effekt nennt man Multisensory Enhancement — im Infokasten „Das multisensorische Gehirn" (S. 180) erfahren Sie mehr darüber. Diese multisensorischen Sinngestalten enthalten mehr Daten, als man sich vorstellen kann. Sie steuern unsere Gefühle und damit unsere Entscheidungen.

Vor nicht allzu langer Zeit machte ich einen Spaziergang in Tokio. Als ich durch die Straßen von Shibuya lief, begegnete mir eine elegant gekleidete Frau. So fesselnd sie auch aussah, es war ihr Duft, der meinen Puls schneller schlagen ließ. Sie hinterließ eine Duftspur, die sofort eine ganze Erinnerungswelt in mir hervorrief. Dieses Parfüm erinnerte mich an meine Jahre an der High School, insbesondere an ein Ereignis mit einer Freundin, die denselben Duft getragen hatte. Plötzlich, nach vielen Jahren, in denen ich nicht mehr an dieses Erlebnis gedacht hatte, war es auf einen Schlag wieder da. Es war allein die Macht dieses Geruchs, der diese ungeheuer starken Erinnerungen in mir hervorrief. In diesem Moment hatte ich völlig vergessen, dass ich in Japan war — in meinen Vorstellungen war ich zu Hause in meiner dänischen Heimat und befand mich mit meiner Freundin auf dem Weg zum Kino.

8.5   Das Proust-Phänomen

Wir alle kennen diese Situationen, in denen ein Geruch oder Duft ausreicht, bewegende Erinnerungen hervorzurufen. Solche, durch einen Geruch herbeigerufene Erinnerungen, nennt man auch das Proust-Phänomen. Marcel Proust hatte in einer Schlüsselszene seines Weltbestsellers „À la Recherche du Perdu" erzählt, wie einige wenige Geschmacks- und Geruchserlebnisse in einer Teestunde vergangene und vergessene Erlebnisse in ungeheurer und eindrücklicher Stärke zum Leben erweckten. Obwohl die beschriebene Szene bei Proust aus Geschmacks-, Tast- und Geruchseindrücken bestand, werden unter dem Proust-Phänomen nur solche Erinnerungen verstanden, die von Gerüchen ausgelöst wurden.

Unsere Erinnerungen nehmen von Geburt an zu, sie verändern sich, sind flexibel und stets offen, neue Erlebnisse zu integrieren. Geruchs-, Geschmacks- und Tastsinn spielen dabei eine große Rolle. Hier liegt die große Herausforderung: Marken haben das Ziel, wiedererkannt zu werden und emotionale Erinnerungen zu aktivieren — solange aber Marken- und Produktkommunikation zweidimensional bleiben, werden die Sinn-Chancen vertan. Menschen nehmen Marken schneller auf und integrieren sie schneller in ihr Gedächtnis, wenn alle fünf Sinne angesprochen werden. Das Gleiche erfolgt beim Abruf: Die emotionale Wirkung von fünfdimensionalen Marken ist um ein Vielfaches stärker als die ihrer zweidimensionalen Kollegen.

8.6   (Auto-) Liebe geht durch die Nase

Erinnern Sie sich noch, als Sie Ihr erstes neues Auto kauften? Es hatte einen bestimmten Geruch. Es war der „Geruch-des-neuen-Autos". Viele Menschen erzählen von diesem Geruch, als sei dieser einer der schönsten Augenblicke während des Kaufes gewesen. Tatsächlich gibt es diesen „neuen Autogeruch" nicht — er wird künstlich hergestellt und in Blechdosen angeliefert. Wenn das Auto das Fließband verlässt, wird der Geruch überall im Innenraum des Autos versprüht. Dieser Geruch hält sich ungefähr sechs Wochen, bis er dann durch die Gerüche des täglichen Lebens ersetzt wird: schmutzige Laufschuhe, alte Zeitschriften, ausgeflossene Getränke usw. Weder das Rückstellen des Tachometers noch Ihre Reinigungsanstrengungen helfen, den Eindruck des Neuen zu bewahren. Wenn der Geruch des neuen Autos weg ist, fahren Sie einen Gebrauchtwagen. Natürlich können Sie den „Mein-Auto-ist-neu-Geruch" verlängern, indem Sie zu Ihrer Kfz-Werkstatt fahren und Ihr Auto mit dem Geruch einsprühen lassen!

Wir ahnen oft nicht im Entferntesten, wie uns unsere Sinne unbewusst beeinflussen. Der Bondi Beach in Sydney ist voll von Ständen, die die üblichen Sommer-Utensilien anbieten: Sonnenschirme, Surfboards, Sonnencreme und Getränke. Man kann aber auch viele andere Dinge kaufen, nämlich solche, die man sich, wenn man Zeit hat und im Urlaub ist, gerne gönnt. An einem windigen und kalten Frühjahrstag ging eine Freundin von mir zu diesen Ständen, um schnell noch ein Geburtstagsgeschenk zu besorgen. Eigentlich wollte sie eine Halskette an einem Modeschmuck-Stand kaufen. Plötzlich ertappte sie sich aber dabei, wie sie sich, anstatt nach einer Halskette zu suchen, mit Badeanzügen beschäftigte. Überrascht durch ihr eigenes Verhalten, bemerkte sie, dass die Luft irgendwie schon nach Sommer roch, auch wenn die Badesaison noch weit weg war. Sie kam mit dem Verkaufspersonal ins Gespräch und sprach über die feinen Sommergerüche. Eine Verkäuferin lachte, zog einen Vorhang zur Seite, und da stand eine verborgene Maschine, die einen feinen Kokosnuss-Geruch in die Luft blies. Die Freundin kaufte den Badeanzug zwar nicht, aber eine Woche später reservierte sie sich eine Reise auf die Fidschi-Inseln.

8.7 Das einzigartige Knacken der Kellogg's Cornflakes

Der unbewusste Einfluss und die Macht der Sinne warten überall. Kellogg's, die Frühstückscerealien-Experten wissen, dass der Geschmack der Cornflakes sowohl von der Textur als auch vom Geruch stark beeinflusst wird. Rice Krispies verlieren ihre Attraktivität, wenn sie nicht knistern, auch wenn ihr Geschmack nicht verändert wird und sie noch vollkommen essbar sind. So überrascht es nicht, dass die Knusprigkeit des Korns das eigentliche Erfolgsgeheimnis dieses Frühstücksprodukts ist. Auf das Knistern in unserem Mund, welches wir multisensual hören und fühlen können, wird mehr Wert gelegt, als auf den Soundeffekt, der durch die Werbung vermittelt wird.

Kellogg's hat sich in jahrelanger Forschung mit dem Synergieeffekt und dem Zusammenwirken zwischen dem Knistern und dem Geschmack beschäftigt. Dabei arbeitet Kellogg's eng mit einem dänischen Labor zusammen, das sich auf Knusprigkeit und orale Textur von Lebensmitteln spezialisiert hat. Kellogg's ging sogar so weit, sich die Knusprigkeit seiner Produkte ebenso wie die Rezepte und das Markenlogo patentieren zu lassen. Deshalb entwickelte das dänische Labor nur für Kellogg's ein einzigartiges Knacksen. Dieses patentierte Knacksen ist tatsächlich so anders, dass jeder, der am Frühstücksbüffet zufällig normale Cornflakes in seine

Glasschüssel füllt, beim ersten Biss sofort erkennt, dass diese Cornflakes nicht von Kellogg's sind. An dem Tag, an dem Kellogg's sein einzigartiges Knacksen auf den Markt brachte, wurde die Marke noch wertvoller. Durch die bewusste multisensorische Gestaltung der Marke wurden Markenplattform und Markenwirkung erheblich verstärkt.

Die Erweiterung der Markenplattform durch die Ansprache aller Sinne macht buchstäblich Sinn. Wir alle kennen den köstlichen Geruch von frisch gebackenem Brot, der uns in Bäckereien umschmeichelt. Supermärkte in Skandinavien nutzen den Umstand, dass einem bei diesem Geruch das Wasser im Mund zusammenläuft, indem sie Brot am Eingang ihrer Läden anbieten. Aber achten Sie mal darauf, woher der Brotgeruch kommt. Eine Bäckerei gibt es nämlich im Supermarkt nicht, obwohl es wie beim Bäcker riecht. Schaut man aber zur Decke, lüftet sich das Geheimnis — der frische Brotgeruch ist künstlich. Er strömt aus Rohren in die Nasen seiner ahnungslosen Opfer. Auch wenn man diese Manipulation zynisch finden mag — die Taktik hat sich bewährt, weil der Backwaren-Absatz dadurch enorm angestiegen ist.

Tatsächlich ist es so, dass weder der Geruch des neuen Autos, die Form der Mayonnaiseflasche oder das Knistern der Cornflakes etwas mit der Qualität oder der Leistung des Produkts zu tun haben. Und doch spielen diese Sinneseindrücke eine wichtige Rolle in der Beziehung, die wir zu Produkten haben. Diese besonderen Sinneserlebnisse machen die Produkte attraktiver, sie beeinflussen unbewusst unser Verhalten, und sie helfen dabei, die Produkte vom Wettbewerb deutlich zu differenzieren. Diese Sinneserlebnisse haben sich in unserem Gedächtnis verankert und sind so zu einem Teil unserer Entscheidungsprozesse geworden.

8.8 Die Zukunft gehört der multisensorischen Markenführung

Es ist genau dieser multisensorische Prozess, der den zukünftigen Weg der Markenentwicklung aufzeigt. Im Laufe des nächsten Jahrzehnts werden wir gigantische Unterschiede bemerken: in der Art und Weise, wie wir Marke wahrnehmen und wie uns diese präsentiert werden. Die Fortschritte, die wir erleben werden, können wir vergleichen mit der Entwicklung des früheren Schwarz-Weiß-Fernsehers mit Monosound zum heutigen hochauflösenden Farbfernseher (HDTV) mit Surround-Sound-System. Sich diese zukünftige Welt vorzustellen, ist gar nicht so einfach: Schauen Sie auf die Seite, die Sie jetzt gerade lesen. Alles was Sie sehen sind schwarz gedruckte Wörter auf einer weißen Seite. Das ist alles, was ich zur Verfügung habe, um Sie von einer Markenkommunikation zu überzeugen, die sich durch Ansprache eines jeden unserer Sinne total verändern wird. Stellen Sie sich eine farblose Welt vor, in der alles aus grauen, schwarzen und weißen Schatten besteht. Wie würden Sie jemandem die Farbe Rot erklären, der nur eine Schwarz-Weiß-Sicht kennt? Das ist die große Herausforderung mit der sich Markenmanager auseinandersetzen müssen. Diese müssen ihre Marken aus dem vertrauten Hafen der zweidimensionalen Existenz befreien und sie zu den neuen Ufern einer multisensorischen Sinngestalt führen. Hier liegt der wahre Fortschritt in der Markenkommunikation, gleichzeitig aber auch die Notwendigkeit, wenn Marken in der neuen Welt der Sinne wettbewerbsfähig sein wollen.

Als Markenmanager werden Sie fragen: „Was muss ich jetzt konkret tun?" Es gibt ganz praktische Schritte, die Sie vornehmen können, um die zweidimensionale Existenz Ihrer Marke in ein vitales fünfdimensionales Leben umzuwandeln. Der Übergang zu einer Sinnesmarke ist ein Prozess, der immer sicherstellen muss, dass die Marke nicht beschädigt wird. Wenn Sie mit einer multisensorischen Markenstrategie erfolgreich sein wollen, sollten Sie nicht damit beginnen, den Ton, den Geruch und die Fühlbarkeit Ihrer Marke zu verändern. Bevor Küchenchefs ihre Zutaten kaufen und verarbeiten entwickeln sie eine klare Vision davon, wie das Endgericht aussehen und schmecken soll bzw. was sie ihren Kunden präsentieren wollen. Auch ein Regisseur und sein Bühnenbildner haben eine ganzheitliche Vorstellung vom Ziel, das dann die gesamte Dramaturgie bis ins Detail bestimmt. Was wollen Sie mit der Markeninszenierung erreichen? Welche Kernbotschaft soll vermittelt werden? Wählen Sie nun die Kanäle und die Werkzeuge mit Bedacht aus. Jedes Element Ihrer Marke muss in die Präsentation integriert werden.

Der Trick dabei ist, nicht jedes Sinneserlebnis sofort zu verändern, sondern seine Marke Sinn für Sinn zu optimieren. Welche Sinne besonders angesprochen werden, ist von der Produktkategorie abhängig. Die Erfahrung zeigt, dass es sinnvoll ist, zunächst am Sound zu arbeiten und erst dann an den Geruch zu gehen, nicht nur weil sich Ton leichter umsetzen lässt, sondern auch weil Ton oft unterschätzt wird. Betrachten Sie Ihre Website. Wird Ton eingesetzt? Warum nicht?

Ein Sinneserlebnis sollte die Werte Ihrer Marke widerspiegeln. Also lassen Sie die Werte, die Sie definiert haben, die eingesetzten Sinnessignale führen. Ist Ihre Marke mit weiblichen Werten verbunden? Bringen Sie dies durch Ton, Textur und Duft zum Ausdruck. Haben Sie keine Angst vor den zusätzlichen Kosten, die mit dem Einbau von sensorischen Touchpoints oder Kontaktpunkten in Ihr Design, verbunden wären. Die Investition wird sich auszahlen. „Sinnvoller" können Sie Ihr Geld nämlich nicht einsetzen.

Das multisensorische Gehirn

Warum ist die Multisensorik für die Marken- und Produktkommunikation so unendlich wichtig? Um das zu verstehen, lohnt ein Blick in unser Gehirn, um zu erkunden, was genau mit unseren Sinnen passiert. Unsere fünf Hauptsinne, Sehen, Hören, Schmecken, Riechen und Tasten haben unterschiedliche Eingänge in unser Gehirn. (Es gibt noch eine Reihe anderer Sinne — diese spielen aber bei unserer Betrachtung keine Rolle). Auch die primären Verarbeitungszentren unserer Hauptsinne liegen im Gehirn voneinander entfernt. Die Zentren für Schmecken und Riechen liegen im Stirnhirn, das Zentrum für Hören im Seiten-Lappen, das Tasten und Fühlen im so genannten parietalen Großhirn und unser primäres Sehzentrum sitzt weit entfernt vom Riech- und Schmeckzentrum, nämlich im hinteren, dem okzipitalen Lappen. Über viele Jahre war man angesichts dieser weit verstreuten Lokalisationen der einzelnen Sinn-Verarbeitungszentren in der Wahrnehmungsforschung der festen Meinung, dass unsere fünf Sinne weitgehend unabhängig voneinander im Gehirn verarbeitet würden. In den letzten zehn Jahren allerdings änderte sich das Bild vollständig — heute gilt das wissenschaftliche Interesse dem multisensorischen Gehirn.

Die Sinne beeinflussen sich stark gegenseitig

Heute weiß man, dass unser Gehirn extrem multisensorisch arbeitet. Schon kurz nach der primären Verarbeitung werden unsere Sinne zusammengeführt und beeinflussen sich gegenseitig, ohne dass wir das merken. Ein kleines Beispiel aus dem Alltag soll dies verdeutlichen: Wenn wir im Kino sitzen, hängen wir meist gespannt an den Lippen der Hauptdarsteller. Egal wo sie sich auf der breiten Kinowand auch befinden — wir haben immer das Gefühl, dass der Ton direkt aus ihrem Mund kommt. Doch das ist eine Täuschung: Die Lautsprecher stehen meist in den Ecken — ohne Bild würden wir die Herkunft des Tons ganz anders lokalisieren. Für diese unbewussten gegenseitigen Beeinflussungen zwischen den einzelnen Modalitäten gibt es viele weitere Beispiele.
Die einzelnen Sinne beeinflussen sich gegenseitig in unterschiedlichem Ausmaß — Geschmack und Geruch sind sehr stark untereinander verbunden, ebenso bilden Hören, Sehen und Tasten einen untereinander enger verbundenen Sinnes-Kreis. Trotzdem kann aber auch das Sehen den Geschmack beeinflussen: Um das auszuprobieren, genügt ein einfacher Versuch: Nehmen Sie einmal Lebensmittelfarben und färben Sie Ihre Lieblingsspeise in ganz anderen Farben ein — nichts wird Ihnen mehr so richtig schmecken. Extrem stark ausgeprägt sind die gegenseitigen Beeinflussungen der Sinnes-Systeme übrigens bei den so genannten Synästhetikern. Das sind Menschen, die beispielsweise einen Ton hören und gleichzeitig erscheint in ihrem Bewusstsein aber auch eine Farbe das

funktioniert übrigens auch anders herum. Schon auf unterster Stufe beeinflussen sich die primären Sinnsysteme durch hochgradige Vernetzung gegenseitig. Produkteigenschaften aus unterschiedlichen Wahrnehmungskanälen werden oft auch zusammen gespeichert. Die einzelnen primären Sinn-Verarbeitungssysteme sind in unserem Gehirn schon auf unterster Verarbeitungsstufe stark vernetzt. Früher ging man davon aus, dass im visuellen Kortex nur visuelle Erfahrungen gespeichert werden — in letzter Zeit zeigt sich aber, dass dies ein Irrtum ist. Das demonstriert ein interessanter Versuch aus der Hirnforschung: Mit starken Magneten, die man über den Kopf hält, kann man bestimmte Hirnbereiche für kurze Zeit lahm legen. Dieses Verfahren nennt man Transcraniale Magnetstimulation (TMS). Hält man Versuchspersonen nun einen Magneten über das Sehzentrum im Gehirn und gibt ihnen die Aufgabe, sich beispielsweise einen Ziegelstein vorzustellen, gelingt dies nicht — das Bild ist weg. Fragt man sie nun, wie sich dieser Ziegelstein anfühlt, können sie oft ebenfalls keine Antwort geben — mit dem Bild des Ziegelsteins wird offensichtlich am gleichen Ort im Gehirn auch seine Haptik, also wie er sich anfühlt, teilweise mit gespeichert. Anders herum funktioniert das aber auch: Verbindet man einer Versuchsperson zunächst die Augen und lässt sie einen Ziegelstein tasten, erkennt sie später in einem komplexen Bild, in dem der Ziegelstein leicht versteckt zwischen vielen anderen Objekten liegt, diesen wesentlich schneller. Daraus kann man schließen, dass Marken oder Produkte, die eine starke multisensuale Gestalt haben, eine wesentlich tiefere Speicherung im Gehirn erhalten und besonders wichtig, dass schon das Antippen eines Wahrnehmungskanals ausreicht, das ganze Markenbild entstehen zu lassen. Ein Beispiel dafür ist das Soundlogo der Telekom — das inzwischen schon fast alleine genügt, um das Markenbild unbewusst entstehen zu lassen.

Wie Emotion und Kognition multisensual zusammenwirken

Wir haben gesehen, dass unsere kognitiven Sinnsysteme, wie Hören, Sehen, Tasten, Riechen usw. schon kurz nach ihrem Eintritt ins Gehirn sehr eng verknüpft sind. Weitere Verknüpfungen finden aber auch im Laufe der höheren Verarbeitungsprozesse statt. Ziemlich schnell erreichen die multisensual verknüpften Sinnesdaten unser limbisches System, das für die emotionale Bewertung zuständig ist. Von besonderer Bedeutung für die multisensorische Zusammenführung von Emotion und Kognition sind der orbitofrontale Kortex und die Amygdala. Auch hier erleben wir, wie stark Emotion und Kognition zusammenwirken und sich gegenseitig beeinflussen: Ein schwerer Gegenstand wird als wertvoll erlebt, ein leichter eher als billig. Das dumpfe Zufallen einer Autotür signalisiert Exklusivität, das tiefe Bullern eines Motors Kraft und Stärke. Helle Farben stimmen aktivierend, dunkle Farben wirken beruhigend.

Das helle Knacken eines Apfels assoziieren wir mit Frische, Zitronenduft stimmt uns optimistisch: Unser Gehirn versucht aus allem eine Botschaft, einen Sinn zu extrahieren —, aber weil das schnell und energiesparend gehen muss, wird alles so weit wie möglich zu einer ganzheitlichen emotionalkognitiven Wahrnehmungseinheit zusammengefasst.

Multisensory Enhancement: Die Wirkungsexplosion Im Kopf

Von herausragender Bedeutung für multisensorisches Marketing und Branding ist ein Phänomen, das man Multisensory Enhancement oder multisensorische Verstärkung nennt. Was ist nun Multisensory Enhancement? Wenn zeitgleich über unsere unterschiedlichen Wahrnehmungskanäle die gleiche Botschaft in unser Gehirn dringt, gibt es einen neuronalen Verstärker-Mechanismus.
Dieser Mechanismus führt dazu, dass wir in unserem Bewusstsein das Ereignis bis zu zehnmal so stark erleben, als man dies aus der summierten Starke der einzelnen Sinneseindrücke erwarten könnte. Die Verstärkerzentren in unserem Gehirn addieren die Sinnesstärken also nicht nur, sondern verstärken sie um ein Vielfaches. Dieses Phänomen nennt man „Superadditivität". Ein kleines Beispiel verdeutlicht das: Ein Eingeborener, der durch den Urwald läuft, bemerkt zeitgleich ein leises Knacken, einen etwas strengen Geruch und er sieht eine leichte Bewegung im Gebüsch. In seinem Bewusstsein erscheint explosionsartig das Bild des Tigers. Aus den Tausenden Eindrücken, die in jeder Sekunde unbewusst auf uns eindringen, versucht unser Gehirn nur überlebenswichtige herauszufiltern. In vielen Millionen Jahren hat unser Gehirn gelernt, dass eine hohe und zeitgleiche Sinneskongruenz von Ereignissen von extremer Bedeutung ist und deswegen werden solche Ereignisse extrem verstärkt. Anders herum funktioniert das allerdings auch: Wenn eine hohe Inkongruenz zwischen den Sinneseindrücken vorliegt, werden diese Ereignisse unterdrückt. Ein kleiner Versuch macht sowohl die multisensorische Verstärkung als auch die Unterdrückung deutlich: Zunächst gibt man Versuchspersonen einen kuschelig-weichen Softball zum Tasten, spielt gleichzeitig eine schöne, sanfte Musik und beduftet den Raum mit einem zarten Lavendelduft. Dann werden die Versuchsbedingungen verändert. Die Probanden bekommen nun einen harten Ball, eine sanfte Musik und einen gewöhnlichen Geruch vorgesetzt. Das Ergebnis: Die erste Versuchsbedingung wird um ein Vielfaches stärker erinnert. Im ersten Fall war das multisensuale Erlebnis auf den verschiedenen Wahrnehmungskanälen konsistent und kongruent — im zweiten Fall nicht.
Wo findet die multisensorische Verstärkung im Gehirn statt? Im Prinzip schon in vielen Millionen Nervenzellen, die auf Multisensorik spezialisiert und im ganzen Gehirn verteilt sind Diese Multisensorik-Nervenzellen nennt man Interneurone, weil sie gleichzeitig den Input aus verschiedenen Sinneskanälen verarbeiten.

Von besonderer Bedeutung ist eine Struktur, die tief innen im Gehirn ungefähr auf der Achse zwischen den beiden Ohren liegt und die man in der Fachsprache Superiorer Colliculus nennt. Hier findet sich eine extrem starke Konzentration der Interneurone und hier werden Tasten, Sehen und Hören auf höherer Ebene zusammengeführt. Auch im limbischen System gibt es eine Reihe solcher Verstärkerzentren, die insbesondere auf dem Zusammenspiel der Amygdala mit dem orbitofrontalen Kortex beruhen.

9 The Asian Brain: Warum man Chi Ling anders gewinnt als Markus Sommer. Impulse der Cultural Neuroscience für kulturadäquates Marketing

von Dr. Hanne Seelmann, Dr. Seelmann Consultants

EINFÜHRUNG DES HERAUSGEBERS

Für viele Wirtschaftexperten ist klar: Das Zentrum weltwirtschaftlicher Aktivitäten verlagert sich vom atlantischen in den pazifischen Raum. Damit werden die Bemühungen um asiatische Konsumenten zunehmen müssen.

Nach dem Japan-Boom ist inzwischen der China-Boom in vollem Gange. Auch viele weitere asiatische Länder wie Indien, Korea, Malaysia sind oder werden zu riesigen Absatzmärkten. Parallel dazu treten Anzug, Krawatte und Englisch ihren Siegeszug um die Welt an. Bei vielen europäischen Managern führt das zum verhängnisvollen Trugschluss, dass mit dieser einheitlichen Business-Symbolik auch eine „One World Culture" etabliert sei. Das Gegenteil ist der Fall. Zwischen asiatischen und europäischen Konsumenten gibt es enorme Unterschiede. Viele Leser werden jetzt sagen, das sei ja hoch interessant — aber was bitte habe das mit Neuromarketing zu tun? Die Antwort: Sehr viel. Inzwischen hat sich nämlich in der Hirnforschung eine neue und eigene Disziplin unter der Bezeichnung „Cultural Neuroscience" entwickelt. Mit Hirnscannern & Co. zeigt diese, dass sich kulturelle Unterschiede insbesondere zwischen West und Ost auch im Gehirn in vielfältiger Weise nachweisen lassen. Dr. Hanne Seelmann-Holzmann, brillante und renommierte Asien-Expertin, verknüpft die Erkenntnisse dieser Leading-Edge-Hirnforschung mit kulturellen Hintergründen und Einblicken. Das Ergebnis: Faszinierende und praxisnahe Handlungsanweisungen für ein erfolgreiches (Neuro-) Marketing in Asien.

DIE AUTORIN

Dr. Hanne Seelmann ist Soziologin und Wirtschaftswissenschaftlerin. Sie spezialisierte sich auf den Kulturvergleich Asien — Europa. Von 1982 bis 1993 führte sie zahlreiche Forschungsprojekte in internationalen Projektgruppen in verschiedenen Ländern Asiens durch. Seit 1994 ist sie als Beraterin selbständig und begleitet europäische Global Player sowie mittelständische Hidden Champions bei ihrem Asienengagement. Neben der strategischen Beratung des Top-Managements bereitet sie Führungskräfte auf ihren Aseneinsatz vor. Dr. Seelmann veröffentlichte zahlreiche Fachartikel und mehrere Bücher rund um das Thema „Geschäftserfolg in Asien" und ist heute eine gefragte Rednerin auf vielen nationalen und internationalen Tagungen.

Kontakt: **www.seelmann-consultants.de**

Eigentlich ist doch alles ganz einfach: Ein Produkt hat auf einem anderskulturellen Markt Erfolg, wenn Wertekonformität vorliegt. Oder anders ausgedrückt wenn ein Produkt den Bedürfnissen der Konsumenten entspricht, wenn das Design oder die Farbe den Geschmack trifft, wenn unsere Werbebotschaft den zukünftigen Käufern gefällt. Weshalb gibt es aber immer wieder spektakuläre Misserfolge europäischer Firmen beim Marketing in Asien? Warum vergessen die Verantwortlichen anscheinend eine weitere Binsenweisheit des Marketing, die da heißt: Der Wurm muss dem Fisch schmecken, nicht dem Angler? Ein Grund liegt darin, dass viele — bewusst oder unbewusst — davon überzeugt sind, dass infolge globaler Wirtschaftsbeziehungen kulturelle Unterschiede eingeebnet werden. Und mehr noch: dass es nur eine Frage der Zeit sei, bis die restliche Welt westliche Werte, Geschmack und Konsumgewohnheiten übernehmen wird. So einfach, so falsch.

Unsere kulturelle Brille steuert unsere Wahrnehmungen und unser Denken. Alle Menschen auf der Welt haben zwar bestimmte Grundbedürfnisse. Zu den Cultural Universals gehört das Streben nach Glück und Erfolg oder der Wunsch nach Gesundheit und Sicherheit. Wie diese jedoch jeweils definiert und erfüllt werden, ist kulturabhängig. Was aber, fragt man sich, hat Kultur mit Gehirn zu tun?

9.1 Die Plastizität des Gehirns

Dass das Gehirn das Verhalten bestimmt, ist keine Neuigkeit — viel spannender sind die Erkenntnisse der neueren Hirnforschung, dass die Kultur auf das Gehirn Einfluss nimmt. Das Gehirn der Menschen ist in seinen genetischen Grundanlagen weltweit ziemlich gleich, aber eben auch plastisch und lernfähig. Es passt sich den kulturellen Gegebenheiten an, und verändert seine Verschaltungen und seine Strukturen aufgrund des kulturellen Inputs. Diese anatomischen Veränderungen und Unterschiede im Gehirn zwischen Europäern und Chinesen lassen sich sogar im Hirnscanner nachweisen (Kochunov, P. et. Al; 2003).

Die biologische Natur des Gehirns und die Kultur sind also keine unabhängigen Entitäten („Nature vs. Nurture"), sondern beeinflussen sich in komplexer Weise gegenseitig. In der Fachsprache wird dies als „bio-kultureller Co-Konstruktivismus" (Baltes, P. und Rösler, F.; 2003) bezeichnet. Unterschiede im Hirnscanner sprechen aber nicht für sich — sie lassen sich nur verstehen, wenn man die Kulturen, ihre Entwicklung und ihre Herkunft versteht.

9.2 Die Wurzeln westlichen Denkens: Entweder- oder. Wir haben die Wahrheit gefunden!

Westliche und asiatische Kulturen unterscheiden sich in wesentlichen Punkten. Und diese Unterschiede wiederum haben Konsequenzen für Marketingpolitik auf den asiatischen Märkten. Im Westen ist der Einzelne stolz darauf, ein Individuum zu sein. Wir pflegen und fördern unsere Unverwechselbarkeit, die wir z.B. durch entsprechende Konsumentscheidungen demonstrieren. Dieses Ideal geht zurück auf die griechische Antike, in der der Individuumsbegriff zum ersten Mal bei Homer auftaucht, der Odysseus sagen lässt: „Ich bin Odysseus."

Der Mensch wird zum Mittelpunkt aller Überlegungen, was sich zum Beispiel able-sen lässt an der Inschrift des Apollotempels in Delphi „Erkenne dich selbst!" Sokra-tes und Platon betrachten die menschliche Vernunft und den Rationalismus als Vo-raussetzung für richtiges Handeln und das Bestreben, Naturgesetze zu entdecken und zu erklären. Der westliche Mensch macht sich zur „Krönung der Schöpfung", der sich die Erde Unterfall machen darf.

Eine weitere wichtige Station in der Entwicklung abendländischen Denkens stellt die Aufklärung dar, die sich nirgendwo sonst in der Welt wiederholte. „Ich denke, also bin ich", sagt Descartes und damit wird alles Magische oder Mystische ver-bannt ins „unwissenschaftliche". Was nicht mit rationalen Methoden erklärt wer-den kann, existiert nicht. Unter Rationalismus verstehen wir in diesem Zusam-menhang das Bedürfnis, alles in messbaren Kausalitäten zu beschreiben. Dieser Rationalismus, bereits im griechischen Denken angelegt und z.B. von Aristoteles in seinem Logikbegriff formuliert, gerät zum Inbegriff abendländischen Denkens. Entwicklung und Siegeszug der Naturwissenschaften beginnen. Sie ermöglichen wissenschaftliche Erfindungen, die eine industrielle Revolution in Europa unter-stützen, auf deren wirtschaftliche Erfolge wir uns heute noch stützen und auf die wir im Westen stolz sind.

Die kulturelle Struktur findet sich auch in den westlichen Sprachen wieder. Die Schriftsprache besteht aus abstrakten Zeichen, Syntax und Grammatik gehorchen einer eigenen Logik; Informationen werden häufig mithilfe von abstrakten Ober-begriffen vermittelt.

9.3 Wurzeln asiatischen Denkens: Sowohl-als-auch statt Entweder-oder und die Suche nach der Wahrheit

Schauen wir nun nach Asien. Kulturkenner wissen: All diese Überzeugungen gibt es im asiatischen Denken nicht! Dem Entweder-oder-Prinzip des abendländisch-christlichen Denkens steht das Yin-Yang-Prinzip, eine Idee aus dem Taoismus, ge-genüber. Das Schöpfungsprinzip aller Prozesse im Universum kennt keine Gegen-sätze, sondern gegenseitige Bedingungen und Interdependenzen: „Nur weil es Schönheit gibt, erkennen wir Hässlichkeit. Lang und kurz vermessen einander, heiß und kalt bedingen einander" heißt es im Tao. Im Hinduismus oder im Buddhismus sucht man nicht nach der Erklärung von Naturgesetzen, sondern nach dem Weg, der zum wichtigsten Ziel führt: der Erlösung von einer irdischen Existenz. Auf der Suche nach den „ewigen Wahrheiten", nach dem göttlichen Weltprinzip Brahman benötigt man Intuition, Spiritualität und Mystik; eine rein verstandesmäßige Erkenntnis ist unzureichend. Es gibt nicht einen Gott, sondern das göttliche Prinzip zeigt sich in Tausenden von Erscheinungen. Es gibt nicht einen Weg, sondern viele.

Der Soziologe Max Weber hat im Vergleich dazu das abendländische Denken als „entzaubert" bezeichnet, weil dort Mystik, Magie, aber auch Emotionen abgelehnt werden. Der Konfuzianismus, der das kulturelle Grundgerüst in China, Japan, Korea darstellt, beschäftigt sich überhaupt nicht mit religiösen Fragen, er ist eine Alltagsethik, die das Zusammenleben der Menschen regeln soll. Für Konfuzius ist der Mensch nicht als Individuum existent, sondern als Gruppenmitglied in Familie, Staat, Betrieb. Dort hat er zuallererst Pflichten (wir im Westen haben Rechte). Es geht um das Gemeinwohl, das durch Pflichterfüllung des Einzelnen erreicht wird. Im Konfuzianismus ist die Hierarchie die natürliche Beziehung zwischen den Menschen, nicht die Gleichheit. Den Herrschenden empfiehlt Konfuzius: „Mach die Menschen reich und gib ihnen Erziehung".

Allen asiatischen Welterklärungen ist gemeinsam, dass sie den Menschen als höchst interdependent betrachten: Mensch und Gemeinschaft sind eins, den Menschen gibt es nur als Gruppenwesen. Zusätzlich ist menschliche Existenz eingebunden in die Gesetze des Universums. Er ist ihnen ausgeliefert (Gestirnskonstellationen, Energieformen, guten und bösen Geistern) und bestimmt mit seinem Verhalten, ob er diese natürliche Ordnung bestätigt oder stört. Alles Handeln wirkt damit auf ihn selbst zurück, gemäß dem buddhistischen Prinzip, dass der Mensch am meisten sich selbst schadet, wenn er anderen Böses tut. Denn seine ausgesandte Energie wird wieder zu ihm zurückkehren. Dinge begreift man nicht, indem man Einzelaspekte betrachtet, sondern man sieht alles in Zusammenhang und Relation.

Die kurze Reise zu den Wurzeln westlichen und asiatischen Denkens macht klar: Grundüberzeugungen und Referenzrahmen sind höchst unterschiedlich und haben eklatante Auswirkungen auf vielerlei Bereiche des Marketings.

9.4   Asiaten schauen anders: Konsequenzen für die Anzeigengestaltung

Diese kulturellen Unterschiede beginnen bereits — man glaubt es kaum — beim einfachen Sehen oder wissenschaftlich etwas korrekter bei der „visuell-kognitiven

Verarbeitung". Asiaten betrachten Bilder und damit auch Werbeanzeigen oder Websites unbewusst anders als Europäer. Das Ursache-Wirkungsdenken der Europäer führt dazu, dass sie im Bild immer ein Hauptobjekt suchen und den Hintergrund meist vernachlässigen. Ganz anders dagegen die asiatische Betrachtung: Hier wird das ganze Bild gesehen, auch der Hintergrund spielt eine große Rolle. Diese Unterschiede wurden sowohl in klassischen psychologischen Wahrnehmungs- und Blickverlaufsuntersuchungen vielfach bestätigt, beispielsweise in den Untersuchungen von Hannah Faye Chua von der University of Michigan (Faye Chua, H.; 2005), wie auch unter dem Hirnscanner.

Die amerikanische Neurowissenschaftlerin Denise C. Park konnte diese Unterschiede im Hirnscanner zeigen (Park, D.; 2007). Betrachteten Europäer und Chinesen das gleiche Bild, zeigen sich bei Europäern die Hirnregionen stärker aktiv, die mit der Objekterkennung verbunden sind (Teile des temporalen Kortex). Bei Chinesen dagegen sind es Bereiche im partialen Kortex, die für ganzheitlichere Wahrnehmung zuständig zeichnen. Das heißt: Völlig unabhängig von den Inhalten erfordern asiatische Märkte z.B. bei Werbeanzeigen einen anderen grafischen Aufbau. Ähnliches gilt auch für die Sprache und damit für die werbliche Argumentation — auch hier gibt es nämlich große Unterschiede.

9.5 Asiaten haben eine andere Sprachstruktur: Konsequenzen für die Verkaufsargumentation

In der Sprache drücken sich eine Vielzahl kultureller Selbstverständlichkeiten aus. Das beginnt mit der Struktur. Grammatik, vor allem Syntax sowie der Wortschatz, bestimmt, was man in der „Realität" wie wahrnimmt und bewertet. Das linguistische Relativitätsprinzip bedeutet, dass jede Sprache eine eigentümliche Denkstruktur formt, über die wir unsere Umwelt kulturspezifisch wahrnehmen. Natürliche oder soziale Phänomene finden ihre Abbildung im Wortschatz. Wenn es keinen Schnee gibt, kennt die Sprache dafür keinen Begriff. Europäische Termini wie Religion oder Liebe sind schwer in asiatische Sprachen zu übersetzen, ebenso wie der Begriff von Wahrheit (die es im europäisch-absoluten Anspruch in Asien nicht gibt; dort gibt es „kontextuelle Wahrheiten", die sich über meine jeweilige Rolle definieren). Die Weltsprache Englisch kann solche Kommunikationsbarrieren nicht überwinden, ja sie fördert häufig geradezu das Missverständnis. Wenn ein westlicher Vorgesetzter zu einem asiatischen Mitarbeiter sagt: „Do it yourself", will er damit Zutrauen in die Fähigkeiten des anderen ausdrücken. Sein asiatischer Mitarbeiter hört „Ich habe keine Lust, mich um Dich zu kümmern" und fühlt sich alleine gelassen.

9.6 Sprachzeichen und Gehirnentwicklung

Westliche Schriftsprachen sind abstrakt, bestehen aus abstrakten Buchstaben, die immer ihre Bedeutung behalten. Asiatische Schriftsprache, hier dargestellt am Beispiel der chinesischen Schriftzeichen, ist bildhaft, konkret, orientiert sich an natürlichen, gegenständlichen Abbildungen. Und die 221 Grundzeichen im Chinesischen ändern je nach Ergänzung oder Modifikation auch noch ihre Bedeutung.

Diese unterschiedliche Struktur der Schriftsprache hat Folgen auf die Entwicklung des Gehirns: Wir wissen, dass die linke Gehirnhälfte vorwiegend zuständig ist für die Verarbeitung von Sprache, abstrakten Prozessen, Systemen. Die rechte Gehirnhälfte verarbeitet vorwiegend Bilder, Schemata oder synthetische Prozesse. Damit sind die Gehirne westlicher Menschen und asiatischer Menschen unterschiedlich ausgebildet. Im Westen gibt es eine Dominanz der linken Gehirnhälfte, während in Asien eine stärkere Ausgeglichenheit zwischen den beiden Gehirnhälften gibt (Nisbett, Richard E.; 2003).

Die linke Gehirnhälfte ist stärker mit analytischen Prozessen und der Verarbeitung von Regeln beschäftigt, während die rechte Hirnhälfte stärker für Bilder und ganzheitliche Wahrnehmungsgestaltung zuständig ist. Dies hat Konsequenzen für die Gestaltung von Werbeanzeigen, für die Formulierung von Werbebotschaften oder Gebrauchsanleitungen für Produkte.

In Asien wird weniger die direkte, sachliche Botschaft geschätzt, sondern die blumige, bildhafte Andeutung, die Raum für Assoziationen lässt. Dass diese Assoziationen dann allerdings wiederum den kulturellen Werten entsprechen sollen, ist klar. Der US-Konzern Pfizer, Hersteller von Viagra, traf zwar mit seiner Namensübersetzung ins Chinesische „Gast, der 10.000 Mal Liebe macht" die Kernidee seines Produktes. Allerdings nicht die Moralvorstellungen der Chinesen, die eine solche Aussage als ungehörig empfanden.

9.7 Grammatik und Weltwahrnehmung

Die Tatsache, dass es in den asiatischen Sprachen keinen Konjunktiv gibt, führt dazu, dass unsere Art von Ironie oder Doppelbödigkeit oft nicht verstanden wird. Überzeichnungen oder Satire setzt man jedoch im Westen häufig auch als Mittel in der Werbung ein. Überträgt man dieses Werkzeug auf asiatische Adressaten, so können unbeabsichtigte Folgen entstehen. McDonald's warb für Sonderangebote mit einem Chinesen, der auf den Knien um Preisnachlass bittet. Man wollte damit ausdrücken, dass die Preise so niedrig seien, dass man nicht einmal mehr einer flehentlichen Bitte nachgeben könne. Die Chinesen verstanden zum einen diese Botschaft nicht und fühlten sich zum anderen in ihrem Nationalstolz gekränkt: ein Chinese bettelt nicht bei einem ausländischen Unternehmen. Immer wieder zeigt sich, dass die chinesischen Konsumenten Werbeaussagen sehr ernst nehmen. So musste Procter & Gamble im Frühjahr 2005 eine höhere Strafe zahlen, weil sie „irreführender Werbung" bezichtigt wurden. Die Käuferin einer Hautcreme hatte sich beschwert, dass diese nicht, wie versprochen, tiefe Falten innerhalb von 28 Tagen um die Hälfte reduzierte, sondern im Gegenteil noch Allergien auslöste.

9.8   Gruppenbezug und Harmonie in Asien

Wie erwähnt ist die zentrale Bezugsgruppe der Menschen in Asien die Gruppe. Von klein auf erlebt sich ein Kind in Bezügen. Richard Nisbett (Nisbett, Richard E.; 2003) weist in einer Vielzahl von psychologischen Untersuchungen nach, dass westliche Kinder die (soziale) Umwelt über Objekte wahrnehmen und sich selbst schnell als einzigartiges Wesen erleben, das zu eigenen Meinungen, Wünschen und zu selbständigem Handeln ermutigt wird. In Asien hingegen geht es um die Rolle des Kindes in einer Bezugsgruppe, für die es Leistungen erbringen muss. Der große Bruder sorgt für den kleineren, der Bauer baut Reis an, um andere zu ernähren. Wenn Europäer mit glänzenden Augen von der individuellen Freiheit als höchstem Gut schwärmen, ernten sie oft Unverständnis in Asien. Dort löst dieser Begriff eher die Vorstellung von unsozialen Wesen aus, die sich — unverantwortlich gegenüber der Gemeinschaft — „Freiheiten" nehmen und ihre Pflichten vernachlässigen. Das Individuum des Westens wird in Japan übersetzt mit dem Begriff des „einsamen Wolfs". Und ein einsamer Wolf geht zugrunde. Im Chinesischen findet sich ein Begriff, der mit „selbstsüchtig" zu übersetzten wäre. Die Harmoniesicherung, sprich das konfliktfreie Miteinander, ist deshalb die wichtigste Verhaltens- und Handlungsmaxime. Früh bildet sich bei asiatischen Menschen die Fähigkeit aus, die wir mit Empathievermögen bezeichnen. Man orientiert sich an den Wünschen und Gefühlen des anderen, berücksichtigt dessen Wohlergehen in eigenen (Kauf-)Entscheidungen. Wenn es im Westen heißt „Rauchen gefährdet Ihre Gesundheit", so warnt man in Singapur mit „Smoking harms your family". Die geringere Bedeutung des individualistischen „Ich" in Asien und die Verschmelzung des Selbsterlebens mit wichtigen Bezugspersonen, der Gruppe und dem Kosmos konnte auch im Hirnscanner nachgewiesen werden: Wurden Europäern und Asiaten im Hirnscanner die Begriffe „Mutter" und „Ich" dargeboten, war bei Asiaten die genau gleichen Bereiche im medialen präfrontalen Kortex aktiv. Bei Europäern dagegen gab es starke Unterschiede in der Aktivierungslokalisation zwischen „Ich" und „Mutter" (Zhu, R. et al. 2007). Die Hirnforscher schließen hieraus, das bei Asiaten bei „Mutter" und „Ich" eine stärkere emotional und kognitive Verknüpfung besteht als bei Europäern.

9.9   Die gleichen Emotionssysteme – aber anderer kultureller Ausdruck

Emotionen sind die eigentlichen Entscheider im Gehirn (siehe Beitrag von H.-G. Häusel, S. 61). Natürlich fragt man sich, ob es Unterschiede zwischen den neurobiologischen Emotionssystemen von Asiaten und Europäern bzw. US-Amerikanern gibt. Die Antwort lautet nein — Asiaten und Europäer haben die gleichen Emotionssysteme im Gehirn. Was sich aber unterscheidet, ist zum einen die Stärke der Emotionssysteme, zum anderen, wie die Emotionen kulturspezifisch zum Ausdruck kommen.

Beginnen wir mit der Starke der Emotionssysteme. Wie wir in diesem Beitrag gesehen haben, ist die soziale Harmonie in asiatischen Kulturen wesentlich stärker ausgeprägt als in westlichen Kulturen. Diese zeichnen sich durch einen stärkeren Individualismus und Egoismus aus. Und die Unterschiede lassen sich auch im Gehirn — genauer in der Neurochemie — nachweisen. Zwischen dem Testosteronspiegel im Gehirn und dem Egoismus besteht ein enger Zusammenhang: je höher der Testosteron-Spiegel, desto höher der Egoismus und das Autonomie-Streben. In einer repräsentativen Hormonspiegel-Untersuchung zwischen US-amerikanischen und nepalischen Männern hat der amerikanische Testosteron-Forscher J.W. Dabbs gezeigt, dass bei US-Amerikanern der Testosteron-Wert ca. 20% über dem Wert der friedfertigen buddhistischen Nepalesen liegt (Dabbs, J. M.; 2000). Nun wollen wir uns mit dem kulturellen Ausdruck der Emotionssysteme beschäftigen. Die von Hans-Georg Häusel in seinem Limbic®-Ansatz beschriebenen Emotionssysteme Balance, Dominanz und Stimulanz finden sich auch in Asien wieder — allerdings kommen sie anders zum Ausdruck als im Westen. Der Überbegriff „Asien" stellt natürlich eine Verkürzung dar: Die Volkswirtschaften Asiens befinden sich in höchst unterschiedlichen Entwicklungsstadien und weisen zudem gesellschaftsintern landesspezifische Markt- und Konsumentensegmente aus. Die erforderliche Detailanalyse soll im Folgenden durch grundsätzliche Hinweise angedeutet werden.

9.10 **Balance**

Bereits aus der Vogelperspektive auf die wichtigen kulturellen Wurzeln (fern-)östlichen Denkens wird ersichtlich, dass die Balanceinstruktion eine dominante Rolle spielt.

Grundgedanke des Konfuzianismus ist die Orientierung an und die Bestätigung von Traditionen. In diesem moralischen Impetus wäre die größte „Sünde" die Infragestellung von überlieferten Werten. Descartes Aufforderung „Der Zweifel ist der Weisheit Anfang" kommt für einen Konfuzianer der Aufforderung zur Revolution im Sinne eines unmoralischen Handelns gleich. Aber auch Hinduismus, Buddhismus, Shintoismus akzeptieren unverrückbare Gesetze im sozialen Miteinander, denen sich der Einzelne (zu seinem eigenen Wohl) zu beugen hat. Der japanische Soziologe Francis Fukuyama hat konfuzianische Gesellschaften als „Gesellschaften der Sandhügel" bezeichnet. Soziale Einheiten, in China zum Beispiel die Danweis, regeln das Leben ihrer Mitglieder. Konformität im Verhalten sichert die kulturell hoch geschätzte „Harmonie". Vermeidung von Konflikten ist höchstes Ziel.

Die jeweiligen Instanzen (Eltern, Lehrer, Vorgesetzte) in den Danweis (Arbeits- und Wohneinheiten) treffen die Entscheidungen für die Mitglieder, denn sie wissen ja am besten, was für diese gut ist.

Ein ausgeprägtes Sicherheitsstreben findet man in vielen Handlungsimperativen oder Geschäftsgepflogenheiten:

- Geschäftsbeziehungen in Asien sind Personenbeziehungen. Traditionell gibt es kein Vertrauen in abstrakte Systeme, wie etwa „Verträge", sondern geschäftliche Fragen oder Probleme werden zwischen Personen geregelt.
- Das Bedürfnis, Prozesse berechnen zu wollen, drückt sich z.B. im Wunsch nach einer minutiös festgelegten Agenda bei Verhandlungen aus. Westliche Verkäufer sind immer wieder erstaunt über die Forderungen nach detaillierten Angaben zu technischen Eigenschaften von Produkten.
- Perfekter Service und hohe Kulanzbereitschaft im Rahmen eines After-Sales-Services stellen einen wichtigen Erfolgsfaktor für ausländische Produkte auf asiatischen Märkten dar.
- Den gesellschaftlich-kulturellen Anspruch an Erwachsene in Japan, keinen Fehler machen zu dürfen, beantwortet der Einzelne mit dem Kauf von Markenprodukten, deren Qualität er als gesichert wertet.
- Referenzpunkt des Handelns und Verhaltens ist nicht das „einzigartige Individuum", sondern die Gruppe (Familie, Schule, Betrieb, Nation). Wenn junge

Chinesen nach ihren Lebenszielen gefragt werden, dann nennen sie Erfolg und Reichtum — und an dritter Stelle „For China to be the world number one".

9.11 Dominanz

Gerade der letztgenannte Punkt macht deutlich, dass wir aus der Vogelperspektive als zweitwichtigsten Wert der Limbic® Map, die Dominanz finden.

Als natürliche Ordnung im sozialen Miteinander steht die Hierarchie. Unterschiede, die mit westlicher Brille als soziale Ungleichheit definiert werden, akzeptiert man in Asien als natürliche Folge unterschiedlicher Leistungsfähigkeit.

- Reichtum und Erfolg sind vor allem in konfuzianischen Gesellschaften (China, Taiwan, Singapur, Korea, Japan) das wichtigste Ziel im Leben. Allerdings unterscheiden sich sowohl Ursache wie Nutzen dieser Bemühungen. Der einzelne ist verpflichtet, Reichtum für das Wohlergehen seiner Familie anzuhäufen; Anstrengungen in der Firma sollen deren Wettbewerbsfähigkeit gegenüber dem Konkurrenten stärken.
- Macht und Reichtum darf in asiatischen Gesellschaften gezeigt werden. Die offene Demonstration von Privilegien mit Hilfe von Statussymbolen empfinden westliche Menschen oft als „Protzen". Westliche Markenprodukte sind ein wichtiges Ausdrucksmittel der wirtschaftlichen Überlegenheit. Oft werden die Namen westlicher Luxusprodukte scherzhaft mit Begriffen verknüpft, die auf ihre Funktion für die Befriedigung der Emotionen ihrer Käufer hinweisen. BMW steht in China demzufolge für Business, Money, Women.
- Geschenke haben in Asien auch im Geschäftsleben eine viel größere Bedeutung als im Westen. Die Grenze zwischen freundschaftserhaltenden Gaben und offener Korruption ist fließend. Auch in Asien gilt die doppelte Bedeutung von Geschenken. Sie sind einerseits Ausdruck von Dominanz, andererseits besitzen sie auch den Fürsorgeaspekt der Balanceinstruktion. „Wer schenkt bindet".

9.12 Stimulanz

Wer schon einmal erlebt hat, wie begeistert der japanische Geschäftspartner mit seinem High-Tech-Telefon spielt, wer schon einmal in den Spielcasinos von Macao war oder die Wettleidenschaft in Thailand oder Vietnam erlebt hat, wer die in ihr

Würfelspiel vertieften älteren Herren an jeder Straßenecke in China beobachtet hat, weiß: auch die Stimulanzinstruktion hat in Asien ihren Platz.

- Westliche Geschäftsleute empfinden es häufig als lästig, wenn sie nach anstrengenden Verhandlungen am Abend noch kalorien- und alkoholreiche Abendessen absolvieren, und dann noch ihre Sangeskünste in einer Karaokebar beweisen müssen. Dieses geschäftliche Begleitprogramm ist natürlich auch Indikator für das Bindungsmodul aus der Balanceinstruktion. Gleichzeitig weist die Bereitschaft zu spielerischer Entspannung auf Stimulanzbedürfnisse hin — während die Westler sich oft nicht „zum Affen machen wollen".
- Die Aufgeschlossenheit asiatischer Konsumenten gegenüber jeder neuen, technischen Spielart ist ebenfalls ein wichtiger Faktor bei Überlegungen zu Produktpolitik oder Design.

9.13 Konsequenzen für kulturangepasste Marketingstrategien in Asien

Welche Konsequenzen haben die bisherigen Aussagen? An einigen Themen aus dem Marketingmix möchte ich dies illustrieren.

Produkt- und Sortimentspolitik

Es sollte eine Selbstverständlichkeit sein, dass die Hersteller prüfen, ob ihr Produkt auch den Konsum- oder Ernährungsgewohnheiten von Asiaten entspricht. Ein gelungenes Beispiel ist der Wischmob der Firma Vileda, der hohe Akzeptanz in China erfährt. Dies, weil dieses Reinigungsgerät zum einen den chinesischen Putzgewohnheiten entspricht, zum zweiten, weil der Name „Vileda" sich in einen passenden chinesischen Laut übersetzen ließ. „Weiledi" heißt „klein und stark" und damit ergänzen sich Funktion und Name. Weniger erfolgreich war die Firma Bayer mit ihrem Medikament Aspirin in Brausetablettenform in Japan. Für den japanischen Geschmack wirkten die relativ großen Tabletten eher bedrohlich als gesundheitsfördernd.

Verpackung

In Japan, Thailand oder Korea ist die Verpackung oft wichtiger als der Inhalt. Zusätzlich gilt es immer auf die Bedeutung von Farben zu achten. Die von westlichen

Designern als schick empfundene Kombination von schwarz und weiß gilt in Asien als wenig glücksverheißend. Weiß ist die Farbe der Trauer und schwarz weckt keine positiven Assoziationen. Rot ist die Farbe, die Glück und Erfolg signalisiert. Darüber hinaus gibt es auch innerhalb Asiens länderspezifische Besonderheiten. So gilt in Indonesien die Farbkombination blau-schwarz-weiß als besonders unheilvoll.

Markennamen und -zeichen

Eine besondere Herausforderung stellt oft die Übersetzung von westlichen Markennamen in asiatische Sprachen dar. Dabei kann es zu unfreiwilliger Komik oder auch zu negativen Konnotationen kommen. Das Chemieunternehmen Hoechst (heute Sanofi-Aventis) erinnerte mit seiner ersten Namensübersetzung ins chinesische an „ich will dich betrügen". Die phonetische Übersetzung von Coca Cola ins chinesische Ke-kou-ke-la hörte sich wie „beiße die Wachs-Kaulquappe" an. Beispiele für gelungene Übersetzungen sind Siemens („Tor zum Westen"), BMW („kostbares Pferd") oder auch Mercedes-Benz („schnell und sicher fahren"). Wie bereits erwähnt symbolisieren Markenfarben aber auch negative Assoziationen. Die bei deutschen Firmenlogos so beliebte Farbe Blau steht in China für das Böse; die BMW-Farbkombination blau-weiß-schwarz wird in Indonesien als konzentrierte Unglücksfarben betrachtet.

Bei der Gestaltung von Firmenlogos bezieht man in Asien Feng-Shui-Wissen ein. Dieses Wissen von der Ausgeglichenheit der Elemente Wind, Wasser, Erde und Feuer wird auch in der grafischen Darstellung beachtet. Das Kranichzeichen von Lufthansa oder das Firmenlogo von Wella werden als geglückte Zeichen nach Feng-Shui-Kriterien gewertet, der Erfolg von Wella in Japan auch vor diesem Hintergrund erklärt.

Werbung

Dass Werbeaussagen in Asien grundlegende kulturelle Dispositionen beachten sollen (Gruppe statt Individuum, keine Ironie etc.) wurde bereits verdeutlicht. Darüber hinaus sollte es ebenso selbstverständlich sein, nationale Werte (zu kennen und) zu achten sowie die Bedeutung landestypischer Symbole zu berücksichtigen. Doch gerade in diesem Bereich kommt es immer noch zu Fehlern, wie die nachfolgenden Beispiele aus China zeigen.

In einem Werbefilm für Nike Turnschuhe dribbelte ein farbiger US-Basketballstar (LeBron James) einen Cartoon-Kung-Fu-Meister und mehrere Drachen aus. Die chinesischen Radio-, Film- und TV-Behörden verboten die Reklame, weil sie die nationale Würde verletze. Nike musste sich entschuldigen. Die Empörung lag sicher auch darin begründet, dass sich die Chinesen dunkelhäutigen Menschen überlegen fühlen und von ihnen nicht auch noch besiegt werden möchten.

BMW warb in einem TV Spot mit einer Gruppe von schwitzenden Läufern, die in ihrer Silhouette den neuen BMW formen. Doch Schwitzen ist in China nicht Ausdruck von Sportlichkeit, sondern unangenehm. Chinesen gehören zur Menschengruppe mit der geringsten Anzahl von Duftschweißdrüsen, haben damit weniger oder keinen Achselgeruch, worauf sie sehr stolz sind. Menschen, die offensichtlich schwitzen, sind ungeeignete Werbeträger für die Luxusautos für reiche chinesische Konsumenten.

9.14 Abschließende Empfehlungen

Eine erfolgreiche Marketingstrategie für Asien nutzt die zur Verfügung stehenden Erkenntnisse aus Soziologie (kultureller Code), Psychologie (Kaufmotiven) und Hirnforschung. Einige abschließende Empfehlungen aus und für die Praxis:

- Tappen Sie nicht in die Ähnlichkeitsfalle! Verabschieden Sie sich vom ethnozentrischen Glauben an eine Einheitsweltkultur, die natürlich westliche Werte übernimmt und diese als Leitwerte akzeptiert.
- Schließen Sie bei asiatischen Konsumenten nicht vom Schein auf das Sein! Die Tatsache, dass Asiaten westliche Konsumgüter nachfragen, heißt noch lange nicht, dass sie unser abendländisches Denk- und Wertesystem übernehmen. Für eine gelungene Marketingpolitik müssen kulturspezifische Daten nicht nur bei Werbung, Farben- oder Symbolwahl, sondern auch bei der Positionierung als Marke oder der Übersetzung einer bestehenden Marke in (kulturangepasste) Emotions- und Wertewelten berücksichtigt werden.
- Auch die asiatischen Märkte werden zu Käufermärkten oder sind dies bereits. Diese sind interessiert an westlichen Produkten, werden aber von einer ebenfalls täglich steigenden Zahl internationaler Anbieter umworben. Den Chinesen, die in den nächsten 20 Jahren die größte Volkswirtschaft der Welt sein werden, sind die Vorteile dieser Situation bereits bekannt. „Die Tochter des Kaisers muss sich um Heiratskandidaten keine Sorgen machen" hören oft westliche Anbieter, was so viel heißt wie: an uns möchte die ganze Welt verkaufen. Deshalb haben wir die Macht, auszuwählen.

Eine marktangepasste Marketingstrategie wird damit zum entscheidenden Wettbewerbsvorteil.

9.15 Leseempfehlung

Seelmann-Holzmann, Hanne (2004): Global Players brauchen Kulturkompetenz. So sichern Sie Ihre Wettbewerbsvorteile im Asiengeschäft. Nürnberg 2004, BW Verlag.

Seelmann-Hohmann, Hanne (2006): Der rote Drache ist kein Schmusetier. Strategien für langfristigen Erfolg in China. Heidelberg 2006, Verlag Redline Wirtschaft,

9.16 Literatur

Kochunov, P. et. al (2003): Localized morphological brain differences between English-speaking Caucasians und Chinese-speaking Asians, Journal of Developmental Neuroscience

Baltes, P. und Rösler, F. (2003): Brain, Mind and Culture, Kongressbericht

Faye Chua, H. (2005): Moving eyes, moving minds; Universityof Michigan

Park, D. (2007): Eastern Brain/Western Brain — Neuroimaging Cultural Differences in Cognition, University of Illinois

Nisbett, Richard E. (2003): The Geography of Thought. How Asians and Westerners Think Differently ... and Why. Free Press

Cheung, R.W. et al (2003): Confrontation naming in Chinese patients with left, right or bilateral brain damage. The Chinese University of Hongkong

Zhu, R. et. al (2007): Self — Differentiation and Culture, Neuroimage

Dabbs, J. M. (2000): Testosterone and Behavior. McGraw Hill.

IV. Neuromarketing – Ausblicke

Zusammenfassung

Der Einsatz von Hirnscannern im Marketing, heute noch eher im Bereich der Grundlagenforschung im Einsatz, beginnt zunehmend für die Praxis interessant zu werden. Die vielfältigen Erkenntnisse der Hirnforschung haben längst das Marketing erreicht und befruchten es. Uns interessiert deshalb, wo wir heute stehen und vor allem: Wie sieht nun die Zukunft von Neuromarketing in seiner engeren und weiteren Definition aus. Interviews mit Experten aus Praxis und Wissenschaft liefern die Antwort auf diese Fragen.

- Uli Veigel, CEO der deutschen Grey-Gruppe, erläutert uns, warum sich Grey in der Neuromarketing-Forschung langfristig engagiert, und was man sich davon erwartet.
- Prof. Dr. Hans-Willi Schroiff bis 2012 Chef der Henkel-Marktforschung, berichtet uns zunächst über seine bisherigen Erfahrungen mit Neuromarketing. Er skizziert dann die zukünftige Henkel-Neuromarketingstrategie.
- Prof. Christian Elger, Neurologe und Physiologe, zeigt auf, wohin sich die fMRI-Technik und Methoden entwickeln und welche Konsequenzen sich für das Neuromarketing ergeben.
- Mit Prof. Manfred Spitzer werfen wir einen Blick in die Zukunft der Hirnforschung undj erfahren wo die „Honigtöpfe" für das Neuromarketing zukünftig stehen.

„Ich habe mir auf die Fahne geschrieben, Neuromarketing in Deutschland für die Grey-Gruppe durchzusetzen und aus Deutschland heraus Vorreiter für das Grey-Network zu sein."

Interview mit Uli Veigel, CEO Grey Global Group Germany

EINFÜHRUNG DES HERAUSGEBERS

Gleich ob Marketing-, Marken- oder Produktstrategien: Werbe- und Marketingagenturen sind von der Planung bis zur Umsetzung mit im Boot. Sie sind es, die betriebswirtschaftliche und abstrakte Strategien in Kommunikation umsetzen, die unter die Haut oder besser ins Gehirn des Verbrauchers gehen. Anders ausgedrückt: Sie müssen vom Konsumenten her denken und aus dieser Perspektive Kampagnen entwickeln. Im Markt gibt es viele Agenturen, die glauben, eine witzige Kreation, sei der Schlüssel zum Werbe- und Verkaufserfolg — für wirklich professionelle Agenturen ist Kreativität unabdingbar, gleichzeitig beschäftigen sie sich intensiv und sehr strategisch mit dem Konsumenten und seinen Wünschen. Kein Wunder also, dass für Agenturen mit hoher Strategiekompetenz wie zum Beispiel BBDO oder Grey, Neuromarketing nicht auf der Schlagwortebene abgehandelt, sondern als wichtiger Teil einer Gesamtstrategie begriffen wird. Was solche Agenturen von Neuromarketing erwarten und warum sie sich engagieren, erfahren wir vom Chef der deutschen Grey-Gruppe Uli Veigel.

„Ich habe mir auf die Fahne geschrieben, Neuromarketing in Deutschland für die Grey-Gruppe durchzusetzen und aus Deutschland heraus Vorreiter für das Grey-Network zu sein."

ZUR PERSON

Uli Veigel, CEO Advertising Agendes & Marketing Service Agencies Grey Germany.

Uli Veigel, MBA, begann seine Karriere als Senior-Kundenberater bei Olgivy & Mather, danach wechselte er als Senior Productmanager zu Reemtsma. Von 1987 bis 2004 war er bei Bates und dort Mitglied des Worldwide Board. Seit 2004 ist Veigel Chef der deutschen Grey-Gruppe

Häusel: Welche Bedeutung hat Neuromarketing für Werbung und Marketing?

Veigel: Ohne Zweifel ist Neuromarketing „In" — aber es ist keine kurzfristige Blase, die bald wieder platzen wird. Ich glaube eher an eine langfristige und nachhaltige Forschungsstrategie, die allerdings viel Geduld und Ausdauer braucht. Warum glaube ich das? Wenn wir unsere Rahmenbedingungen anschauen, in denen wir Marken führen, dann kämpfen wir alle mit dem gleichen Zeitphänomen, dass die Märkte mit wenigen Ausnahmen nicht mehr wachsen. Produktionsüberkapazitäten, zu viele Marken. Der mediale Bereich atomisiert. Es finden Paradoxen statt. Auf der einen Seite kann man Zielgruppen nicht mehr definieren, auf der anderen Seite bilden sich ganz geschlossene Communities, die freiwillig miteinander Content erstellen. Das alles hat einen großen Nenner. Dieser Nenner heißt: Consumer Insights. Hier erkennen wir, dass wir mit bestehenden Instrumenten nur Ersatz für bewährte Research-Tools, sondern unterstützt vorhandene und bewährte Methoden in ihrer Wirkung und Aussagekraft.

Häusel: Neuromarketing heißt also langfristig zu denken?

„Ich habe mir auf die Fahne geschrieben, Neuromarketing in Deutschland für die Grey-Gruppe durchzusetzen und aus Deutschland heraus Vorreiter für das Grey-Network zu sein."

10

Veigel: Unter dem Titel „Grey Under the Skin" haben wir dazu ein großes Forschungsprogramm gestartet und in diesem Rahmen spielen auch funktionelle Kernspintomographie-Untersuchungen und Neuromarketing eine wichtige Rolle. Wir sind eine Agenturgruppe für die das Thema Consumer Insights enorm wichtig ist, deshalb müssen wir bei diesem Thema nicht nur dabei sein, sondern vorne stehen. Neuromarketing ist also kein PR-Gag. Aus diesem Grund engagieren wir uns auch langfristig. Mit Prof. Elger und Life&Brain haben wir einen der kompetentesten Partner gefunden. Eben nicht um der Effekthascherei willen, sondern um das Thema substanziell über Grundlagenforschung zu besetzen.

Häusel: Welche Rolle spielt Neuromarketing in Ihrer gesamten Agenturstrategie?

Veigel: Zur Beantwortung dieser Frage muss ich etwas zurückgehen. Die Grey-Gruppe Deutschland besteht, wenn Sie so wollen, aus vier großen ‚Konferenzbubbles' mit unterschiedlichen Schwerpunkten: Grey, die Nr. 2 im deutschem Markt, macht die klassische Werbung, mit Frey G2 besetzen wir POS-Shopper-Marketing, MediaCom ist unsere Mediagentur, die Nr. 1 im deutschen Markt, die Argonauten G2 sind im Online-/Offline-Bereich die Top Player. Das sind alle Experten, doch bis zu meinem Antritt hier bei Grey war das Wissen zuwenig vernetzt. Aber alle einzelnen Agenturen haben in der Markenführung eine Schnittmenge: Den Konsumenten. Genau schaffen. Weil Neuromarketing in diesem Programm eine wichtige Säule darstellt, ist es für die Strategie der gesamten Gruppe von hoher Bedeutung. Das Wissen, das wir hier in den nächsten Jahren generieren werden, soll allen Unternehmensgruppen nutzen.

„Ich habe mir auf die Fahne geschrieben, Neuromarketing in Deutschland für die Grey-Gruppe durchzusetzen und aus Deutschland heraus Vorreiter für das Grey-Network zu sein."

Insight-Management der Grey Gruppe

Häusel: Das klingt nach einer Pionier-Strategie?

Veigel: Richtig — wir haben gesagt, dass wir uns sehr intensiv mit dem Thema beschäftigen müssen. Zunächst haben wir uns schlau gemacht und festgestellt, dass sehr viele darüber reden, aber kaum Studien existieren. Und vor allem keine repräsentativen Studien. Aber das Thema nimmt trotzdem an Fahrt auf, wenn Sie die ausländische Presse verfolgen In der „Financial Times" haben wir jetzt jede zweite Woche große Artikel zu Neuromarketing und seiner Weiterentwicklung. Natürlich ist Neuromarketing nur ein Baustein in unserer Strategie, es kommt additional hinzu. Man muss mit Fingerspitzengefühl mit den Ergebnissen umgehen. So wie wir ja auch mit anderen Ergebnissen aus unterschiedlichen Studien, die wir dann mosaikartig zusammenlegen, ein Bild generieren. Ich habe mir aber auf die Fahne geschrieben: Neuromarketing in Deutschland für die Grey-Gruppe durchzusetzen und aus Deutschland heraus Vorreiter für das Grey-Network zu sein.

Häusel: Das heißt also, Sie treiben das ganze Thema international aus Deutschland heraus an.

Veigel: Ja, wir machen jetzt erst einmal hier unsere Hausaufgaben. Wenn wir soweit sind, gehen wir damit in die nächste Stufe und betreiben es auch international.

Häusel: Sie haben mit Life & Brain erste Studien gemacht. Wie waren Ihre Erfahrungen?

„Ich habe mir auf die Fahne geschrieben, Neuromarketing in Deutschland für
die Grey-Gruppe durchzusetzen und aus Deutschland heraus Vorreiter für das
Grey-Network zu sein."

10

Veigel: Sehr überraschend. Erst einmal überraschend, was die Zusammenarbeit angeht. Mit welcher Offenheit man dort auf uns zugeht. Insbesondere Offenheit im Sinne von „was können wir gut messen", aber auch „was können wir nicht messen". Anders herum ging das genauso. Wir haben ein über Jahrzehnte erfolgreich aufgebautes, gutes Wissen über Markenführung. Wir haben darin viele Erfahrungen und Kenntnisse, aber wir haben wenig Ahnung von dem, was in der Hirnforschung gemacht wird. Dieses gegenseitige Herantasten an die jeweils fremde Welt war und ist doch sehr befruchtend. Es macht Spaß mit Prof. Elger und seinem Team zu arbeiten.

Häusel: Wie zufrieden waren Sie mit den ersten Ergebnissen?

Veigel: Ich bin „gut zufrieden", wenn ich Zufriedenheit von „hoch zufrieden" bis „überhaupt nicht" skaliere. Wurde bis jetzt eine wirklich sensationelle neue Erkenntnis gefunden? Eher weniger. Trotzdem sind viele spannende Ergebnisse herausgekommen. Zum Beispiel, dass junge Marken in wesentlich kürzerer Zeit in jungen Zielgruppen die gleiche Etablierungsphase erreichen können wie etablierte Marken, die über Jahrzehnte geführt werden. Hoch zufrieden hat mich auch die Erkenntnis gemacht, dass junge Marken mehr über den Kopf gelernt werden. Das ist unglaublich spannend. Ich war sehr, sehr positiv überrascht von den Unterschieden zwischen Männern und Frauen bei der neuronalen Marken Verarbeitung. Aber es hat mich auch vieles nicht überrascht, sondern bestätigt. Auch aus Bestätigung kann man vieles lernen.

Häusel: Wie sieht Ihre Forschungsstrategie konkret aus?

Veigel: Wir haben gemeinsam mit Life&Brain eine Forschungs-Roadmap für die nächsten Jahre entwickelt. Diese ist aber nicht in Beton gegossen, sondern flexibel. Wir schauen uns von Erkenntnis zu Erkenntnis die Learnings an, und überlegen dann, was als nächster Schritt Sinn macht. Zunächst haben wir untersucht, was Marken ausmacht (Bekanntheit, Sympathie) und erste Erfahrungen auch in puncto Zielgruppen gemacht: Jung, Alt, Männer, Frauen. Weiterhin haben wir uns mit „Emotional Branding" beschäftigt und uns Marken vorgenommen, die entweder mit rationalen Key Visuals oder emotionalen Key Visuals arbeiten. In der zweiten Studie ging es auch um Markenwahrnehmung.

„Ich habe mir auf die Fahne geschrieben, Neuromarketing in Deutschland für die Grey-Gruppe durchzusetzen und aus Deutschland heraus Vorreiter für das Grey-Network zu sein."

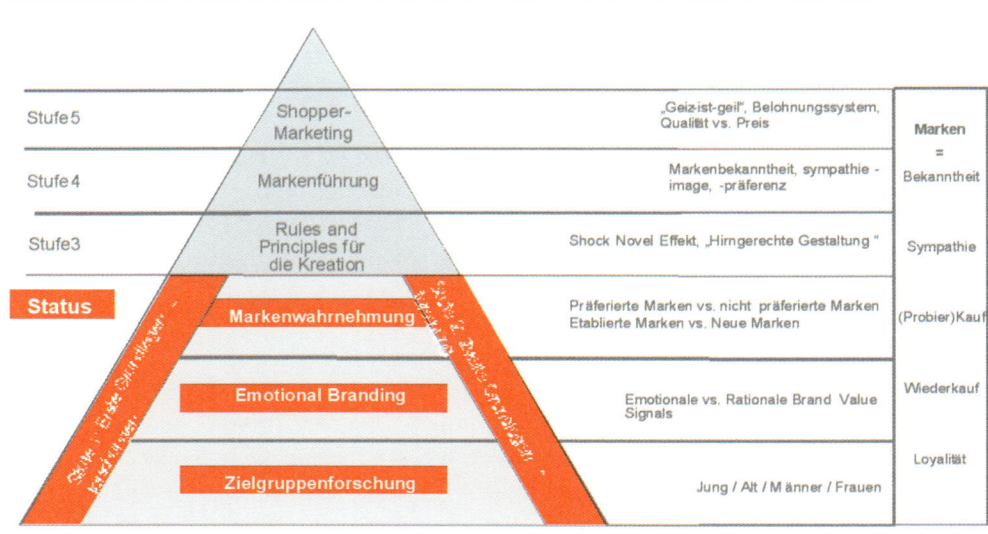

Häusel: Können Sie den konkreten praktischen Erkenntniswert kurz erklären?

Veigel: Wir betrachten das immer noch ganz vorsichtig als Grundlagenforschung. Gibt es neurophysiologisch Unterschiede zwischen präferierten und nicht präferierten Marken. Also, ganz einfach und praktikabel: Haben wir jetzt mit diesen beiden Studien die Grundlagen ebene verlassen? Aus meiner Sicht, nein! Aber wir entwickeln uns weiter in den nächsten Jahren und hoffen auch Regeln für die gesamte Markenführung oder für das Shopper-Marketing ableiten zu können. Wer bei Letzterem den Schlüssel für das Schlüsselloch findet, der hat wirklich den Masterplan in der Hand.

Häusel: Welche Akzeptanz findet das Thema bei den Mitarbeitern der Grey-Gruppe?

Veigel: Ich gebe Ihnen einmal ein Stimmungsbild. Als ich meinen kreativen Kollegen vorgestellt habe, was wir da machen, bekam ich zwei Arten von Reaktionen. Die einen haben gesagt „der spinnt; der will mir jetzt ein Handbuch geben, wie ich Kreation mache". Andere sind dagegen mit Begeisterung nach Bonn zu Prof. Elger gefahren und haben sich das angeschaut. Die hoch Begeisterungsfähigen wissen natürlich auch, dass daraus kein Kreations-Handbuch oder ein Beipackzettel entsteht nach dem Motto „Wie mache ich eine Kampagne". Diese Kollegen sagen aber, da lerne ich etwas, um Konsumenten besser zu verstehen. Und es entsteht kreative Spannung. Gute Kreation reibt sich immer an irgendetwas. Entweder an bestehenden Regeln, am Regelbuch, an Wettbewerbern, oder am Markt.

„Ich habe mir auf die Fahne geschrieben, Neuromarketing in Deutschland für die Grey-Gruppe durchzusetzen und aus Deutschland heraus Vorreiter für das Grey-Network zu sein."

10

Häusel: Der Bewusstseins- und Integrationsprozess beginnt also mit kleinen Schritten?

Veigel: Sie merken ja, dass wir sehr zurückhaltend darin sind, wie wir was in die Öffentlichkeit kommunizieren. Obwohl wir schon zwei sehr saubere Studien vorweisen können, die mit einem seriösen Partner entstanden sind. Ich möchte vor allem nicht in den Verdacht kommen, nur heiße Luft zu produzieren Das ist nicht unser Ziel. Unser Ziel ist wirklich, aus der Verbrauchersicht heraus, zum Nutzen unserer Agenturkunden, mehr über Konsumenten zu lernen und zu verstehen.

Häusel: Welche Bedeutung hat Neuromarketing für Ihre Agenturkunden?

Veigel: Die Kunden sind sehr aufgeschlossen, ganz besonders die großen Blue Chips. Bei einem unserer größten Kunden war das kürzlich ein großes Thema auf einem hochkarätig besetzten Meeting. Der Mittelstand verhält sich eher noch abwartend. Der Zug wird an Fahrt aufnehmen, da bin ich sicher.

Häusel: Ausblick in die Zukunft — Zeit für Visionen. Wo werden Sie mit Ihren Neuromarketing-Aktivitäten im Jahr 2012 stehen?

Veigel: Fragen Sie mich das 2011. Spaß beiseite.

Ich glaube bis 2012 werden wir, wenn wir das Tempo beibehalten, zwei Studien pro Jahr machen. Ich glaube auch, dass wir bezüglich des Themas „Tiefe in der Marke" bis 2012 einen riesigen Schritt weiter sind. Inwieweit die Erkenntnisse in die Praxis übertragen werden, muss man im Einzelfall sehen. In die Markenführungspraxis werden sehr viele Erkenntnisse integriert werden. Die Kreation betreffend bleibe ich dabei, es wird Lerneffekte geben, aber es wird keine Gebrauchsanweisung für Kreation geben können.

Häusel: Herr Veigel, herzlichen Dank für das Gespräch.

11 „Als Markenartikler haben wir ein ungeheures Interesse an der Hirnforschung."

Interview mit Prof. Dr. Hans-Willi Schroiff

EINFÜHRUNG DES HERAUSGEBERS

Für einen Markenartikelhersteller ist die Kenntnis der Wünsche und des Verhaltens von Konsumenten erfolgentscheidend. Drei- bis vierstellige Millionenbeträge werden jährlich dafür ausgegeben, den Konsumenten noch besser zu verstehen. Eine bessere Kenntnis des Konsumenten und die Umsetzung dieser Kenntnisse in Produkt- und Vermarktungsstrategien bedeutet automatisch auch, sich einen Marktvorsprung aufzubauen. Die Marktforschungsabteilungen haben als interne Dienstleister deshalb nicht nur die Aufgabe, die periodischen Marktuntersuchungen im täglichen Business abzuwickeln; ihnen fällt auch die besondere Pflicht zu, sich mit neuen Methoden und Zugängen zum Konsumenten zu beschäftigen. Einer der innovativsten und erfolgreichsten Markenartikelhersteller ist Henkel in Düsseldorf. Die Innovativität zeigt sich auch im Bereich Marktforschung; Henkel beschäftigt sich nämlich schon lange mit Neuromarketing. Der ehemalige Leiter der Henkel-Marktforschung, Dr. Hans-Willi Schroiff, kommt aus der psychologischen Forschung und ist einer der renommiertesten Marktforscher in Deutschland. Über seine Erfahrungen mit und seine Erwartungen an Neuromarketing erfahren wir gleich mehr.

„Als Markenartikler haben wir ein ungeheures Interesse an der Hirnforschung."

ZUR PERSON

Prof. Dr. Hans-Willi Schroiff, ehem. Vice President Market Research/Business Intelligence der Henkel KgA, Düsseldorf.

Er war Leiter der weltweiten Marktforschung der Henkel KgA und verantwortete die Marktforschung für den gesamten Bereich Konsumgüter. Hans-Willi Schroiff führte bei Henkel eine Gruppe von 80 Marktforschern. 2005 wurde er vom Bundesverband der deutschen Marktforscher (BVM) mit dem Preis „Marktforscher des Jahres" ausgezeichnet.

Häusel: Neuromarketing und Hirnforschung wecken immer stärker das Interesse der Marktforscher und Marketingverantwortlichen. Ist das ein kurzfristiger Hype oder der Beginn eines neuen Denkens?

Schroiff: Ich sehe das auf keinen Fall als kurzfristigen Hype, obwohl es im Moment sehr viele Facetten davon trägt. Wenn man sich aber die Behandlung des Themas vor allem im letzten Jahr ansieht, ist so eine Art Eruption sichtbar. Für mich ist das Thema nicht neu. Ich bin ja von meiner Ausbildung her Psychologe und verfolge, wie man seit mehr als 20 Jahren mehr oder weniger erfolgreich versucht, den Konsumenten auf nichtverbaler Ebene zu verstehen. Stichworte dafür sind psychogalvanische Hautreaktionen, Blickbewegungen, etc. Durch die moderne Hirnforschung hat das Thema aber eine neue Qualität bekommen und es tut sich sehr, sehr viel. Allerdings werden durch das hohe Interesse an dem Thema auch von Neuromarketing-Anbietern Erwartungen geweckt, die in der Praxis nicht gehalten werden können.

Häusel: Welche Erwartungen sind das?

Schroiff: Na ja, dass man nur 20 Personen in eine Hirnscanner zu schieben braucht und zwei, drei Tage später den Input für eine neue Marketingstrategie bekommt. Diese Erwartung wird nicht erfüllt — was man aber lernen wird, ist, wie wir Informationen und Emotionen verarbeiten — und hier kann es durchaus wichtige Erkenntnisse für das Marketing geben.

Häusel: Haben Sie bei Henkel auch schon Hirnscanner-Untersuchungen gemacht?

Schroiff: Ja. Wir sind ein Unternehmen, das durch permanente, verbraucherrelevante Innovationen langfristig erfolgreich sein will. Daher beschäftigen wir uns frühzeitig mit Entwicklungen, die uns helfen, den Konsumenten besser zu verstehen. Unsere Erfahrung mit den Hirnscanner-Untersuchungen sind gemischter Natur. Auf der einen Seite war es durch einen völlig neuen methodischen Zugang eine interessante Interaktion mit dem Forschungsinstitut. Auf der anderen Seite standen Erwartungen im Raum, die durch die konkreten Ergebnisse der Untersuchungen doch nicht so ganz erfüllt werden konnten. Die Ergebnisse, die herauskamen, sind sicher für die Grundlagenforschung wichtig — für unsere Marketingpraxis waren sie aber doch etwas zu weit weg.

Häusel: Können Sie das noch etwas konkretisieren?

Schroiff: Wenn in der Hirnscanner-Studie mit wissenschaftlich exakter Beweisführung heraus kommt, dass bei starken und großen Marken wie z.B. Persil, also Marken, die eine breite Penetration haben und die schon lange in den Köpfen der Leute verankert sind, die Durchblutung im Nucleus Accumbens (siehe S. 226) überproportional gesteigert ist, dann betrachten wir dieses neurologische Korrelat von Markenstärke mit großem Interesse. Wir freuen uns auch, dass das Ergebnis replizierbar ist. Aber das Ergebnis erhöht unseren Informationswert über die Marke nicht dramatisch. Und in der Folge auch nicht den Aktionswert, den wir daraus generieren. Wenn ich nun die Frage daraufhin beantworten soll, was das nun für das Unternehmen Henkel und für seine Wettbewerbsfähigkeit bedeutet — eine Frage, die mir auch zwangsläufig unsere Marketingexperten stellen -, dann muss ich zunächst einmal mit einem vornehmen „Das kann ich jetzt noch nicht sagen" antworten.

Häusel: Heißt das, dass Hirnscanner-Untersuchungen kurzfristig nicht im Fokus Ihrer Marktforschungsstrategie stehen?

Schroiff: So kann man das sehen — ich halte diesen Ansatz für hoch interessant und wir werten auch weltweit alle Informationen zu diesem Thema aus und verfolgen die Entwicklungen intensiv. Aber wir müssen mit unseren Mitteln sparsam und effizient umgehen und sehen es deshalb nicht als unsere primäre Verantwortung an, Mittelinvestitionen im großen Stil in die Neuromarketing-Grundlagenforschung zu stecken. Wir müssen immer im Hier und Jetzt beweisen, dass das ein sinnfälliger Eintrag für Henkel ist. Wir können uns nicht auf eine Forschungsschiene begeben, die sagt, ja in fünf oder in zehn Jahren werden wir mit unseren Erkenntnissen soweit sein, dass auch die Praxis davon profitiert.

Häusel: Werfen wir mal einen Blick in die zukünftige Marktforschung von Henkel Wird fMRI darin eine Rolle spielen?

Schroiff: Kurzfristig nicht — aber mittel- und langfristig mit Sicherheit ja. Ich (bin jetzt 55 Jahre alt) komme selbst aus der biopsychischen Forschung und habe erlebt, wie groß der Fortschritt in diesem Gebiet in den letzten 20 Jahren war. Ich gehe davon aus, dass auch in der Hirnscanner-Methodik in den nächsten zehn Jahren enorme Fortschritte zu verzeichnen sind. Man wird vieles lernen und noch besser verstehen. Entscheidend wird sein, dass das beobachtbare Korrelat der fMRI-Untersuchungen in eine sinnvolle und handlungsorientierte Beziehung gesetzt werden kann. Neben der technischen Entwicklung ist dazu allerdings auch noch eine viel bessere Zusammenarbeit zwischen den beteiligten Forschungsdisziplinen notwendig. Bei unseren fMRI-Untersuchungen hatte ich den Eindruck, dass es da ein technisches Gerät mit einem Output gab, das die Radiologen beisteuerten, und es gab Vorstellungen auf Seiten der Wirtschaftswissenschaftler, was die Hirnscans für das Marketing bedeuten könnten usw. Diese beiden Welten waren aber noch nicht integriert. Ich bin allerdings sicher, dass durch zunehmende Erfahrung mit diesen neuen Methoden diese interdisziplinäre Erklärungslücke in den nächsten Jahren geschlossen wird.

Häusel: Bleiben wir in der Zukunft — wie viel Prozent Ihrer Marktforschungsausgaben werden 2012 in fMRI & Co-Studien gehen?

Schroiff: Da antworte ich Ihnen (kryptisch) wie bei den Lottozahlen, also ohne Gewähr. Ich glaube nicht, dass im Jahre 2012 fMRI Bestandteil unserer regulären Pretestverfahren sein wird. Ich glaube allerdings, wenn wir über 2012 sprechen, dass fMRI ein regulärer Bestandteil unserer anwendungsorientierten Grundlagenforschung sein könnte. Heute arbeiten wir hier weitgehend mit Befragungen. Aber wir erkennen zunehmend auch die Grenzen von Befragungen, vor allen Dingen, wenn es in Richtung irrationale oder emotionale Determinanten von Entscheidungen geht. Wir erleben doch sehr starke Pseudorationalisierungen und die reduzieren den Erklärungswert von Befragungsergebnissen. Aus diesem Grund werden wir unsere Grundlagenforschung stärker auf nonverbale Korrelate zwischen Erleben und Verhalten stützen — und in diesem Kontext spielt mittel- und langfristig auch fMRI eine Rolle.

Häusel: Bedeutet das, dass kurzfristig die Hirnforschung insgesamt Ihr Interesse verloren hat?

Schroiff: Ganz und gar nicht — das Gegenteil ist der Fall. Wir haben ein ungeheures Interesse an der Hirnforschung. Und in meinen Gesprächen mit den Vorständen und Marketingfachleuten von Henkel hat eine laufende Berichterstattung über den Fortschritt in diesem Bereich einen festen Platz auf der Agenda. Wir sind ein sehr konsumentenzentriertes Unternehmen. Deshalb sind wir an allem interessiert, was uns hilft, die Fühlungsnähe zu unserem Konsumenten zu verbessern. Eine Grundlage des Erfolgs von Henkel liegt in unseren Innovationen. Aber, die sind nur erfolgreich, wenn wir sie nicht mit einem ultimativen Konsumentenverständnis paaren würden. Die Entwicklung in der Hirnforschung insgesamt können wir aus diesem Grund nicht ignorieren.

Häusel: In welchem Bereich der Hirnforschung stehen für Sie die größten Honigtöpfe?

Schroiff: Ich betrachte zwar auch fMRI als einen wichtigen methodischen Zugang zu weiteren Erkenntnissen. Die eigentliche und wichtige Wertschöpfung liegt für mich aber in einer integrativen Behandlung der vielzähligen, ja fast unüberschaubaren Entwicklungen in der Hirnforschung insgesamt.

Für uns ist es von großer Bedeutung, diese vielfältigen Erkenntnisse, die sich wie verstreute Mosaiksteine darstellen, in irgendeiner Form zusammenzubringen, so dass daraus eine Art Gesamtbild entsteht. Das Bild muss nicht vollkommen sein. Ich brauche auch bei einem Mosaik nicht alle Steine, um das Bild zu erkennen. Aber die großen Entwicklungslinien müssen erkennbar werden, wie beispielsweise die Verbindung zwischen Ratio und Emotion die Informationsverarbeitung oder die Multisensorik.

Häusel: Funktioniert dieser Transfer zwischen Hirnforschung und Marketingpraxis?

Schroiff: In diesem Bereich gibt es eine gewaltige Lücke. Es ist für uns fast unmöglich, diese einzelnen Informationssilos der vielen Unterdisziplinen der Hirnforschung einzeln „abzuklappern". Das können sich die wenigsten Unternehmen in dieser Form leisten, es sei denn, sie unterhalten dafür einen separaten Forschungsstab — das ist aber eher unwahrscheinlich. Aus diesem Grund hat auch Ihr Buch Brain Script bei Henkel eine sehr, sehr weite Verbreitung gefunden — weil es unseren Mitarbeitern im Marketing einen guten Zugang zur aktuellen Hirnforschung eröffnet hat.

Häusel: Gesucht werden also die Big Pictures der Hirnforschung?

Schroiff: Genauso ist es. Ich glaube, man kann den Spruch „Das Ganze ist mehr, als die Summe seiner Teile" anführen. Natürlich gibt es unglaublich viele Wissensbestandteile, die ich mir aus bestimmten Neuro-Disziplinen in Journalen verstreut, irgendwie zusammentragen könnte. Aber für uns ist das zu aufwändig und zu detailliert. Uns reicht das, was man früher einmal als Sammelreferat bezeichnet hat, das so eine Art Vogelperspektive vermittelt. Was wir brauchen und versuchen aufzubauen, ist ein größerer Bezugsrahmen für alle die Phänomene, die in der Hirnforschung erforscht und aufgedeckt werden. So ein Bezugsrahmen lässt sich dann auch in den Unternehmenskontext integrieren, weil er von einer breiteren Basis verstanden wird. Ist dieser Bezugsrahmen geschaffen, kann auch ein aktives Lernen stattfinden, weil unsere Mitarbeiter neue Informationen und Forschungsergebnisse einordnen können.

Häusel: Ohne Big Picture kein Lernen?

Schroiff: Das große Bild ist viel wichtiger als die Details. Zudem wissen wir ja überhaupt noch nicht, welche Schätze der Hirnforschung wo verborgen sind und welche es zu heben gilt. Ich gehe einfach einmal davon aus, dass viele Dinge da sind, die noch nicht in einer geeigneten Form in das große Bild integriert sind und damit auch möglichen Anwendern in einem Marketingkontext noch nicht zur Nutzung zur Verfügung stehen. Wenn man aber einen Orientierungsrahmen hat, fällt die „Schatzsuche" doch leichter.

Häusel: Sie haben ja auch Kontakt zu Marktforschungskollegen in anderen größeren Unternehmen. Steht bei denen Hirnforschung & Neuromarketing auf der Agenda?

Schroiff: Es ist noch nicht Teil des „Word of mouth". Es kann natürlich sein, dass es so geheim ist, dass niemand darüber spricht — aber das glaube ich nicht. Die Zurückhaltung hat damit zu tun, dass Unternehmensmarktforscher immer dazu verpflichtet sind, praktikable und sofort nutzbare Ergebnisse zu liefern, die im Hier und Jetzt unterstützen. Trotzdem sind alle ganz interessiert. Alle warten ab, aber man sitzt so ein bisschen wie der neugierige Spatz auf dem Zaun und guckt, was da so passiert.

Häusel: Herr Dr. Schroiff, herzlichen Dank für das Gespräch.

12 „Es geht kein Weg daran vorbei, dass fMRI zukünftig ein fester Bestandteil des Neuromarketings werden wird."

Interview mit Prof. Dr. Christian Elger

EINFÜHRUNG DES HERAUSGEBERS

Die Faszination des Neuromarketings erklärt sich nicht nur aus dem Interesse an Hirnforschung allgemein, sondern auch aus dem Technik-Zauber, der mit so einem High-Tech-System wie einem Millionen Euro teuren Computertomograph verbunden ist. Zudem suggeriert der Output, nämlich bunte Hirnbilder, dem Betrachter, damit eine Welterklärung in den Händen zu halten. Wir haben im ersten Teil Eindrücke und Begrenzungen dieser Technologie erfahren — aber keine Untersuchungsmethode hat in der Hirnforschung eine derartige technische und methodische Explosion vor und hinter sich wie fMRI.

Zwar gibt es eine Reihe von weiteren Verfahren, wie zum Beispiel die Near Infrared Spectroscopy (NIRS), aber die Zukunft der bildgebenden Verfahren im Neuromarketing gehört eindeutig dem fMRI. Ein Ausblick auf das Neuromarketing von Morgen ist also ohne eine Beschäftigung mit der zukünftigen fMRI-Entwicklung nicht möglich. Wohin entwickelt sich fMRI und was bedeutet das für das Neuromarketing? Auskunft auf diese Fragen gibt uns Prof. Christian Elger. Er ist nicht nur habilitierter Neurologe und habilitierter Physiologe — in dem von ihm mitgegründeten Life&Brain-Institut verfügt er auch weltweit über die modernsten Hirnscanner.

„Es geht kein Weg daran vorbei, dass fMRI zukünftig ein fester Bestandteil des Neuromarketings werden wird."

ZUR PERSON

Prof. Dr. med. Christian Elger ist Direktor der Universitätsklinik für Epileptologie und wissenschaftlicher Geschäftsführer des Life&Brain-Instituts, beide Bonn. Prof. Elger hat sich in Neurologie und Physiologie habilitiert. Er sitzt im Fachkollegiat für Neurowissenschaften der Deutschen Forschungsgemeinschaft und ist Mitglied der Nordrhein-Westfälischen Akademie der Wissenschaft. Gemeinsam mit Dr. Bernd Weber hat Prof. Elger viele fMRI-Neuromarketing-Untersuchungen durchgeführt.

Häusel: In der Hirnforschung werden ja heute verschiedenste apparative Verfahren eingesetzt. Welche dieser Verfahren haben aus Ihrer Sicht für den Einsatz im Marketing heute die größte Relevanz?

Elger: Eindeutig die funktionelle Kernspintomographie (fMRI). Man kann hier nämlich eine beliebige Zahl von Menschen durchleiten, ohne dass das zu gesundheitlichen Beeiträchtigungen führt Das gilt natürlich auch für den Magnetoencephalographen (MEG) und für den Elektroencephalographen (EEG). Diese beiden Verfahren haben zeitlich zwar eine deutlich bessere Auflösung. Aber der Aufwand, eine Marketing-Untersuchung zu machen, ist mit diesen Verfahren sehr viel größer. Beim Oberflächen-EEG beispielsweise müssen wir, um sogenannte kognitive Potenziale zu messen, teilweise 500 oder 800 Wiederholungen durchführen. Sie kriegen letztendlich auch keine exakte Bildgebung für das Gehirn, das bringt nur das fMRI.

Häusel: In der klassischen Hirnforschung werden auch Verfahren wie Near Infra Red Spectrography (NIRS) und Transcraniale Magnetstimulation eingesetzt — welche Bedeutung haben diese Apparate für das Neuromarketing?

„Es geht kein Weg daran vorbei, dass fMRI zukünftig ein fester Bestandteil des Neuromarketings werden wird."

12

Elger: Wir haben NIRS im klinischen Bereich mehrfach probiert, aber das war uns zu grob. So haben wir das Ganze wieder verlassen. Es könnte sein, dass man bei einer extremen Verfeinerung dieser Methode einen Vorteil daraus hat Aber NIRS ist ein relativ langsames System und man müsste praktisch eine Vielzahl von Sonden haben, um im ganzen Kopf zu messen. Zudem hat NIRS Schwächen, Bereiche im Gehirn abzubilden, die unter der Hirnrinde liegen. Das verfälscht das Ergebnis. Ich weiß nicht, ob sich der Aufwand lohnt, in dieses System massiv zu investieren. Ähnliches gilt für die Magnetstimulation. Da kann man zwar ganz bestimmte Hirnregionen ausschalten, aber für Marketingfragen ist das irrelevant.

Häusel: Das fMRI ist also das Verfahren Nr. 1 für Neuromarketing-Untersuchungen. Wird das auch in Zukunft so bleiben, oder sind ganz neue Verfahren in Sicht?

Elger Ich denke, dass das weiterhin so sein wird. Das fMRI hat ja einen extremen Aufschwung genommen, sowohl in der psychologischen als auch in der neurologischen Welt. Zudem ist es aus der Welt der Radiologen herausgekommen und hat sich inzwischen fest in den Verhaltenswissenschaften etabliert. Dieser Trend wird weiter anhalten. Ein weiterer wichtiger Grund: Die Geräte werden billiger werden, die einzelnen Untersuchungen auch. Und damit geht, glaube ich, kein Weg daran vorbei, dass das fMRI ein ganz fester Bestandteil des Neuromarketings werden wird.

Häusel: Welche Verbesserungen und Entwicklungen erwarten uns in den nächsten Jahren bei fMRI?

Elger Die Hauptproblematik des Systems, nämlich das sehr schlechte Signalrauschverhältnis, wird zur Zeit von vielen Seiten angegangen. Man muss davon ausgehen, dass wir in zehn Jahren so gute Untersuchungsmöglichkeiten haben, dass man viel mehr Aussagen zu einzelnen Personen und Abläufen im Gehirn machen kann. Das macht nicht nur die Ergebnisse wesentlich besser — man kann auch mit viel kleineren Untersuchungsserien arbeiten. Was sich auch in niedrigeren Untersuchungskosten bemerkbar machen wird.

Häusel: Apropos Kosten. FMRI-Untersuchungen gelten als ziemlich teuer. Mit welchen Beträgen muss man heute rechnen?

Elger: Für eine Untersuchung mit ca. 20 Probanden, die wir vom Design des Experiments über die Durchführung bis hin zur Auswertung durchziehen, rechnen wir mit Eigenkosten um die 25.000 Euro pro Untersuchung. Und das sind reine Selbstkosten. Wobei man immer einkalkulieren muss, dass bei einer Serie nichts herauskommt und das Experiment variiert werden muss.

„Es geht kein Weg daran vorbei, dass fMRI zukünftig ein fester Bestandteil des Neuromarketings werden wird."

Häusel: Bleiben wir noch etwas bei der technischen Entwicklung. Sie sprachen ja schon von einer verbesserten Auflösung — gibt es weitere Parameter, die das fMRI für das Marketing noch attraktiver machen?

Elger: Ja, die Bildnachbearbeitung wird sicher spannender werden. Das heißt, man wird durch ganz bestimmte Verfahren besser rechnen können und damit auch wieder eine höhere Ortsauflösung einer bestimmten Aktivierung haben. Ein weiterer Aspekt ist, dass durch bessere Technik und zunehmende Erfahrungen die Neuromarketing-Experimente immer eleganter werden. Und das wird zukünftig immer noch gezieltere Aussagen erlauben. Beim fMRI ist ja der große Vorteil, dass neben einer bewussten Ebene, Unbewusstes sichtbar wird. Der Proband entscheidet beispielsweise auf einer bewussten Ebene, ob er ein Frauenbildnis schön findet oder nicht. Aber man kann weiter bis zu 20 unbewusste Ebenen unterscheiden. So kann man schauen, ob er auf Frauen mit blondem Haar oder Frauen mit kastanienfarbenem Haar unterschiedlich reagiert. Das gilt auch für Frauen mit oder ohne Brille, mit oder ohne Lippenstift usw. Diese ganze Experimentkonzeption, dass man neben der bewussten Ebene eine breite Auswertungsmöglichkeit von vielen Parametern auf der unbewussten Ebene hat, wird sich entscheidend steigern.

Häusel: Gibt es noch weitere Entwicklungen, die Sie bei fMRI-Untersuchungen sehen?

Elger: Es gibt noch einen wichtigen zweiten Aspekt. Zukünftig können wir in der Daten-Nachverarbeitung auch einen umgekehrten Weg gehen. Wir werden dadurch Dinge herausbekommen an die wir im Vorfeld noch gar nicht gedacht haben. Derzeit gehen wir ja noch sehr Hypothesen gesteuert in eine Untersuchung. Um beim Gesichtsbeispiel zu bleiben: Wir vermuten zu Beginn der Untersuchung: Der Mensch unterscheidet bei der Einschätzung von Gesichtern sehr stark aufgrund der Haarfarbe also z.B. rothaarig oder blond. Nun schauen wir uns im fMRI die Aktivierungsunterschiede an. Aber wir wissen ja gar nicht, ob das Gehirn das so macht. Zukünftig werden wir auch umgekehrt rechnen können. Der Rechner trennt die Bildgruppen aufgrund der fMRI-Daten. Er stellt z.B. fest, dass ganz bestimmte Gesichtmerkmale zu einer höheren Aktivierung im Mandelkern führen. Und dann kommt beispielsweise heraus, dass es in erster Linie nicht die Haarfarbe, sondern die Lippendicke und die Nasenlänge sind, die für die Sympathie eines Gesichtes verantwortlich sind. Das würde einen völlig neuen Aspekt in die ganze Bewertung hineinbringen.

Häusel: Das was Sie gerade schildern, wäre ja beispielsweise für die Messung von Anzeigenwirkung von großer Relevanz. Man könnte somit verschiedenste Parameter der Anzeigenwirkung in einem oder wenigen Durchgängen im fMRI zu einigermaßen vernünftigen Kosten messen.

Elger: Das sehe ich genauso wie Sie. Der einzige Haken bei der Sache ist noch, dass wir im Moment kein genügend gutes Signalrauschverhältnis haben, um so einen Single-Trial richtig gut rechnen zu können. Aber daran wird massiv gearbeitet. Ich denke wir sind soweit, dass wir Ende des Jahres 2007 etwas präsentieren können.

Häusel: Im Marketing sind Zielgruppen von hoher strategischer Bedeutung, bei fMRI-Untersuchungen werden diese Unterschiede aber meist vernachlässigt. Welche Entwicklung ist hier zu erwarten?

Elger: Die Frage, die sie ansprechen ist, inwieweit genetische Varianzen der Menschen eine Rolle spielen. In den heutigen fMRI-Untersuchungen werden diese Unterschiede durch die sogenannte Mittelwertstechnik verdeckt, weil man nur am gemeinsamen Mittelwert interessiert ist. Wenn wir erst einmal im Stande sind zu wissen, wie relevante Entscheidungen getroffen werden, dann können wir im zweiten Schritt auch genetische Unterschiede zwischen Menschen beachten und schauen, welchen Einfluss sie haben. Menschen beispielsweise, die besonders neugierig sind, unterscheiden sich in der Länge eines Dopamin-Gens von weniger Neugierigen. Solche Genbestimmungen und DNA-Analysen sind im Moment noch sehr teuer, aber da gibt es positive und hoffnungsvolle Entwicklungen, Und dann kann man die Untersuchungen sehr viel schneller und kostengünstiger durchführen

Häusel: Das bedeutet, dass Persönlichkeitsunterschiede zukünftig eine wesentlich größere Rolle spielen?

Elger: Ja. Wichtig ist, dass man sie zumindest versteht und beispielsweise weiß, dass bei 50% der Persönlichkeitsstrukturen eine Anzeige gleich wirkt. Aber bei den anderen 50% ist die Wirkung hoch persönlichkeitsspezifisch. Also bedarf es vier bis fünf unterschiedlicher Strategien, um 70 bis 80% der Bevölkerung richtig anzusprechen

Häusel: Wir haben über die Zukunft und die technische Entwicklung gesprochen, gehen wir jetzt auf die Marktseite. Mit Life&Brain sind Sie ein Pionier in diesem Bereich. In welchen Marketingfragestellungen bekommen sie derzeit die meisten Anfragen und wohin geht die Entwicklung?

Elger: Viele Anfragen haben wir zum Thema Kaufentscheidungen. Beispielsweise die Frage, was bei einem Menschen dazu führt, dass er keine massiv abwägen-

„Es geht kein Weg daran vorbei, dass fMRI zukünftig ein fester Bestandteil des Neuromarketings werden wird."

den, sondern schnelle Kaufentscheidungen trifft. Oder wie man eine neue Marke schnellstmöglich im Konsumenten-Gehirn verankern kann.

Zukünftig wird das Thema Produktfaszination wichtig — also welche Merkmale ein Produkt attraktiv machen. Solche Fragen wird man besser beantworten können, wenn man die Frage „Was macht Faszination im Gehirn aus?" beantwortet hat.

Häusel: Heute ist ja Hirnforschung für viele Marketingverantwortliche und Marktforscher immer noch eine Wissenschaft mit sieben Siegeln — das erschwert doch sicher den Erkenntnis-Transfer?

Elger: Was wir noch viel zuwenig machen, ist das Ganze mit der Verhaltensseite zu korrelieren. Zukünftig wird es wichtiger, dass Psychologen, Marketingfachleute und Ökonomen noch stärker von Anfang an in die Untersuchungen eingebunden sind und die langjährigen Erfahrungen, die in diesen Bereichen vorliegen, mit einbringen. Dazu ist es allerdings notwendig, dass sie die Methoden der Hirnforschung und des fMRI kennen, um den nötigen Transfer mit leisten zu können.

Häusel: Life&Brain ist ein Institut, das aus der klinischen Forschung kommt, aber auch aktiv fMRI-Neuromarketing-Untersuchungen anbietet. Welche Bedeutung hat dieser Bereich für Sie in Zukunft?

Elger: Einmal ist es unser Ziel, dass zumindest unsere akademische Forschung über die kommerzielle Forschung mit finanziert wird. Das zweite ist: Wir haben auch durch Neuromarketing-Untersuchungen viel für unsere klinische Forschung gelernt. Wenn wir in der Grundlagenforschung mit Gesichtsreizen experimentiert haben, haben wir früher die Haare abgedeckt, alles musste die gleiche Beleuchtung haben und alle möglichen Parameter wurden kontrolliert und aus kleinem Winkel fotografiert. Das Ganze war so unnatürlich, dass wir damit oft ganz schlechte Hirn-Aktivierungen erzeugt haben. Wir haben jetzt festgestellt, dass diese natürlichen spontanen Gesichts-Bilder, die m Marketing produziert werden, bei uns sehr, sehr gute Aktivierungen erzeugen. Und damit können wir zukünftig vielleicht unsere Patienten viel besser untersuchen, weil wir damit viel sensibler gestörte Funktionen entdecken können. Das heißt also, dass dieser neue Forschungszweig für eine wechselseitige Befruchtung sorgt, die nebenbei noch den Vorteil hat, dass wir Geld verdienen und damit Grundlagenforschung finanzieren können.

Häusel: Herr Prof. Elger, herzlichen Dank für das Gespräch.

13 „Ein wichtiges Thema der zukünftigen Hirnforschung werden die individuellen Unterschiede zwischen Menschen sein."

Interview mit Prof. Dr. Dr. Manfred Spitzer, Ärztlicher Direktor der psychiatrischen Universitätsklinik, Ulm, und Bestsellerautor.

EINFÜHRUNG DES HERAUSGEBERS

Die zukünftige Entwicklung des Neuromarketings ist mit der zukünftigen Entwicklung der Hirnforschung wie ein siamesischer Zwilling verbunden. Erkenntnisse aus der allgemeinen Hirnforschung werden immer schneller in die Neuromarketingpraxis Einzug halten. Aus diesem Grund lohnt es sich, einen Blick auf die zu erwartende Entwicklung der Hirnforschung zu werfen. Wer kann dafür ein besserer Gesprächspartner sein als der Ulmer Hirnforscher Prof. Manfred Spitzer. Er ist nicht nur gleichzeitig Arzt und Psychologe; seine umfangreichen Forschungen und Publikationen zeigen auch die Breite seines Wissens und sind direktes Abbild seiner forscherischen Neugier. Prof. Spitzer war gemeinsam mit seinen Mitarbeitern einer der ersten Neuromarketing-Forscher überhaupt. Im Auftrag von Daimler-Chrysler untersuchte er die unterschiedlichen Hirnaktivitäten bei der Darbietung von Sportwagen, Cabrios, Kleinwagen usw. Er ist Autor der Bestseller „Lernen", „Geist im Netz", „Vorsicht Bildschirm" und vieler weiterer gut lesbarer und spannender Bücher über die Hirnforschung.

„Ein wichtiges Thema der zukünftigen Hirnforschung werden die individuellen Unterschiede zwischen Menschen sein."

ZUR PERSON

Prof. Dr. Dr. Manfred Spitzer ist Ärztlicher Direktor der Psychiatrischen Universitätsklinik in Ulm. Seine Forschungsschwerpunkte sind die kognitive Neurowissenschaft- und die Psychopathologie von Denken, Bewerten, Lernen, Entscheiden und Handeln. Insbesondere arbeitet er an der Kombination funktionell bildgebender Verfahren (multimodales Neuroimaging) zur genauen räumlichen und zeitlichen Lokalisation höherer geistiger Leistungen und deren pathologischer Veränderungen. Von 2001 bis 2005 war er Mitglied des Bildungsrates Baden-Württemberg. Im Jahr 2004 gründete er das Transferzentrum für Neurowissenschaften und Lernen (ZNL) in Ulm, ein interdisziplinär arbeitendes Institut an der Schnittstelle von Gehimforschung und Pädagogik.

Häusel: Die großen Themen in der Hirnforschung unterliegen einem Wandel. Standen früher neuronale Netze und die Kognition im Zentrum des Interesses, rückten in den letzten Jahren zunehmend die Emotionen in den Fokus der Forscher. Wenn wir nun in die Zukunft schauen — welche großen Frage- und Forschungsthemens zeichnen sich ab?

Spitzer: Was Sie ansprechen ist ganz interessant. Es ging eben früher immer um wahrnehmen und noch früher etztlich nur um die Beschreibung der Gehirnstruktur. Aber wesentliche Fortschritte waren, dass wir insbesondere durch bildgebende Verfahren Hirnfunktionen untersuchen können, und dass wir gleichzeitig die neuronalen Netze besser verstanden haben. Das heißt, dass wir wirkliche mathematische Modelle haben, die zeigen, wie Nervenzellen im Netz zusammen funktionieren. Bildgebende Verfahren und diese Modelle wurden dann angewendet auf Wahrnehmen und Denken. In den letzten Jahren wurden zunehmend Emo-

„Ein wichtiges Thema der zukünftigen Hirnforschung werden die individuellen Unterschiede zwischen Menschen sein."

13

tionen integriert und damit eng verbunden, wie emotionale Bewertungsprozesse im Gehirn ablaufen.

Häusel: Das bedeutet, dass das menschliche Entscheidungsverhalten zunehmend das Forschungsinteresse auf sich zieht?

Spitzer: Genau. Das spannende ist, dass wir mittlerweile eben dadurch, dass die Forschungsmethoden besser werden, auch Entscheidungsprozesse sehr gut untersuchen können. Deswegen hat es ja auch schon gesellschaftspolitische Debatten gegeben: Stichwort „Freier Wille" oder konkreter: „Entscheide ich mich oder entscheidet mein Gehirn?" Aber genau in diesen Fragen werden wir noch viel, viel weiter kommen. Besonders wichtig dabei ist auch die steigende praktische Relevanz dieser Untersuchungen. Denn früher waren die Experimente sehr künstlich und sehr weit weg von der eigentlichen Realität. Heute kann man sowohl konkrete Kaufentscheidungen als auch Börsenmakeln im Hirnscanner untersuchen.

Häusel: Die großen Fortschritte kommen also auch durch Hirnscanner?

Spitzer: fMRT (funktionelle Magnetresonanztomographie) ermöglicht heute Untersuchungen, die man noch vor wenigen Jahren gar nicht für möglich gehalten hätte. Das wiederum hat zur Konsequenz, dass ich glaube, dass viele Bereiche, die traditionellerweise eine Domäne der Geisteswissenschaften waren, wie Bewerten, Interpretieren, Entscheiden usw., zunehmend auch der Gehirnforschung zugänglich werden. Und das führt zu Selbsterkenntnis im besten Sinne. Wir lernen besser über uns Bescheid zu wissen.

Häusel: Die Interpretation von Hirnscanner-Bildern wird ja oft kritisiert.

Spitzer: Eher zu unrecht. Bildgebende Verfahren liefern heute mehr als nur bunte Bildchen. Es wird oft von Kritikern gesagt: „Ob ich jetzt links vorne oder rechts hinten einen roten Fleck oder eine Aktivierung auf dem Bild habe — was weiß ich denn dann schon groß?" Die Antwort ist, man weiß ganz viel. Und zwar einfach deswegen, weil man viele Studien hat, die man über die vergleichbare Lokalisierung miteinander in Beziehung setzen kann. Hätte man nur eine einzige Studie, die zeigt, dass es rechts unten im Gehirn leuchtet, wenn eine bestimmte Tätigkeit ausgeübt wird, dann wüsste man in der Tat nicht viel. Hat man aber 50 Studien, die zeigen, was rechts unten so alles passiert, dann kann man rechts unten auch mit den jeweils untersuchten Funktionen in Beziehung setzen.

Häusel: Können Sie das an einem Beispiel verdeutlichen?

„Ein wichtiges Thema der zukünftigen Hirnforschung werden die individuellen Unterschiede zwischen Menschen sein."

Spitzer: Man hat herausgefunden, dass es im Gehirn ein Schmerzareal gibt. Nun kann man sagen, ist mir doch egal wo Schmerz im Gehirn verarbeitet wird. Wenn man aber weiß, dass dieses Schmerzareal auch für Einsamkeit oder für Fehlerverarbeitung zuständig ist, dann erhält man ganz neue Einsichten und Zusammenhänge und versteht zum Beispiel, warum man bei

jemandem, der an chronischem Rheuma leidet, möglicherweise die Schmerzmitteldosis erhöhen muss, wenn er gerade vom Partner verlassen wurde. Weil man jetzt eben weiß, dass der gleiche Bereich, der für Schmerzen zuständig ist, auch das Verlassenwerden registriert und deswegen stärker aktiv ist. Durch Erkenntnisse der Bildgebung versteht man Zusammenhänge über die Lokalisierung, die man sonst gar nicht verstehen würde.

Häusel: Lassen Sie uns einen Blick in die Gehirn-Grundlagenforschung werfen. Sie haben in Ihren Bücher über viele Themen der Hirnforschung geschrieben. Wo erwarten Sie in den nächsten Jahren neue wichtige Erkenntnisse durch Hirnforschung, die auch für das Marketing relevant sind? Stichworte sind Multisensorik, Emotion, Kognition, Lernen, Alter usw.

Spitzer: Ich glaube, ein wichtiges Thema werden die individuellen Unterschiede zwischen Menschen werden. Also beispielsweise, warum entscheidet A so und B anders; oder warum reagiert C auf einen Stimulus und D nicht. Aber auch bei dieser Frage spielen Hirnscanner und ihre Entwicklung eine wichtige Rolle. Bis vor einiger Zeit waren die Signale, die man über die Scanner bekommen hat, zunächst nicht gut und sehr schwach. Man musste schon einen erheblichen Aufwand betreiben, um überhaupt ein Signal zu kriegen. Und um mit diesen schwachen Signalen überhaupt zu einem Ergebnis zu kommen, musste man die Untersuchungen über alle Versuchspersonen hinweg mitteln. Beispiel: Sie nehmen 20 Leute und messen diese. Bei der Darbietung eines visuellen Reizes finden Sie dann im Mittel bei den 20, dass im Hinterkopf eine Aktivierung stattfindet. Durch dieses Vorgehen wissen Sie: Das Sehzentrum des Menschen sitzt offensichtlich im Hinterkopf. Das war der Stand vor ein paar Jahren. Mittlerweile sind die Methoden immer besser geworden, die Gruppengröße wurde kleiner und heute kriegen Sie schon bei einzelnen Versuchspersonen ein verlässliches Ergebnis. Das heißt, Sie können zukünftig Fragen stellen, die Sie vor fünf Jahren noch nicht stellen konnten. Nämlich die Frage nach individuellen Unterschieden. Diese Frage ist nicht nur von allgemeinem Interesse, wie zum Beispiel „Wie unterscheiden sich mehr oder weniger Begabte voneinander?", sie ist auch für das Marketing relevant — Stichwort: Zielgruppenforschung. Diese Fragen kommen verstärkt auf den Radarschirm und da wird sich in den nächsten Jahren ganz gewiss sehr, sehr viel tun.

Häusel: Wenn Sie ein Marketingmanager fragt, wo und wie er in seiner Arbeit am meisten von der Hirnforschung profitieren kann, welche Antwort würden Sie ihm geben?

Spitzer: Ich glaube, dass der größte Nutzen für ihn vor allem aus der Grundlagenforschung kommt. Dadurch dass wir Entscheidungs- und Bewertungsprozesse insgesamt besser verstehen, werden diese Erkenntnisse den Weg in die praktische Arbeit und in die Umsetzung finden. Ich glaube, dass die Grundlagenerkenntnisse über Gehirnfunktionen eben auch für Marktmechanismen und für das Marketing eine hohe Relevanz bekommen werden.

Häusel: Sie haben mit Ihren Hirnscanner-Untersuchungen auch schon Ausflüge ins Marketing gemacht. Stichwort: DaimlerChrysler-Studie.

Spitzer: Ja, wir haben uns gefragt, was im Gehirn abläuft, wenn man ein schönes und schnelles Auto sieht; was es heißt, wenn man überhaupt ein Auto fährt usw. Hier konnten wir feststellen, dass die Bewertung von Autos ganz klar mit unserem Belohnungssystem zusammenhängt. Bei einem Porsche beispielsweise geht das Belohnungssystem an, bei einem Daihatsu dagegen geht es aus.

Häusel: Sie selbst haben sich aber mit Ihren Forschungsaktivitäten aus dem Neuromarketing-Bereich zurück gezogen. Was ist der Grund dafür?

Spitzer: Wir wollen uns nicht verzetteln. Trotzdem unterhalten wir durchaus mehrere Kooperationen mit Wirtschaftswissenschaftlern. Aber da untersuchen wir eben nicht Produkt A versus Produkt B, sondern wir untersuchen grundlegende Zusammenhänge, die auch für mich persönlich sehr viel spannender sind. Deswegen habe ich mich auch vom Neuromarketing nicht zurückgezogen, ich war da eigentlich nie wirklich drin. Es gibt, was die Grundlagenforschung anbelangt, so viele spannende Dinge, die man tun kann, so dass ich denke, wir werden da weiter tätig sein.

Häusel: Ihr Interesse gehört also der Grundlagenforschung?

Spitzer: Das ist richtig. In diesem Bereich interessiert uns insbesondere die Frage: Wie funktionieren Entscheidungen zur Wertfindung?

Häusel: Herr Prof. Spitzer, herzlichen Dank für das Interview.

V. Methoden der Neuromarketing-Forschung

Zusammenfassung

von Dr. Hans-Georg Häusel

In diesem Teil können interessierte Leser mehr über die im klassischen Neuromarketing eingesetzten Techniken wie z.B. fMRI und MEG erfahren

14 Überblick

Wie wir gesehen haben, nutzt die Neuromarketing-Forschung Methoden der klassischen Hirnforschung zu Neuromarketing-Zwecken. In der heutigen Hirnforschung gibt es inzwischen eine Vielzahl von Methoden, um dem Geheimnis des Geistes auf die Spur zu kommen. Das beginnt mit mikrofeinen Elektroden, mit denen es möglich ist, die Aktivitäten einzelner Nervenzellen zu messen, und endet bei den sogenannten bildgebenden Verfahren, die es ermöglichen, die Aktivitäten des ganzen Gehirns darzustellen.

Diese beiden Beispiele zeigen, dass sich die Methoden sehr stark in ihrer räumlichen Auflösung unterscheiden. Die Einzell-Ableitung ist Millionen Mal feiner als beispielsweise der Hirnscanner, der ja das ganze Gehirn und damit über eine Milliarde Nervenzellen beobachtet. Neben der räumlichen Auflösung spielt eine zweite Dimension eine wichtige Rolle — das ist die zeitliche Auflösung. Hier interessiert vor allem, wie schnell eine Methode „anspringt", wenn dem Gehirn ein Reiz dargeboten wird. Diese zeitliche Auflösung ist wichtig, wenn Reize sich zum Beispiel schnell verändern. Auch hier gibt es große Unterschiede: Das Magnetoencephalogramm (MEG) ist eines der schnellsten Instrumente — schon nach wenigen tausendstel Sekunden zeigt es Gehirnveränderungen an. Eher träge dagegen ist der Hirnscanner (fMRI/fMRT). Er braucht ca. eine Sekunde nach Reizdarbietung bis er reagiert. Für das Neuromarketing sind nur die bildgebenden Verfahren der Hirnforschung interessant. Die wichtigsten bildgebenden Verfahren der Hirnforschung sind

- fMRI
- MEG
- NIRS (Near Infra Red Spectrocopy)
- PET (Positronen Emissions Tompgrafie)

Die letzten beiden Verfahren spielen aber nur in der klinischen Forschung eine Rolle, für das Neuromarketing sind sie vernachlässigbar. Auch das klassische EEG (Elektroencephalographie) hat keine oder nur eine geringe Bedeutung. Da fMRI/fMRT zukünftig noch wichtiger werden, während das MEG eher an Bedeutung für das Neuromarketing verliert, werden wir uns Ausflug in die MEG-Technik machen.

15   fMRI/fMRT (Hirnscanner)

Die funktionelle Magnetresonanztomographie (von griechisch tomós Schnitt, gráphein schreiben) (fMRT) oder fMRI (functional magnetic resonance imaging) ist das klassische Verfahren des Neuromarketings.

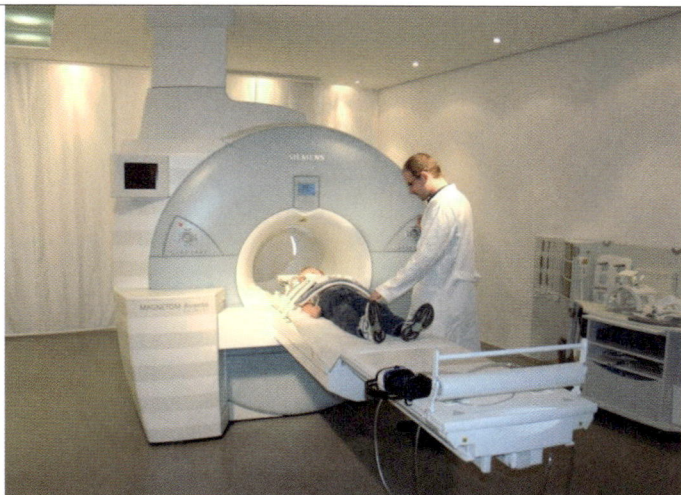

Abbildung 58: Magnetresonanztomograph, © Siemens Pressestelle

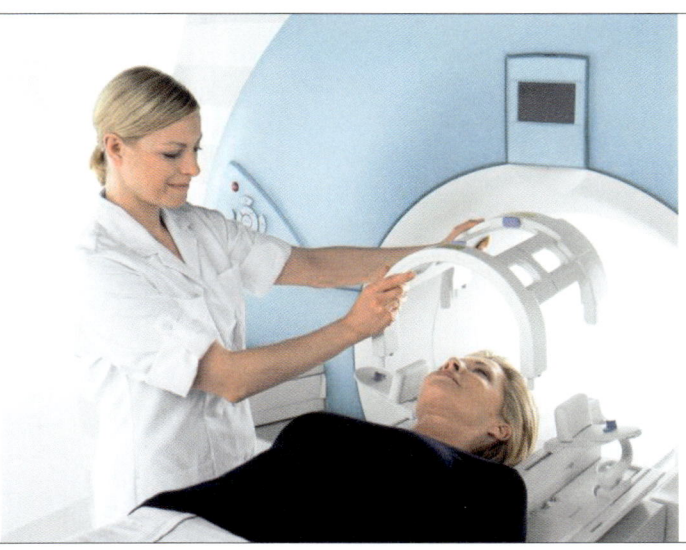

Abbildung 59: Durchführung einer Hirnscan-Untersuchung, © Siemens Pressestelle

fMRI/fMRT (Hirnscanner)

Mit dem Hirnscanner (s. Abb. 58 und 59) ist es möglich, die beim Denken oder Fühlen aktivierten Strukturen im Gehirn darzustellen, ohne ins Gehirn eingreifen oder dem Probanden ein Kontrastmittel verabreichen zu müssen. fMRT ist eine Weiterentwicklung der klassischen MRT-Technik, die schon seit vielen Jahren in der medizinischen Diagnostik verwendet wird. Während die klassische MRT-Technik anatomische (statische) Strukturen sichtbar macht (z.B. krankhafte Veränderungen wie einen Tumor), macht das fMRT funktionelle (zeitliche) Stoffwechselvorgänge sichtbar.

Was wird gemessen?

Vom Hirnscanner wird die Stoffwechsel-Aktivität des Gehirns gemessen. Hier macht man sich die unterschiedlichen magnetischen Eigenschaften von oxygeniertem und desoxygeniertem Blut zu Nutze. Wenn das Gehirn aktiv wird, braucht es Sauerstoff, um den dafür notwendigen Energieträger Glucose abzubauen. Kurz vor einer Aktivität wird dem Blut Sauerstoff entzogen, danach wird sauerstoffreiches Blut herangeführt. Diese Veränderung zwischen sauerstoffarmem und sauerstoffreichem Blut (BOLD = bloodoxygenation-level-dependent) wird gemessen.

Was wird nicht gemessen?

fMRI zeigt nicht die neuronale Aktivität selbst. Es macht vielmehr die physiologischen Veränderungen sichtbar, die mit neuronalen Aktivitäten verknüpft sind. Damit wird auch klar, warum man mit fMRI keine Gedanken lesen kann: Von einer Veränderung der Sauerstoffkonzentration im Blut kann man nicht darauf schließen, was der Konsument gerade denkt. Was man dagegen erkennen kann, ist, welche Gehirnbereiche aktiv sind. Aus vielen anderen Hirnforschungsstudien, die mit unterschiedlichen Methoden gewonnen wurden, hat man aber heute eine ungefähre Vorstellung darüber, für was bestimmte Gehirnareale zuständig sind (siehe Teil 2 des wissenschaftlichen Anhangs). Wenn also im Hirnscanner beispielsweise der Hippocampus „aufleuchtet", dann kann man daraus schließen, dass etwas ins Gedächtnis eingespeichert oder aus dem Gedächtnis abgerufen wird. Welche Inhalte aber gespeichert oder aufgerufen werden, sieht man nicht.

Wie funktioniert die Messung?

Im Hirnscanner werden extrem starke Magnetfelder aufgebaut. Diese starken Magnetfelder richten die Drehrichtung der vielen Blutatome (Spin) wie Soldaten in

Reih und Glied aus. Nun wird über eine zusätzliche Spule ein kurzes Störsignal zu den ausgerichteten Blutatomen gesendet, diese geraten kurz aus dem Takt und schwingen dann wieder in vorherige Ordnung zurück. Bei diesem Zurückschwingen senden diese Atome Radiosignale aus, die vom Hirnscanner gemessen werden. Hier machte man sich nun die Entdeckung des berühmten Physikers und Chemikers Linus Pauling zu nutze. Er hatte festgestellt, dass oxygeniertes Blut ein geringeres magnetisches Feld abstrahlt als desoxygeniertes Blut. Dieser Magnet-Kontrast wird vom Hirnscanner aufgenommen verrechnet und als Bild ausgegeben.

Wenn das Gehirn „aufleuchtet", leuchtet es nicht

Die vom Hirnscanner ausgegeben Bilder machen den Eindruck, als ob im Gehirn etwas „aufleuchten" würde. Doch das ist nicht der Fall. Was man auf den Scan-Bildern immer so schön farbig sieht, ist nichts anderes als eine Sichtbarmachung von statistischen Kennzahlen. Warum braucht man aber Statistik? Die Antwort: Die empfangenen Radiosignale vom Gehirn sind im Vergleich zu den ebenfalls empfangenen Störsignalen extrem schwach. In der Regel sind 99% der Signale Störungen und Rauschen; nur 1 bis 2% der Signale stellen den gewünschten Output dar. Durch statistische Methoden wird errechnet, wann eine Gehirnaktivität mit großer Wahrscheinlichkeit auf den dargebotenen Reiz zurückzuführen ist. Abbildung 60 zeigt eine Hirnscan-Statistik im Detail.

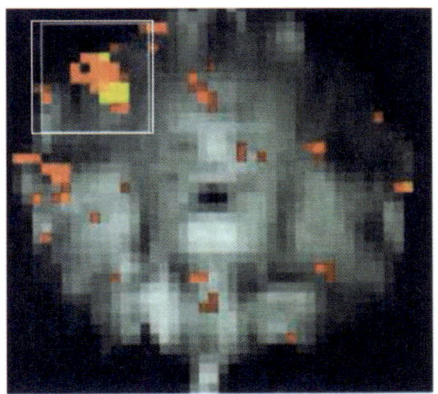 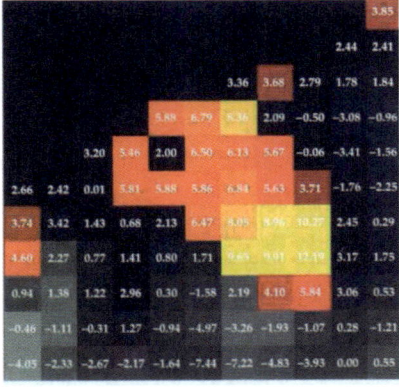

Abbildung 60: Bild A zeigt in einem Hirnscan, wo statistisch signifikante Aktivierungs-Unterschiede sind. In B sieht man diesen Abschnitt vergrößert

Die Untersuchungsdaten aus dem Hirnscanner werden in einem Computer in Spezialprogrammen verarbeitet. Diese Programme beinhalten auch Grafik-Module, die es dem Hirnforscher zum einer erlauben die Perspektive der Betrachtung zu wählen (s. Abb. 61); er kann aber auch verschiedenste Arten der bildlichen Darstellung nutzen (s. Abb. 62).

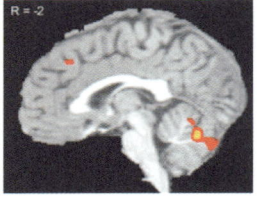 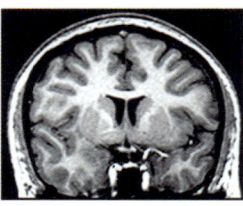 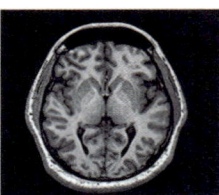

| Sagitale Ansicht (Von der Seite) | Coronale Ansicht (Von vorne) | Axiale Ansicht (Vonoben) |

Abbildung 61: Unterschiedliche fMRI-Perspektiven

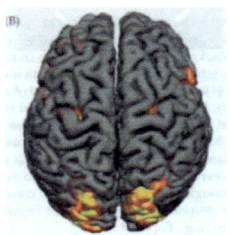 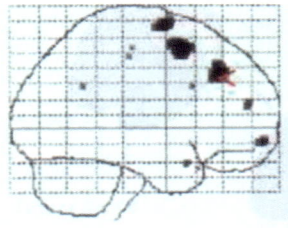 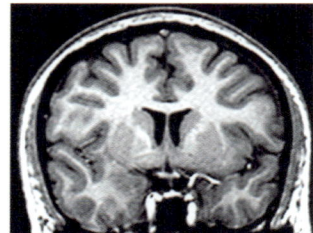

Abbildung 62: Unterschiedliche fMRI-Darstellungen

Warum Hirnscanner-Untersuchungen so aufwändig sind

Die geringe Signalstärke im Vergleich zum störenden Rauschen macht es erforderlich, dass die gleiche Reizdarbietung oft bis zu 30 bis 60 Mal wiederholt werden muss. Da zwischen der Reizdarbietung immer wieder ein „Null-Zustand" des Gehirns hergestellt werden muss, kostet ein Versuchsdurchgang schon mit einer Person sehr viel Zeit (20 bis 60 Minuten). Da man aber mehrere Personen braucht, (ca. 10 bis 20) um zu verlässlichen Aussagen zu kommen, wird hier der große zeitliche Aufwand einer fMRI-Untersuchung sichtbar. Jetzt zum Geld: Ein Hirnscanner kostet einige Millionen Euro, dazu kommen die teuren baulichen Anforderungen für die Räumlichkeiten, die teuren Gerätewartungen und vor allem auch die Kosten für die Spezialisten, die die Versuche konzipieren, durchführen und auswerten. Aus diesem Grund liegt eine fMRI-Untersuchung mit 15 bis 20 Versuchspersonen schnell bei 30.000 Euro und mehr.

Wo liegen die Probleme/Beschränkungen bei der Auswertung von fMRI-Bildern?

In Teil 1 und Teil 4 des Buches haben wir bereits einige Begrenzungen der fMRI-Technik kennengelernt. Zum Abschluss nochmals eine kurze Übersicht über offene Fragen und Beschränkungen der fMRI-Technik. Diese Übersicht macht auch deutlich, warum fMRI keine Zaubertechnik ist, die die geheimsten und verborgendsten Wünsche des Konsumenten sichtbar macht.

Hohe Komplexität bei Entscheidungsprozessen

Im fMRI können pro Durchgang nur sehr einfache Ursache-Wirkungszusammenhänge gemessen werden. Der Wunsch eines Werbers einfach mal den Konsumenten im Hirnscanner eine Anzeige zu zeigen und dann im Scanner zu erkennen, ob sie gut ist, erfüllt sich deshalb nicht. Der Bewertungsvorgang einer Anzeige besteht im Gehirn eines Konsumenten aus vielen emotionalen und kognitiven Einzelschritten. Für jeden dieser Einzelschritte ist deshalb ein eigener Versuchsdurchgang notwendig. Durch bessere Erfahrung, bessere Hirnscanner und Auswertetechnik können verschiedene Fragestellungen inzwischen in einem Versuchsdurchgang zusammengefasst werden; trotzdem muss sehr sorgfältig in Einzelschritten untersucht werden.

Gleiche Aufgabe — verschiedene Ergebnisse

Um keine Artefakte zu erhalten, muss man die Aufgaben, die man den Versuchspersonen stellt, genau kontrollieren. Ein kleines Beispiel soll das verdeutlichen. Stellt man beispielsweise Versuchspersonen im Hirnscanner die Aufgabe, sich die Zahlenfolge 3,6,0,1,3 zu merken, um das Kurzzeitgedächtnis zu untersuchen, merkt sich Proband A die Folge wie vorgegeben: 3,6,0,1,3. Proband B dagegen nutzt einen anderen Weg. Er merkt sich „Winkelsumme (360)" und „Unglückszahl (13)". Im Hirnscanner führt das zu völlig unterschiedlichen Bildern.

Local Heterogenity

Der Wunschtraum nach klaren, abgegrenzten Zuständigkeiten von bestimmten Gehirnbereichen geht meist nicht auf. Insbesondere in den höheren Gehirnzentren wie dem wichtigen präfrontalen Kortex oder dem darunter liegenden cingulären Kortex, übernehmen gleiche Bereiche unterschiedlichste Aufgaben zur gleichen Zeit. Der vordere cinguläre Kortex ist beispielsweise aktiv, wenn konfliktäre Wahrnehmungen zu verarbeiten sind, er ist an der Ich-Du-Unterscheidung beteiligt, er ist bei der Schmerzwahrnehmung aktiv und ist auch an Planungsprozessen beteiligt. Wenn nun im Hirnscan dieser Bereich aufleuchtet, stellt sich die schwierige Frage was diese Aktivität bedeutet.

Kovarianz versus Konnektivtät

Im Hirnscan sind bei Reizdarbietung meist mehrere Bereiche zeitgleich aktiv. Dieses zeitlich gleichzeitige Erscheinen nennt man „Kovarianz". Was aber damit nicht geklärt ist, wie die einzelnen Hirnbereiche im Systemzusammenhang zusammenspielen (Konnektivtät).

Die Kenntnis dieser Systemzusammenhänge ist aber extrem wichtig, um den Hirnscan zu verstehen. Ein kleines Beispiel soll das Problem verdeutlichen: Auf dem Hirnscan leuchten bei einer Aufgabe das rechte (A) und das linke(B) Stirnhirn zugleich auf, was nun sehr unterschiedliche Erklärungen haben kann. Möglichkeit 1: A und B arbeiten unabhängig voneinander; Möglichkeit 2: A unterstützt B bzw. B unterstützt A; Möglichkeit 3: A hemmt B, bzw. B hemmt A. Man sieht schnell, wie extrem unterschiedlich die Erklärungen sein können. In Hirnscans leuchten aber nicht nur zwei Bereiche gleichzeitig auf, sondern viele. Man ahnt, wie hoch die Komplexität dann wird.

Individuelle Unterschiede

Menschen sind, wie wir gesehen haben (siehe Häusel Teil 2), sehr unterschiedlich. Diese Unterschiede wirken sich auch im Hirnscanner aus. Das Hirn eines jungen Mannes zum Zeitpunkt seiner höchsten Testosteron-Phase wird das Bild einer nackten Frau völlig anders verarbeiten, als das

Hirn einer älteren Frau dies tut. Neben Geschlecht und Persönlichkeit spielt auch das Alter eine große Rolle. In Abbildung 62 sieht man beispielsweise, wie die gleiche Denkaufgabe zu unterschiedlichen Aktivierungen bei einem jüngeren und bei einem älteren Mann führt. Diese wichtigen individuellen Unterschiede werden heute meist vernachlässigt (siehe auch die Interviews mit Spitzer oder Elger, die beide auf die zukünftige Bedeutung dieser Frage eingehen).

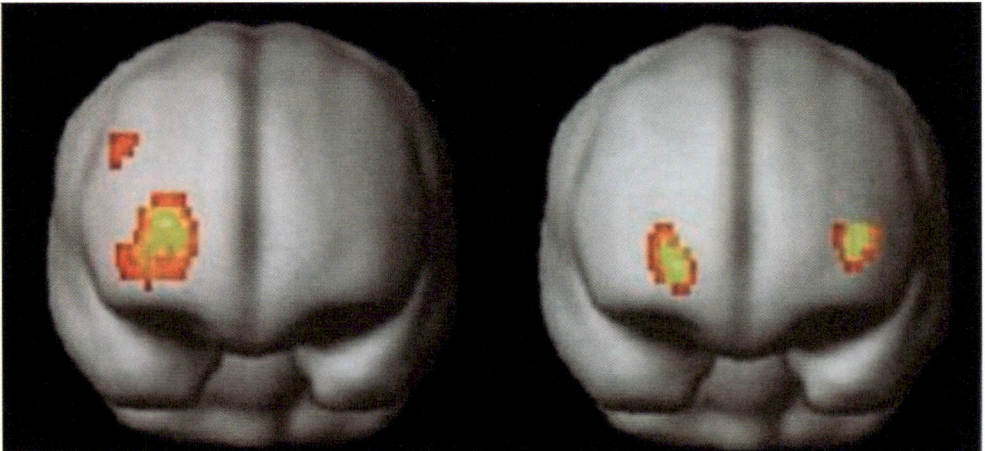

Abbildung 62: Die gleiche Denkaufgabe führt zu unterschiedlichen Hirnaktivierungen bei einem jungen und einem älteren Mann

Interpretation der Hirnscans

Hirnscans sprechen nicht für sich, sie müssen interpretiert werden. Angesichts der oben aufgezeigten Probleme und angesichts des noch rudimentären Wissens über viele Hirnfunktionen, wird schnell einsichtig, dass die Interpretation eines Hirnscans nicht trivial ist. Gleichzeitig kommt das subjektive Wissen oder Nichtwissen der Interpretatoren hinzu. Im Klartext: Das gleiche Hirnbild wird häufig sehr unterschiedlich interpretiert.

Beschreibungssprache

Marketing und fMRI-Hirnforschung sind unterschiedliche Wissenschaften mit unterschiedlichen Beschreibungssprachen. Sowohl der Transfer in die Erarbeitung einer Fragestellung für eine Untersuchung als auch der Rücktransfer der Untersuchungsergebnisse für Handlungsanweisungen in die Praxis steckt noch in den Kinderschuhen. Wenn der Werber beispielsweise vom Hirnforscher erfährt, dass attraktive Anzeigen im Unterschied zu weniger attraktiven Anzeigen den Nucleus Accumbens aktivieren — welche Handlungsanleitungen leiten sich daraus für den Werber ab? Leider noch sehr wenige (siehe auch Interview mit Dr. Hans-Willi Schroiff in Teil 4, S. 212).

Man sieht, wie komplex und schwierig das Ganze ist. Man sieht zudem, warum man aus ethischen Gründen keine Angst vor fMRI haben muss. fMRI liefert wichtige Hinweise und ergänzt die traditionelle Marktforschung; eine Zaubertechnik, die die Privatsphäre des Konsumenten offenlegt, ist fMRI nicht.

Für Leser, die einen fundierten und anschaulichen Einblick in die fMRI-Welt haben wollen, empfehle ich das Buch: Scott A. Huettel et.al (2004): Functional Magnetic Resonance Imaging; Sinauer.

16 Magnetoencephalografie (MEG)

Die MEG (von griechisch enecphalon Gehirn; graphein schreiben) ist eine Messung der magnetischen Aktivität des Gehirns. Diese Aktivität wird durch Sensoren, den sogenannten SQUIDS gemessen. Die vom Gehirn ausgehenden Magnetfelder sind extrem schwach — deshalb bestehen die Sensoren aus supraleitenden Spulen, die durch flüssiges Helium gekühlt werden. Abbildung 63 zeigt einen Magnetoence-phalographen.

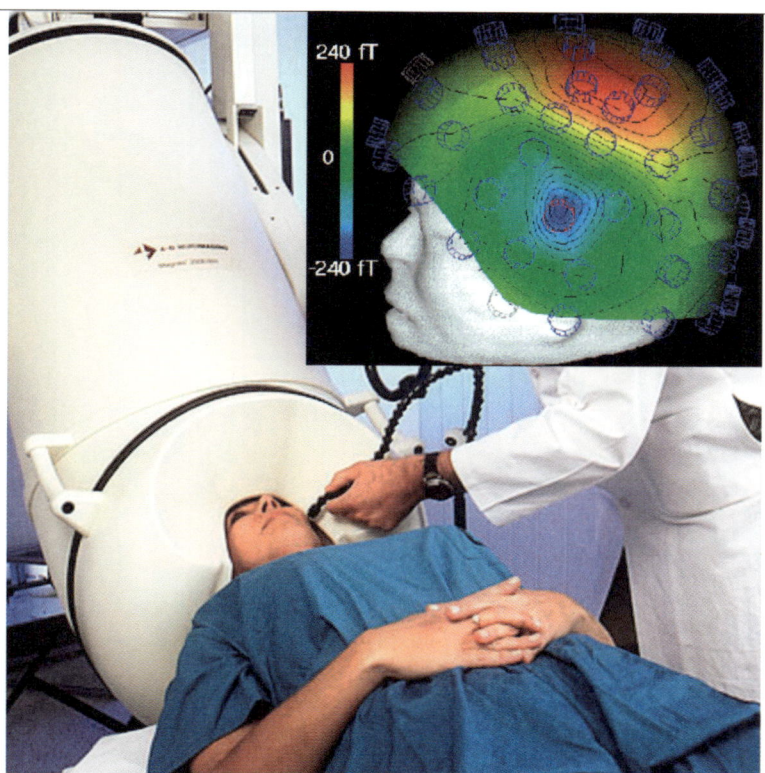

Abbildung 63: Magnetoencephalograph und ein typisches Ergebnisbild

Die magnetischen Signale des Gehirns betragen nur wenige femto-Tesla (1 fT = 10^{-15}T) — deshalb muss der Untersuchungsraum durch dicke Bleiwände von äuße-ren Störungen abgeschirmt werden. Im Vergleich zu Hirnsignalen ist übrigens das von der Erde ausgesandte Magnetfeld 100 Millionen Mal stärker. Da dieses Erdmag-netfeld aber sehr konstant ist, beeinflusst es die Ergebnisse nicht.

Magnetoencephalografie (MEG)

Die magnetische Signale des Gehirns werden durch die elektrischen Ströme aktiver Nervenzellen verursacht. Daher kann man insbesondere mit dem MEG Daten aufzeichnen, die ohne zeitliche Verzögerung Ausdruck der momentanen Gesamtaktivität des Gehirns sind. Moderne Ganzkopf-MEGs verfügen über eine helmartige Anordnung von ca. 300 Magnetfeldsensoren.

Das MEG ist ein Verfahren mit extrem guter zeitlicher und befriedigender räumlicher Auflösung. Seine Vorteile zum fMRT sind die zeitliche Auflösung und die geringeren Untersuchungskosten. Seine Nachteile liegen darin, dass nur die Aktivität der Gehirnoberfläche (Großhirn) gut erfasst werden kann, während tiefere Gehirnbereiche, wie zum Beispiel Aktivitäten des limbischen Systems nicht erfasst werden. Gerade bei Konsum- und Kaufentscheidungen spielt diese Gehirnregion aber eine extrem wichtige Rolle. Abbildung 63 zeigt eine typische MEG-Auswertung.

MEG-Auswertungen sind prinzipiell mit den gleichen Problemen wie fMRT-Auswertungen konfrontiert.

VI. Das Who is Who des Gehirns

Zusammenfassung

von Dr. Hans-Georg Häusel

In diesem Teil können interessierte Leser die wichtigsten Akteure des menschlichen Gehirns kennenlernen.

Für die bildgebenden Verfahren ist es wichtig, eine ungefähre Vorstellung von der Funktion der wichtigsten Gehirnbereiche zu haben. Stellt man auf dem Hirnscan die Aktivierung eines Hirnbereichs fest, versucht man aufgrund der allgemeinen Kenntnis seiner Funktion auf seinen speziellen Beitrag in der konkreten Aufgabenstellung oder Versuchsanordnung rückzuschließen. Es versteht sich von selbst, dass wir an dieser Stelle kein neurologisches Grundlagenseminar halten können — aber im Laufe des Buches, insbesondere in Teil 5, haben wir einige Gehirnbereiche kennengelernt; deswegen folgt ein kurzer Abriss über die Gehirnbereiche, die vor allem an Kaufentscheidungen beteiligt sind.

17   Das Großhirn (Neokortex)

Das Großhirn wird in vier Hauptlappen unterteilt: Frontallappen, Parietallappen, Occipitallappen und Temporallappen.

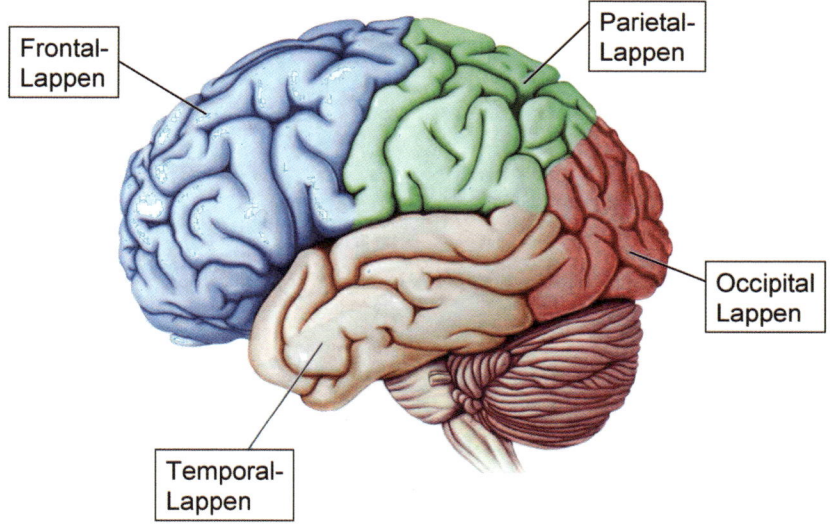

Abbildung 64: Der Neokortex

Zudem unterscheidet man zwischen einer rechten und linken Gehirnhälfte

Die linke Gehirnhälfte

In ihr sind Regeln gespeichert. Sie gibt Objekten Namen. Sie ist optimistisch.

Die rechte Gehirnhälfte

Sie sucht in der Welt nach Regeln und Zusammenhängen. In ihr werden Bilder verarbeitet. In ihr wird die Mimik von Gesichtern erkannt. Sie ist pessimistisch.

Für das Neuromarketing bedeutender sind die Funktionen der einzelnen Hirnbereiche des Neokortex. In Abbildung 65 werden wichtige Bereiche hervorgehoben.

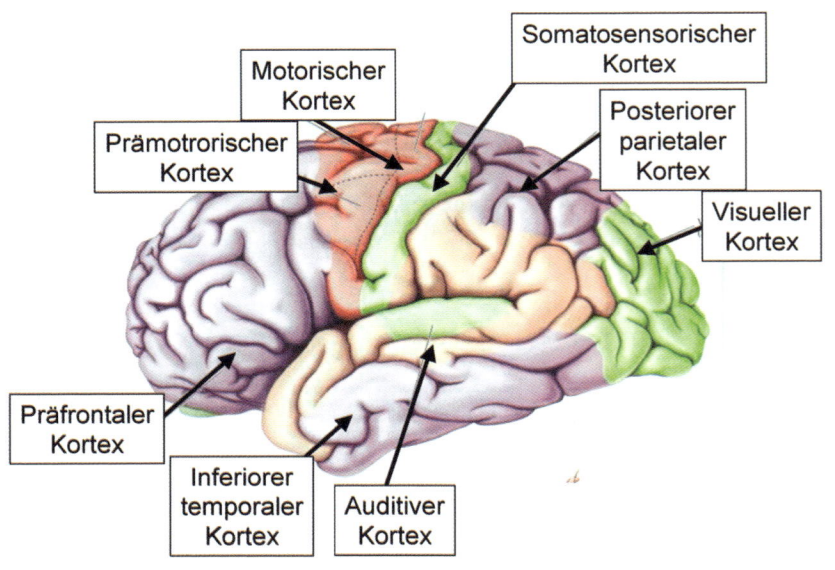

Abbildung 65: Der Neokortex und wichtige Funktionsareale

Der präfrontale Kortex

Er ist ein wichtiges Rechenzentrum bei der Kaufentscheidung — deswegen betrachten wir ihn im nächsten Abschnitt gesondert.

Das prämotorische und Supplement-motorische Feld:

Hier werden Entscheidungen in konkrete (motorische) Handlungsplanungen umgesetzt.

Der primär-motorische Kortex

Dieses Kortex-Areal ist das Bewegungszentrum. Hier werden in Zusammenarbeit mit den darunter liegenden Basalganglien, Bewegungen koordiniert und umgesetzt.

Der somatosensorische Kortex

Hier laufen der Tastsinn, die Hautempfindungen und Empfindungen aus dem Inneren des Körpers zusammen.

Der posterior-parietale Kortex

Er koordiniert den Raum-Zeit-Bezug des eigenen Körpers und der Gliedmaßen. Wenn man beispielsweise die Hand nach einem Objekt ausstreckt, ist er es, der die Bewegungs- und Zielkoordinaten vorgibt (Das „Wo-ist-etwas-System" des Gehirns).

Der visuelle Kortex

Er ist für unsere visuelle Wahrnehmung verantwortlich.

Der auditive Kortex

Er ist für unsere auditive Wahrnehmung verantwortlich.

Der inferotemporale Kortex

Er setzt die komplexen Sinneseindrücke zu einem ganzheitlichen Objektbild zusammen und erkennt auch Objekte unter verschiedenen Beleuchtungen und Perspektiven (Das „Was-ist-etwas-System" des Gehirns).

18 Der präfrontale Kortex

Der präfrontale Kortex ist die Verbindungsstelle zwischen emotionalem Wollen und konkreter Umsetzung in Handlungsplanung und Handlung. Er ist so etwas wie ein Rechenzentrum, das uns hilft, unsere Wünsche optimal mit den Möglichkeiten, die unsere Umwelt und unsere Mitmenschen bieten, in Einklang zu bringen. Der präfrontale Kortex ist im Vergleich zu den darunter liegenden Hirnstrukturen sehr flexibel, d.h. er kann schnell neue Erfahrungen aufnehmen und integrieren. Prinzipiell besteht er aus zwei größeren Funktionseinheiten: einer stark emotionalen Einheit (orbitofrontaler und ventromedialer präfrontaler Kortex) (s. Abb. 66) und einer funktional-kognitiven Einheit (dorsolateraler, ventrolateraler, frontolateraler Kortex) (s. Abb. 67). Die emotionale Einheit des präfrontalen Kortex wird heute dem limbischen System zugerechnet.

Frontomedial
- Aufmerksamkeitsfokussierung
- Antrieb / Erwartung / Kognition

Ventromedial
- Verhaltensvorhersage emotionaler .
Reaktionen anderer Menschen
(Theory of Mind)

Medial Orbitofrontal
- Belohnungserwartung in der Zukunft
- Speicherung von
Belohnungserlebnissen

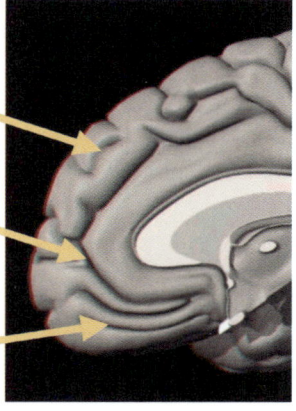

Abbildung 66 : Die emotionalen Funktionseinheiten des präfrontalen Kortex

Der präfrontale Kortex (1)

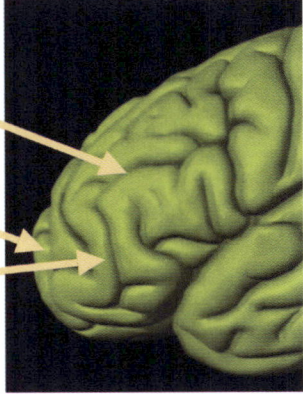

Dorsolateral
- Arbeitsgedächtnis
- Aufmerksamkeit für neue Stimuli

Frontopolar
- Aufgabenmanagement

Ventrolateral
- Arbeitsgedächtnis
- Inhibition von Inferenzen

Abbildung 67: Die funktional-rationalen Funktionseinheiten des Neokortex

19   Das limbische System

Das „limbische System" ist eine Sammelbezeichnung für die Gehirnstrukturen, die wesentlich mit der Verarbeitung der Emotionen beschäftigt sind. Im limbischen System entstehen unsere Konsum- und Kaufwünsche. Mit der so genannten emotionalen Wende in der Hirnforschung wurde immer deutlicher, dass weit mehr Gehirnbereiche „emotional" sind, als man früher angenommen hat. Aus diesem Grund ist das limbische System im letzten Jahrzehnt enorm gewachsen, aber nicht weil unser Gehirn gewachsen ist, sondern weil heute Hirnbereiche wie z.B. der orbitofrontale Kortex etc. dem limbischen System zugerechnet werden. Das limbische System ist die eigentliche Macht- und Entscheidungszentrale in unserem Kopf. Abbildung 68 zeigt die wichtigsten Akteure des limbischen Systems, mit denen wir uns kurz beschäftigen wollen.

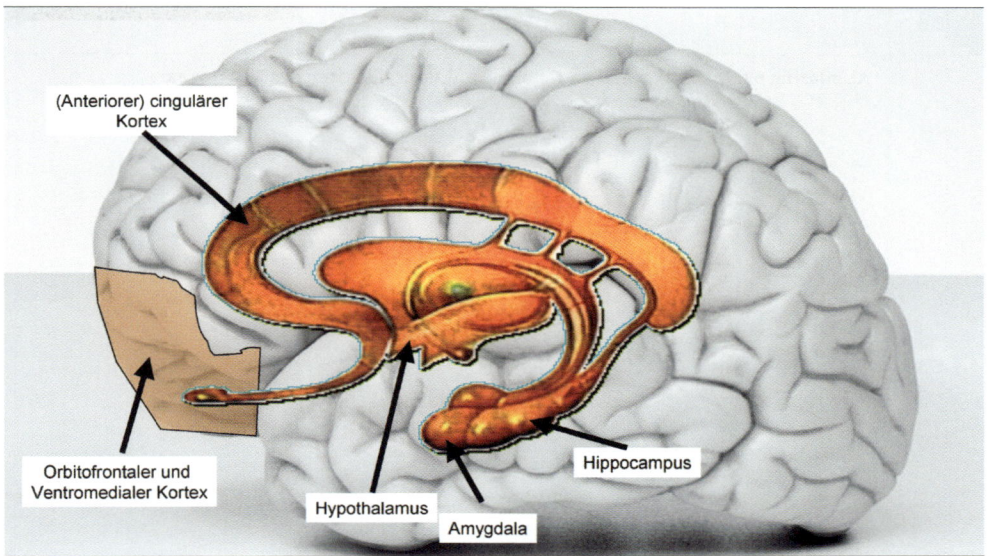

Abbildung 68: Das limbische System

Amygdala (Mandelkern)

Die graue Eminenz in unserem Gehirn. Sie ist maßgeblich an der emotionalen Bewertung von Objekten beteiligt. Früher hatte man angenommen, dass sie nur an Angst und Furchtbewertungen beteiligt sei (Balance-System). Heute weiß man, dass sie Teil aller großen Emotionssysteme (Dominanz, Stimulanz, Balance und Sexualität) ist.

Oribitofrontaler und ventromedialer präfrontaler Kortex

(siehe oben)

Vorderer (anteriorer) Gyrus Cinguli

Wichtige Schnittstelle zwischen emotionalen und kognitiven Strukturen (z.B. dorsolateraler präfrontaler Kortex) im Gehirn. Wird bei Emotions-, Motiv- und Kognitionskonflikten aktiviert („wenn irgendetwas nicht mit den Erwartungen/Erfahrungen übereinstimmt). Stark an der Konstruktion der „Ich-Du"-Unterscheidung und an der Schmerzwahrnehmung beteiligt."

Hippocampus

Lernzentrum, das Objekt-, Orts- Situationsmerkmale mit emotionaler Bedeutung verknüpft und sie an unterschiedlichen Stellen im Neokortex abspeichert. Ruft sie bei Bedarf von dort auch wieder ab. Der Hippocampus ist das Zentrum des autobiographischen und episodischen Gedächtnisses — er ist nicht zuständig für Lernen von Bewegungen und reinen Fakten.

Hypothalamus

Der „Feldwebel" im limbischen System. Er setzt die Bewertung z.B. der Amygdala in körperliche Reaktionen um, indem er die Ausschüttung von Nervenbotenstoffen und Hormonen veranlasst. Zentrum der Vitalbedürfnisse (Hunger, Schlaf, Durst, Sex).

Hirnstamm/Stammhirn

„Startpunkt" der Motiv- und Emotionssysteme. Zuständig für Schlaf/Nach-Aktivierung. Außen- und Inneninformation des Körpers werden zu einem Gesamtbild integriert. Stark an der Aufrechterhaltung des emotionalen und physiologischen Gleichgewichts beteiligt.

Nucleus Accumbens

Durch seine Größe und seine Funktion einer der Lieblinge der fMRI-Neuromarketing-Forscher. Der Nucleus Accumbens ist Teil des limbischen Systems, gleichzeitig ist er aber auch Teil unseres „Handlungs- und Bewegungsgehirns", nämlich der Basalganglien. Der Nucleus Accumbens ist unser „Haben-wollen-Kern" im Gehirn — er ist dann aktiv, wenn unerwartete und lustvolle Belohnungen aller Art auf uns warten. Er aktiviert unsere „Haben-wollen-Handlungen". Belohnung kann eine Torte, ein Parfüm, ein Sportwagen, ein Geldgewinn oder ein attraktiver Sexualpartner sein. Abbildung 70 zeigt den Nucleus Accumbens in Aktion bei einem erwarteten Geldgewinn.

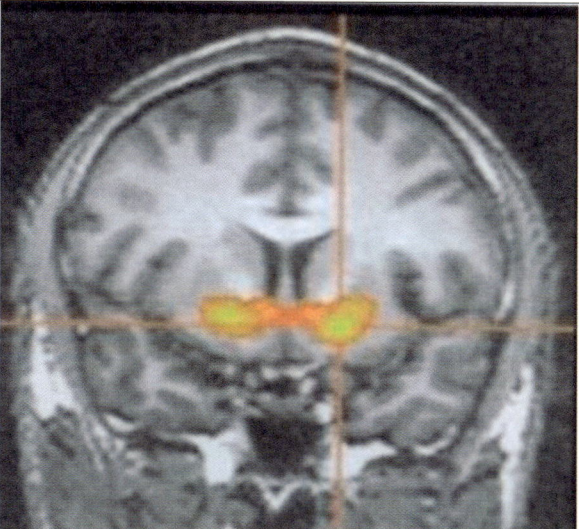

Abbildung 70: Der Nucleus Accumbens (Teil des ventralen Striatums) wird dem limbischen System zugerechnet und wird insbesondere bei attraktiven Reizen aktiv

Stichwortverzeichnis